普通高等教育高职高专土建类“十二五”规划教材

建筑工程CAD

主　编　郝学奎　李效红
副主编　王炜奇　由　尧　赵　双

中国水利水电出版社
www.waterpub.com.cn

内 容 提 要

本书根据教育部《高职高专教育专门课程基本要求》和《高职高专专业人才培养目标及规格》的要求，从高等职业技术教育的教学特点出发，以AutoCAD软件应用为主旨构建教程体系。本书针对国内大多数工科院校计算机绘图教学的实际情况，结合院校学生实际能力和就业需求，融合了作者多年从事AutoCAD计算机绘图教学经验，避免了手册式的编写体系，采用从最基本的知识和技能讲起，循序渐进，由易到难，理论与实践相结合，力求简洁、实用。目的是使学生能够在全面掌握软件功能的同时，灵活快捷地应用软件进行建筑工程制图，更好地为实际工作服务。

本书系统介绍了AutoCAD 2010中文版的基本功能及其在建筑工程中的应用和绘图技巧，全书共分8章，主要包括AutoCAD 2010基础知识、二维基本图形的绘制、二维图形的编辑、图层管理与文字表格编辑、图块与辅助工具、尺寸标注、绘制建筑工程图、三维建模基础等内容。

本书可作为建筑类院校学生教材，也可以作为工程技术人员学习计算机绘图的参考书，培训机构的专业CAD教材。

图书在版编目（CIP）数据

建筑工程CAD/郝学奎，李效红主编．—北京：中国水利水电出版社，2011.3（2014.1重印）
普通高等教育高职高专土建类“十二五”规划教材
ISBN 978-7-5084-8432-7

Ⅰ.①建… Ⅱ.①郝…②李… Ⅲ.①建筑设计：计算机辅助设计-应用软件，AcutoCAD-高等学校：技术学校-教材 Ⅳ.①TU201.4

中国版本图书馆CIP数据核字（2011）第028292号

书　　名	普通高等教育高职高专土建类“十二五”规划教材 **建筑工程CAD**
作　　者	主编　郝学奎　李效红　副主编　王炜奇　由尧　赵双
出版发行	中国水利水电出版社 （北京市海淀区玉渊潭南路1号D座　100038） 网址：www.waterpub.com.cn E-mail：sales@waterpub.com.cn 电话：（010）68367658（发行部）
经　　售	北京科水图书销售中心（零售） 电话：（010）88383994、63202643、68545874 全国各地新华书店和相关出版物销售网点
排　　版	中国水利水电出版社微机排版中心
印　　刷	三河市鑫金马印装有限公司
规　　格	184mm×260mm　16开本　13.75印张　326千字
版　　次	2011年3月第1版　2014年1月第3次印刷
印　　数	6001—9000册
定　　价	**28.00**元

普通高等教育高职高专土建类
“十二五”规划教材

参编院校及单位

安徽工业经济职业技术学院
滨州职业学院
重庆建筑工程职业学院
甘肃工业职业技术学院
甘肃林业职业技术学院
广东建设职业技术学院
广西经济干部管理学院
广西机电职业技术学院
广西建设职业技术学院
广西理工职业技术学院
广西交通职业技术学院
广西水利电力职业技术学院
河北交通职业技术学院
河北省交通厅公路管理局
河南财政税务高等专科学校
河南工业职业技术学院
黑龙江农垦科技职业学院
湖南城建集团
湖南交通职业技术学院
淮北职业技术学院
淮海工学院
金华职业技术学院
九江学院
九江职业大学
兰州工业高等专科学校
辽宁建筑职业技术学院
漯河职业技术学院
内蒙古河套大学
内蒙古建筑职业技术学院
南宁职业技术学院
宁夏建设职业技术学院
山西长治职业技术学院
山西水利职业技术学院
石家庄铁路职业技术学院
太原城市职业技术学院
太原大学
乌海职业技术学院
烟台职业学院
延安职业技术学院
义乌工商学院
邕江大学
浙江工商职业技术学院

本 册 编 委 会

本 册 主 编： 郝学奎　李效红

本册副主编： 王炜奇　由　尧　赵　双

序

“十二五”时期，高等职业教育面临新的机遇和挑战，其教学改革必须动态跟进，才能体现职业教育“以服务为宗旨、以就业为导向”的本质特征，其教材建设也要顺应时代变化，根据市场对职业教育的要求，进一步贯彻“任务导向、项目教学”的教改精神，强化实践技能训练、突出现代高职特色。

鉴于此，从培养应用型技术人才的期许出发，中国水利水电出版社于2010年启动了土建类（包括建筑工程、市政工程、工程管理、建筑设备、房地产等专业）以及道路桥梁工程等相关专业高等职业教育的“十二五”规划教材，本套“普通高等教育高职高专土建类‘十二五’规划教材”编写上力求结合新知识、新技术、新工艺、新材料、新规范、新案例，内容上力求精简理论、结合就业、突出实践。

随着教改的不断深入，高职院校结合本地实际所展现出的教改成果也各不相同，与之对应的教材也各有特色。本套教材的一个重要组织思想，就是希望突破长久以来习惯以“大一统”设计教材的思维模式。这套教材中，既有以章节为主体的传统教材体例模式，也有以“项目—任务”模式的“任务驱动型”教材，还有基于工作过程的“模块—课题”类教材。不管形式如何，编写目标均是结合课程特点、针对就业实际、突出职业技能，从而符合高职学生学习规律的精品教材。主要特点有以下几方面：

（1）专业针对性强。针对土建类各专业的培养目标、业务规格（包括知识结构和能力结构）和教学大纲的基本要求，充分展示创新思想，突出应用技术。

（2）以培养能力为主。根据高职学生所应具备的相关能力培养体系，构建职业能力训练模块，突出实训、实验内容，加强学生的实践能力与操作技能。

（3）引入校企结合的实践经验。由企业的工程技术人员参与教材的编写，将实际工作中所需的技能与知识引入教材，使最新的知识与最新的应用充实到教学过程中。

（4）多渠道完善。充分利用多媒体介质，完善传统纸质介质中所欠缺的表达方式和内容，将课件的基本功能有效体现，提高教师的教学效果；将光盘的容量充分发挥，满足学生有效应用的愿望。

本套教材适用于高职高专院校土建类相关专业学生使用，亦可为工程技术人员参考借鉴，也可作为成人、函授、网络教育、自学考试等参考用书。本套丛书的出版对于“十二五”期间高职高专的教材建设是一次有益的探索，也是一次积累、沉淀、迸发的过程，其丛书的框架构建、编写模式还可进一步探讨，书中不妥之处，恳请广大读者和业内专家、教师批评指正，提出宝贵建议。

编委会

2011年1月

前言

在建筑设计行业中，计算机绘图以其无与伦比的优势，已基本取代了手工绘图。能够熟练地使用 AutoCAD 专业绘图软件，已经成为建筑师们必须掌握的技能。使用 AutoCAD 专业软件绘制建筑图形，可以提高绘图精度，缩短设计周期，还可以成批量地生产建筑图形，缩短出图周期。

AutoCAD 2010 是 AutoDesk 公司推出的最新版本，它可以使用户更灵活地运用工作空间，并可自定义工作空间，强大的面板功能帮助用户避免了在工具栏、菜单栏之间来回切换，强大的三维功能使得 AutoCAD 向 3ds max 更近了一步，使得用户也可以在 AutoCAD 中随心所欲地创建各类三维图形。

目前国内出版的 AutoCAD 方面的书籍，大多是介绍某一方面的知识，例如主要介绍 AutoCAD 的基本命令，或者主要介绍 AutoCAD 绘制建筑图形的具体实例。本书一改这种风格，全面介绍了利用 AutoCAD 绘制图形所需要的各方面的知识。本书将 AutoCAD 和建筑制图有机结合起来，介绍了建筑图形的绘制方法。本书在介绍了 AutoCAD 基本绘图方法的基础上，从建筑图中常见的样板图开始，依次介绍了建筑总平面图、建筑平面图、建筑立面图、建筑剖面图、建筑详图、给排水施工图、采暖工程图、建筑电气工程图、桥梁工程图等图纸，向读者展示了建筑图绘制的全过程。在本书的最后，介绍了 AutoCAD 三维绘图的相关命令和操作。希望读者注意本书中所列的具体绘制步骤，并通过学习，能够熟练地绘制建筑图形。在本书的编写过程中，根据设计工作的需要，很好地融入了现代建筑设计思路，最大限度地满足了广大设计工作者的要求，是很好的辅导资料。

本书共 8 章。第 1～第 6 章介绍绘图基础，包括 AutoCAD 2010 基础知识、二维基本图形的绘制、二维图形的编辑、图层管理与文字表格编辑、图块与辅助工具、尺寸标注等内容。在介绍这些绘图基础知识的同时，讲解了建筑制图的规范特点，突出了软件功能与建筑制图理论的结合应用。第 7 章为绘制建筑工程图，介绍了建筑总平面图、建筑平面图、建筑立面图、建筑剖面图、建筑详图、给排水施工图、采暖工程图、建筑电气工程图、桥梁工程图等图纸的设计思路、方法和步骤。第 8 章为三维建模基础，首先介绍了三维设计基础，然后结合相关命令和设计实例全面深入地讲解了三维设计的方法和步骤。

本书由兰州工业高等专科学校郝学奎、李效红任主编，兰州工业高等专科学校王炜奇、淮北职业技术学院由尧、长春市第二中等专业学校赵双任副主编。具体编写分工如下：郝学奎编写第 1、第 2 和第 8 章；李效红编写第 5、第 6 和第 7 章；王炜奇编写第 3 和第 4 章。全书由郝学奎负责统稿和定稿。此外，兰州工业高等专科学校马守才、王红等在整理材料方面给予了很大的帮助，参编院校有关领导也给予了大力支持，同时参考了大量的文献和资料，在此谨表衷心感谢。

由于编者水平所限，书中难免存在疏漏和错误之处，恳请广大教育界同仁及读者批评指正，在学习过程中遇到问题，可以通过以下方式联系我们：haoxk@lzptc.edu.cn，我们会尽力予以解决。

编者

2010 年 10 月

目　　录

序

前言

第 1 章　AutoCAD 2010 基础知识 ………… 1

1.1　计算机辅助绘图简介 ………… 1

1.2　AutoCAD 2010 的工作空间及其界面 ………… 2

1.3　设置系统绘图环境 ………… 9

1.4　AutoCAD 2010 操作基础 ………… 20

第 2 章　二维基本图形的绘制 ………… 28

2.1　绘制二维线 ………… 28

2.2　绘制矩形 ………… 29

2.3　绘制正多边形 ………… 30

2.4　绘制圆 ………… 31

2.5　绘制圆弧 ………… 32

2.6　绘制椭圆和椭圆弧 ………… 33

2.7　绘制点 ………… 34

2.8　绘制多段线 ………… 36

2.9　绘制样条曲线 ………… 38

2.10　绘制圆环 ………… 38

2.11　绘制多线 ………… 39

2.12　绘制修订云线 ………… 41

2.13　图案填充 ………… 41

2.14　绘制面域 ………… 42

第 3 章　二维图形的编辑 ………… 44

3.1　选择对象 ………… 44

3.2　设置选择对象模式 ………… 44

3.3　移动对象 ………… 46

3.4　复制对象 ………… 47

3.5　旋转对象 ………… 48

3.6　拉伸对象 ………… 48

3.7　缩放对象 ………… 49

3.8　偏移对象 ………… 50

3.9　镜像对象 ………… 50

3.10 删除对象 …… 51
3.11 分解对象 …… 52
3.12 阵列对象 …… 52
3.13 修剪对象 …… 52
3.14 延伸对象 …… 54
3.15 圆角 …… 55
3.16 倒角 …… 56
3.17 拉长对象 …… 57
3.18 打断对象 …… 58
3.19 合并对象 …… 58
3.20 反转对象 …… 59
3.21 缩放对象 …… 59
3.22 编辑多段线 …… 60
3.23 编辑多线 …… 60
3.24 夹点编辑 …… 65
3.25 对象特性匹配 …… 66
3.26 对象特性编辑 …… 68

第 4 章 图层管理与文字表格编辑 …… 69

4.1 图层特性 …… 69
4.2 文字编辑 …… 78
4.3 表格编辑 …… 82

第 5 章 图块与辅助工具 …… 90

5.1 图块的使用 …… 90
5.2 设计中心 …… 99
5.3 查询 …… 102
5.4 模型空间与图纸空间 …… 108
5.5 打印 …… 110

第 6 章 尺寸标注 …… 114

6.1 尺寸标注规则 …… 114
6.2 创建尺寸标注样式 …… 115
6.3 创建尺寸标注 …… 122
6.4 形位公差标注 …… 129
6.5 编辑尺寸标注 …… 132

第 7 章 绘制建筑工程图 …… 133

7.1 建筑工程图样板文件 …… 133
7.2 绘制建筑总平面图 …… 136
7.3 绘制建筑平面图 …… 139
7.4 绘制建筑立面图 …… 152
7.5 绘制建筑剖面图 …… 154
7.6 绘制建筑详图 …… 157

7.7 绘制建筑放大图 …… 158
7.8 绘制给水排水施工图 …… 158
7.9 绘制采暖工程图 …… 162
7.10 绘制建筑电气工程图 …… 168
7.11 绘制桥梁工程图 …… 171

第 8 章 三维建模基础 …… 176
8.1 三维建模概述 …… 176
8.2 视窗管理 …… 177
8.3 三维图形观察 …… 179
8.4 绘制三维线条 …… 182
8.5 绘制三维曲面/网格 …… 184
8.6 创建基本三维实体 …… 187
8.7 由二维图形创建实体 …… 191
8.8 三维实体的布尔运算 …… 197
8.9 三维操作 …… 199
8.10 三维编辑 …… 203
8.11 渲染 …… 204

参考文献 …… 208

第 1 章　AutoCAD 2010 基础知识

本章要点

- AutoCAD 2010 基本设置
- 设置绘图环境和绘图单位
- AutoCAD 2010 基本操作

1.1　计算机辅助绘图简介

在相当长的一段时间里，建筑设计是通过手工绘图的方式来实现的。由于计算机的广泛应用，促进了计算机图形学的发展，而以计算机绘图为基础的计算机辅助设计技术的发展，更是推动了各个领域的设计革命。在最近的几十年里，建筑设计经历了从手工绘图到计算机辅助绘图的巨大变化。CAD 技术的应用大大降低了设计人员的劳动强度，提高了设计效率和设计质量。同时，CAD 改变了传统的设计方法，使设计水平达到了一个新的高度，使三维造型设计、仿真设计、集成化设计、有限元分析等工作变得更加容易。

CAD 技术的基本原理是把组成空间物体的几何要素通过解析几何、数学分析等方法，用数据的形式来描述，使它变成计算机可以接受的信息，也就是建立数字模型，然后把数字模型通过计算机的图形处理生成图像，显示在屏幕或者输出在图纸上。

CAD 软件有很多，其中 AutoCAD（Automatic Computer Aided Design）应用比较广泛。AutoCAD 自 20 世纪 80 年代初成功推出以来，至今已经发展成为功能强大、性能稳定、兼容性好的一款主流 CAD 系统，具有二维绘图设计、三维建模、二次开发以及数据交换等功能。

在建筑设计中，AutoCAD 是进行工程图绘制的一个很好的软件平台。AutoCAD 2010 在建筑设计尤其是建筑绘图上应用的特点，主要体现在以下几个方面：

（1）建立图层，方便控制图形的线条特性等。

（2）可以很方便地绘制直线、圆、圆弧等基本图形对象。

（3）可以对基本图形进行镜像、复制、偏移、缩放、删除等各种编辑操作，以形成复杂图形。

（4）可以将常用组件和块分别建立基本图库，当需要绘制这些图形时，可以直接插入，而不必再重复绘制。

（5）可以方便地根据已有图库，通过适当的编辑处理后完成施工图。

（6）通过样板文件的建立，设置绘图环境，使建筑图形的线条宽度、文字样式等满足国家建筑制图标准，提高绘图效率。

另外，AutoCAD 2010 在二维制图、三维建模、渲染显示、数据库管理、Internet 通信等方面的无缝整合更为出色。

1.2　AutoCAD 2010 的工作空间及其界面

AutoCAD 2010 提供了实用的工作空间（所属的工作空间是经过分组和组织的菜单、工具栏、选项板等的集合），使用户可以在自定义的、面向任务的绘图环境中工作。使用工作空间时，只会显示与任务相关的菜单、工具栏和选项板等。此外，工作空间还可以自动显示功能区，即带有特定任务的控制面板的特殊选项板。

AutoCAD 2010 提供的工作空间有“二维草图与注释”、“AutoCAD 经典”、和“三维建模”，如图 1-1 所示。可以轻松地利用应用程序状态栏中的工作空间列表框或“工作空间”工具栏来切换工作空间，当然也可以创建或修改工作空间。

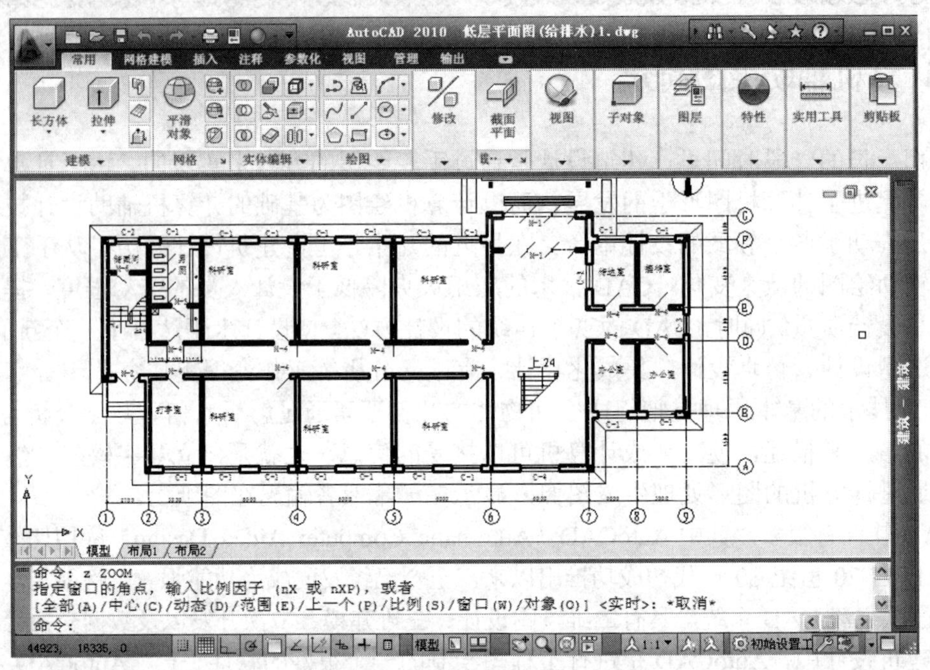

图 1-1

若在“工作空间”工具栏单击（工作空间设置）按钮，或者从应用程序状态栏的工作空间列表框中选择工作空间设置命令，打开如图 1-2 所示的工作空间设置对话框。利用该对话框，可以设置“我的工作空间”类型，定制工作空间的菜单显示及顺序，设置切换工作空间时是否自动保存对工作空间所做的更改。

- “我的工作空间”列表框：显示工作空间列表，从中可以选择当前的工作空间。
- “菜单显示及顺序”选项组：控制要显示在工作空间工作栏和菜单中的工作空间名称、工作空间名称的顺序，以及是否在工作空间名称之间添加分隔线。
- “切换工作空间时”选项组：用来设置在切换工作空间时，是否自动保存对工作空间所做的修改。

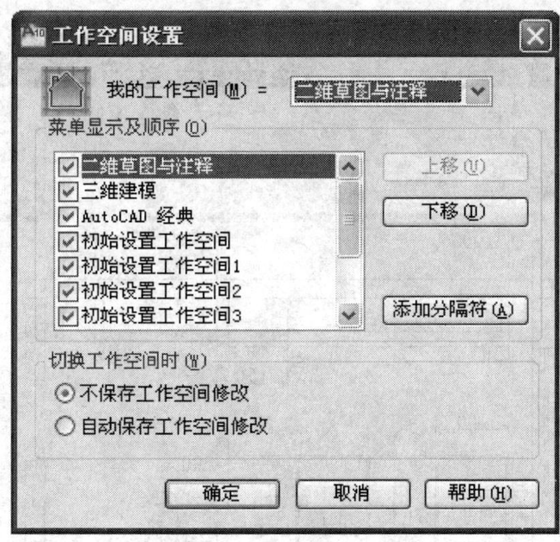

图 1-2

在“工作空间”工具栏中单击（我的工作空间）按钮，则将当前的工作空间切换到设置好的工作空间。

AutoCAD 2010 经典工作空间的界面如图 1-3 所示，主要由标题栏、应用程序菜单、菜单栏、工具栏、绘图区域、命令窗口（也称命令文本窗口）和状态栏等几部分组成。而 AutoCAD 2010 提供的二维草图与注释工作空间，包含与二维空间和注释相关的功能区、快速访问工具栏、标题区、绘图区域、命令窗口和状态栏等，如图 1-4 所示。另外，在创建三维模型时，可以使用“三维建模”工作空间，“三维建模”工作空间仅包含与三维相关的工具栏、菜单栏和选项板，而三维建模不需要的界面项会被隐藏，使得用户的工作屏幕区域最大化。与三维建模工作空间相关的内容将在后面的有关章节中详细介绍。

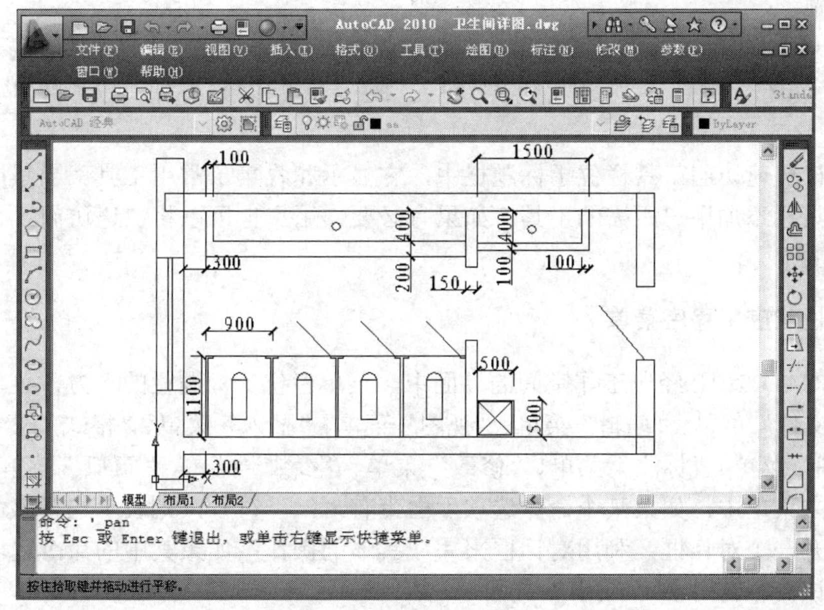

图 1-3

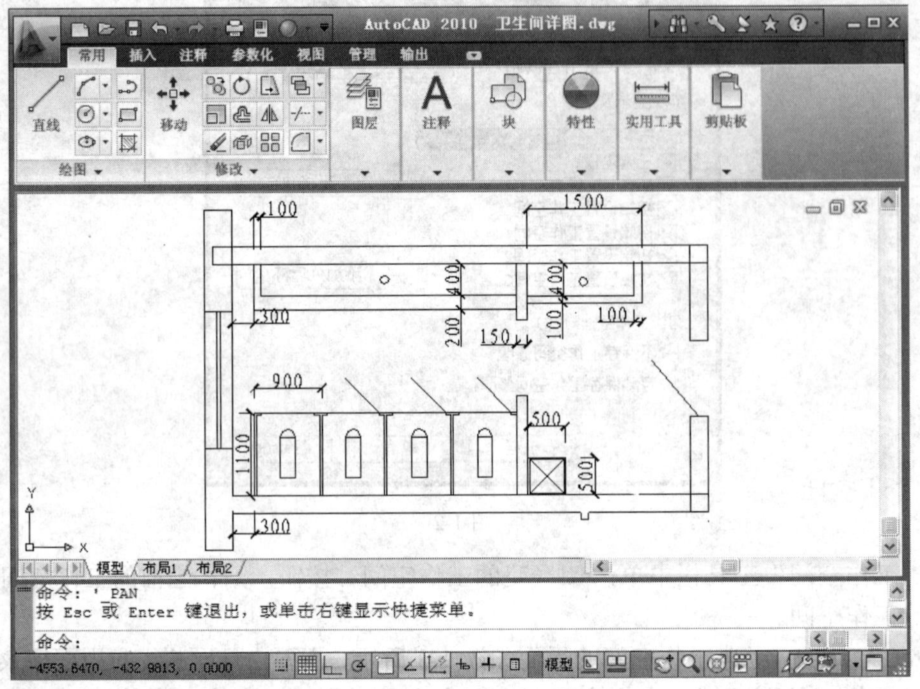

图 1-4

1.2.1　标题栏与快速访问工具栏

标题栏位于 AutoCAD 2010 工作界面的最上方，用来显示当前软件名称及其版本，如 AutoCAD 2010。当新建或打开建模文件时，在标题栏中还显示该文件的名称，如卫生间详图.dwg。

在标题栏右侧的部分有 3 个实用按钮，分别为▭（最小化）按钮、▣（最大化）按钮和☒（关闭）按钮。当最大化界面后，▣（最大化）按钮变为⧉（向下还原）按钮。

系统默认快速访问工具栏位于标题栏中，它显示和收集了常用工具。当然用户可以向快速访问工具栏添加用户所需的工具。如果有必要，用户也可以将快速访问工具栏设置显示在功能区的下方。

1.2.2　菜单栏与应用程序菜单

在 AutoCAD 2010 经典工作空间的界面中，菜单栏位于标题栏的下方，菜单栏包含的主菜单有“文件”菜单、“编辑”菜单、“视图”菜单、“插入”菜单、“格式”菜单、“工具”菜单、“绘图”菜单、“标注”菜单、“修改”菜单、“参数”菜单、“窗口”菜单和“帮助”菜单。在各主菜单中，如果某个命令选项后面带有“...”符号，则表示选择该命令选项后系统将会打开一个对话框，利用对话框来完成具体的操作；如果其中的命令选项以灰色显示，则表示该命令暂时不可利用。

在“二维草图和注释”工作空间中，也可以设置显示菜单栏。方法是在快速访问工具

栏中单击▼（更多选项）按钮打开一个下拉菜单，如图 1-5 所示，从中选择显示菜单栏命令即可。

单击▲（应用程序菜单）按钮，打开如图 1-6 所示的应用程序菜单，从中可以搜索命令以及访问用于创建、打开和发布文件的工具。

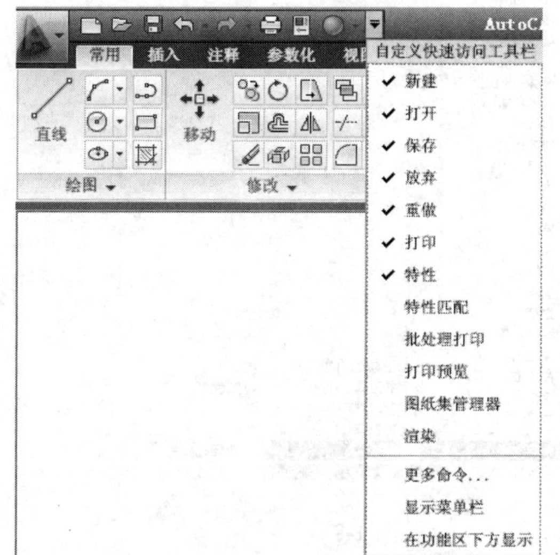

图 1-5

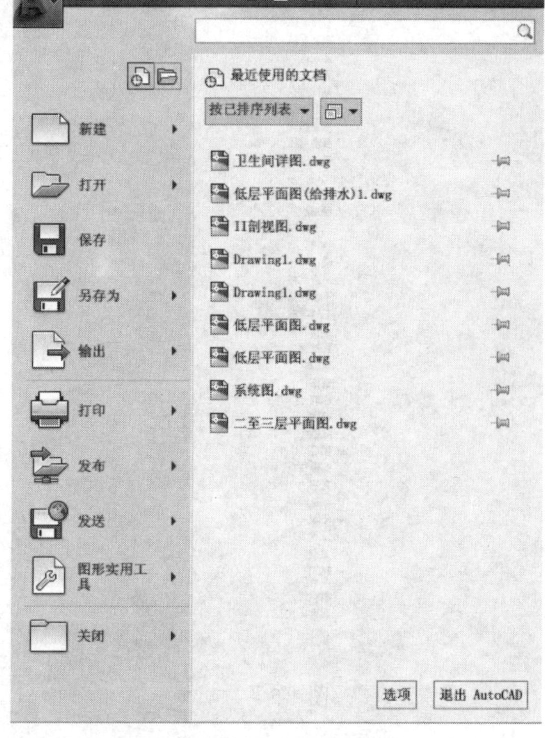

图 1-6

1.2.3　工具栏与功能区

AutoCAD 2010 提供了多种工具栏，所有的工具栏都是制图常用的快捷辅助工具，它集中了常用命令的工具按钮。在工具栏中单击某个按钮，便会执行相应的功能操作，而不必从菜单栏中选择所需的菜单命令。

用户可以根据设计的需要，调用或隐藏其他工具栏，其方法如下：

（1）在界面上的任何工具栏（快速访问工具栏除外）上右击，弹出如图 1-7 所示的快捷菜单。该快捷菜单中列出了 30 多种工具栏选项。

（2）在该快捷菜单中，选择所需要的工具栏名称。若某个工具栏名称前具有"√"符号，则表示该工具栏处于被调用的状态。

工具栏既可以被固定，也可以处于浮动状态。其中，固定的工具栏附着在绘图区域的任一条边上。当在未将工具栏设置为固定状态的情况下，单击工具栏上的空白区域并将其拖动到绘图区域，浮动工具栏（浮动工具栏可以位于绘图区域的任何位置）。拖动浮动工具栏的一条边可以调整其大小。

按照希望的方式排列工具栏后，可以锁定它们的位置。其方法是：在工具栏中右击，弹出一个快捷菜单，选择快捷菜单中的"锁定位置"→"全部"→"锁定"命令，如图 1-8 所示。

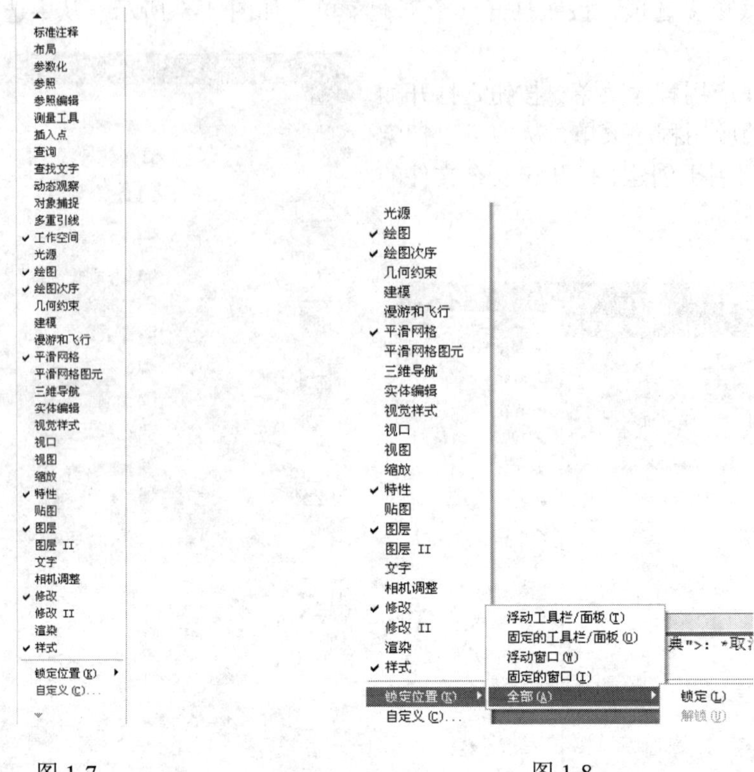

图 1-7　　　　　　　　　　图 1-8

“二维草图与注释”工作空间提供了直观的功能区，所谓的功能区是显示基于任务的命令和控件选项板，如图 1-9 所示。功能区的每个选项卡中都包含了相应的面板，而每个面板中都集中了基于任务的命令工具。

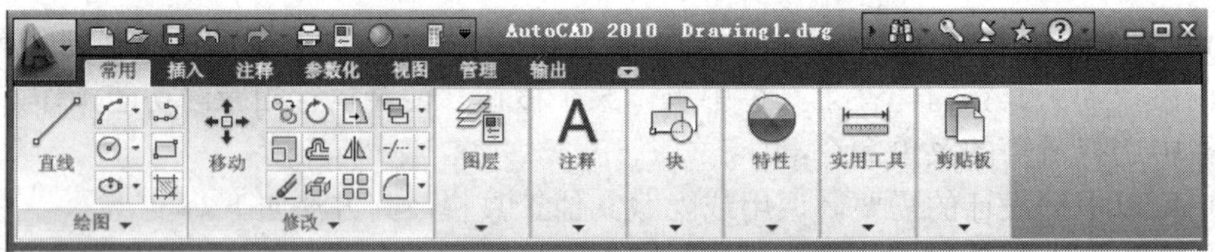

图 1-9

1.2.4　状态栏

状态栏位于工作界面的底部，用来显示光标坐标值、提供信息，以及显示和控制捕捉、栅格、正交、极轴追踪、对象捕捉追踪、动态 UCS、动态输入、线宽、快捷特性、模型的状态等，如图 1-10 所示。按钮高亮显示时，表示打开该按钮的功能；反之，则表示该按钮的功能已关闭。

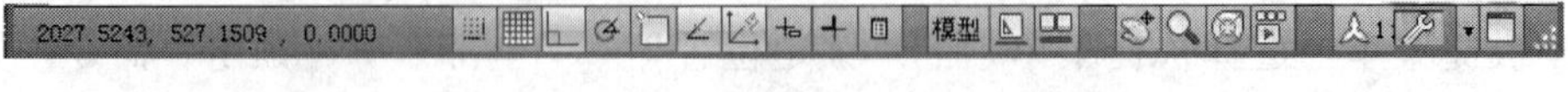

图 1-10

1.2.5　命令行窗口

命令行窗口，也称命令文本窗口，它由当前命令行和命令历史列表组成，如图 1-11 所示。当前命令行用来显示 AutoCAD 等待输入的提示信息，并接受用户键入的命令或参数；而命令历史列表框则保留着自系统启动以来操作命令的历史记录，可供用户查询。

图 1-11

在进行制图工作的过程中，应该多注意当前命令行的提示，按照系统提示输入命令或者输入文本参数等。

采用命令行进行输入操作时，如果对当前输入命令的操作不满意，可以按 Esc 键取消该操作，然后重新输入。

按 F2 功能键，将打开独立的“AutoCAD 文本”窗口，如图 1-12 所示，在该独立的“AutoCAD 文本窗口”中，同样可以进行输入命令或参数的操作。同时对历史记录的查询和编辑也更加方便。

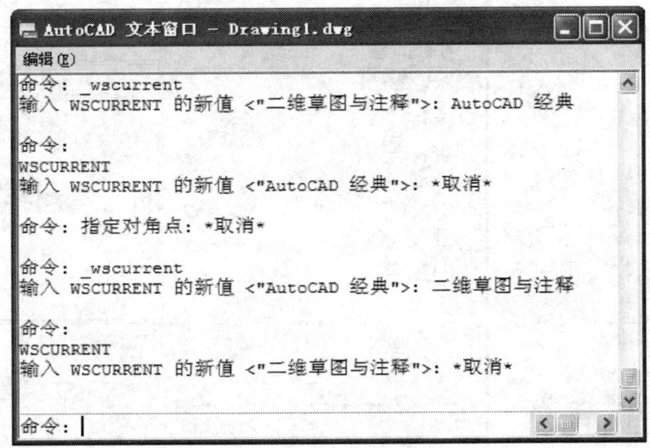

图 1-12

1.2.6　绘图区域

绘图区域是主要的工作区域，图形的绘制与编辑的大部分工作都在该区域中进行。在绘图区域中，有两点需要注意：一是光标；二是坐标系图标。

光标的作用不言而喻，图形的绘制和编辑操作都要依赖光标来执行。移动光标，当动态输入显示打开时，在状态栏中显示的坐标值也相应地随之变化。

AutoCAD 提供了两种主要坐标系：一种为可移动的用户坐标系（UCS）；另一种则为固定位置的世界坐标系（WCS）。在 WCS 中，X 轴是水平的，Y 轴是垂直的，Z 轴垂直于 XY 平面。原点是图形左下角 X 轴和 Y 轴的交点(0,0)。在二维制图中，使用 WCS 就足够了，也可根据 WCS 来定义 UCS。在实际应用中，为了方便坐标输入、栅格显示、栅格捕捉和正交模式等设置操作，偶尔会巧妙地重新定位和旋转用户坐标系。例如，移动 UCS 可以更加容易地处理图形的特定部分，旋转 UCS 可以帮助用户在三维或旋转视图中指定点。

重新定位用户坐标系的方式主要有：

（1）通过定义新的原点移动 UCS。

（2）将 UCS 与现有对象或当前视线的方向对齐。

（3）绕当前 UCS 的任意轴旋转当前 UCS。

（4）恢复保存的 UCS。

在命令窗口中输入 UCS 命令，依据提示选择选项，可以设置用户坐标系。另外，根据绘图的需要，可以通过“视图”→“三维视图”的级联菜单来选择或设置合适的坐标。坐标系图标在不同的场合有着不同的表示形态，注意图标所指示的坐标轴方向，尤其在三维绘图中更要把握各轴的方向。

在 AutoCAD 2010 中，绘图区域可以分成若干个图形窗口。设置多个图形窗口（视口）的命令如图 1-13 所示。当选择菜单“视图”→“视口”→“新建视口”命令时，打开如图 1-14 所示的对话框，利用该对话框可以设置适合二维或者三维的多图形窗口。

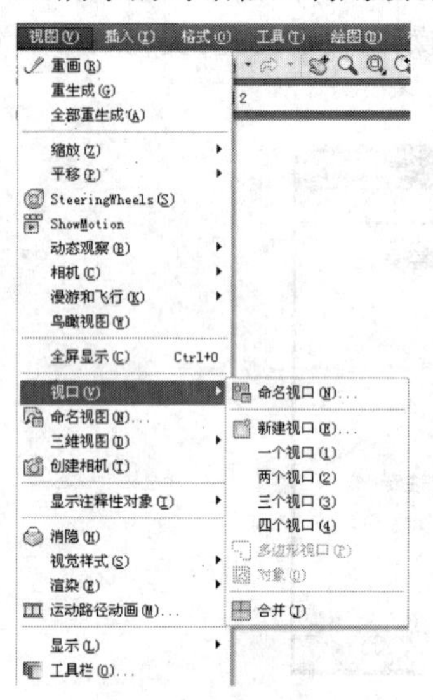

图 1-13

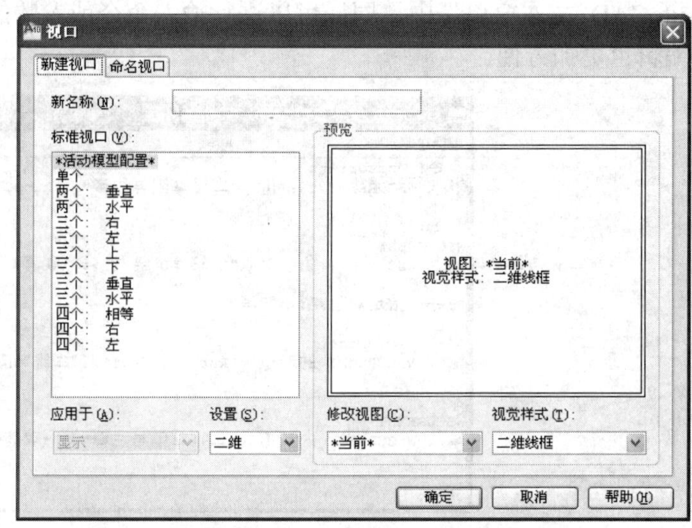

图 1-14

1.2.7　选项板

AutoCAD 2010 提供了多种实用的选项板（面板），用户可以从如图 1-15 所示的“工具”→“选项板”级联菜单中选择所需要的命令，从而打开相应的选项板。

这里主要介绍工具选项板。这里的工具选项板是一个十分有用的辅助设计工具，为用户提供了最常用的各类图形块和填充图案等内容。若界面没有工具选项板，此时要打开工具选项板，可以在“工具”→“选项板”级联菜单中选择“工具选项板”命令。在工具选项板中选择“建筑”选项卡，便列出一些常用的图块与样例，如图 1-16 所示。在绘制建筑图形的过程中，可以使用拖拽的方式将其中所需要的图例拖放到图形区域中。这样可以在一定程度上提高绘图效率。

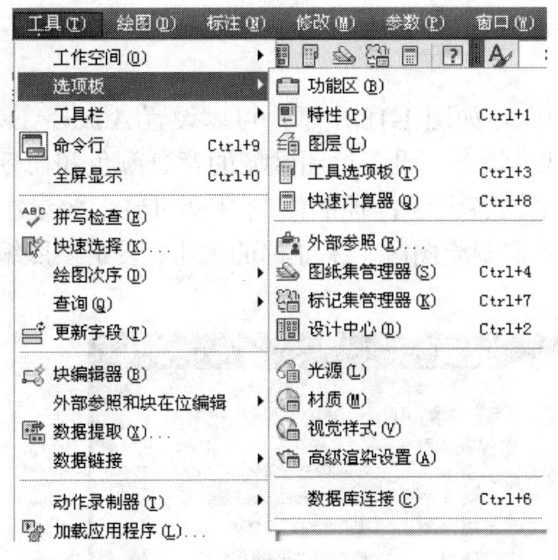

图 1-15

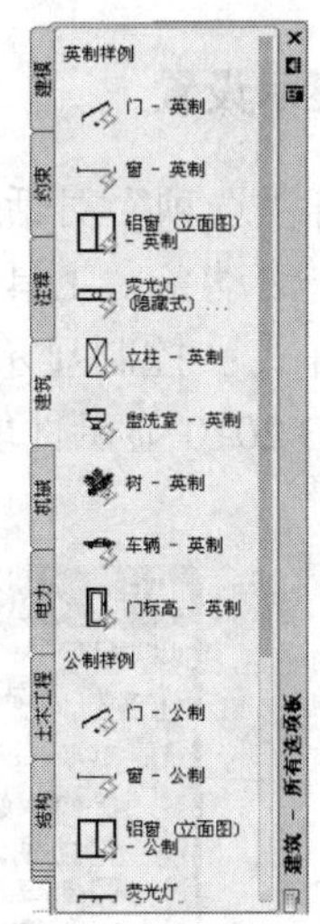

图 1-16

1.3　设置系统绘图环境

在一般的情况下，使用系统默认的绘图环境配置就可以了。如果对默认的环境配置不满意，如不喜欢绘图区域黑色的背景颜色，不满意文件保存的当前版本，希望重新设置自动捕捉等，则可以执行菜单“工具”→“选项”命令，在打开如图 1-17 所示的“选项”对话框中，对绘图环境进行重新设置。“选项”对话框中有 10 个选项卡，分别为“文件”选项卡、“显卡”选项卡、“打开和保存”选项卡、“打印和发布”选项卡、“系统”选项卡、“用户系统配置”选项卡、“草图”选项卡、“三维建模”选项卡、“选择集”选项卡和“配置”选项卡。下面主要介绍 4 个方面的设置：显示设置、打开与保存设置、草图选项设置和选择集设置。

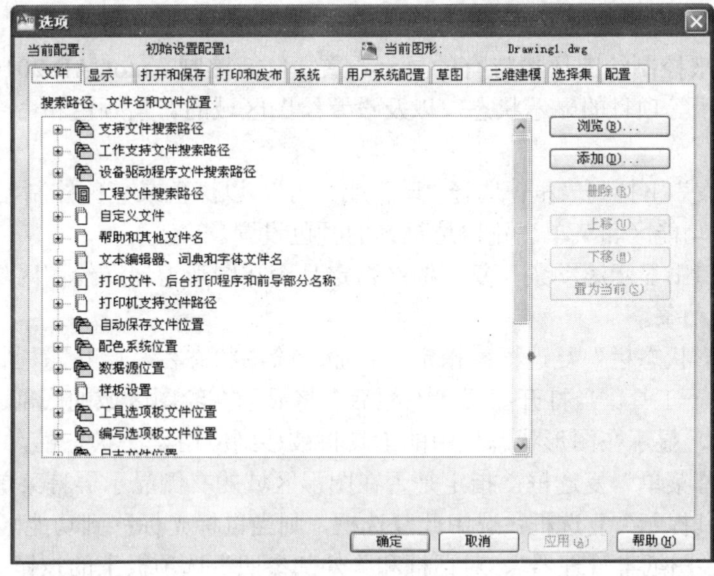

图 1-17

1.3.1 显示设置

打开“选项”对话框的“显示”选项卡，如图 1-18 所示，可以设置 AutoCAD 2010 屏幕菜单、滚动条、工具栏提示等项目的显示状态；设置绘图区域的背景颜色和命令窗口中的字体样式；控制显示在图纸空间布局中的各元素；控制绘制对象的显示效果；调整与 AutoCAD 2010 显示性能相关的各项设置；定制绘图区十字光标的大小；设定参照编辑的淡入度。

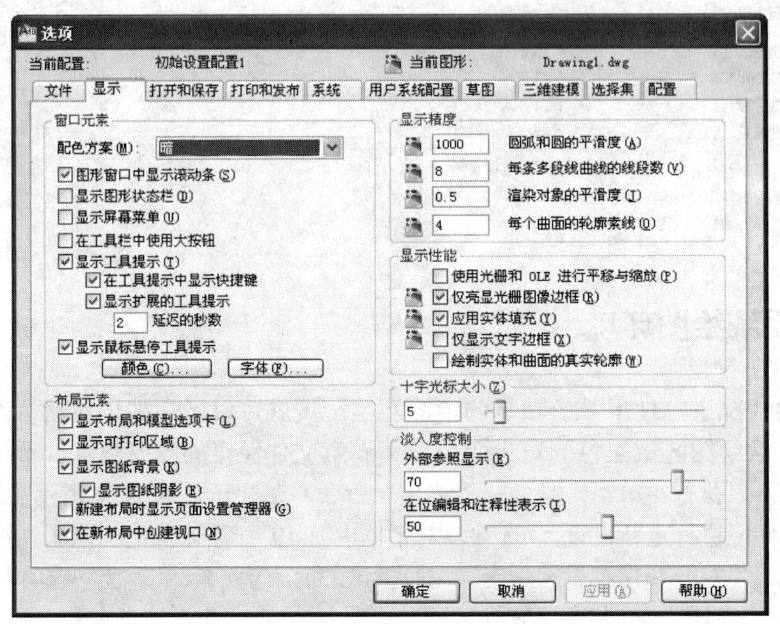

图 1-18

1.“窗口元素”选项组

该选项组用来控制绘图环境特有的显示设置，包括控制 AutoCAD 2010 屏幕菜单、滚动条、工具栏提示等项目的显示状态，以及设置绘图区域的背景颜色和命令窗口中的字体样式。

- “配色方案”下拉列表框：选择“暗”或“明”，以深色或亮色控制元素（如状态栏、标题栏、功能区和菜单浏览器边框）的颜色设置。
- “图形窗口中显示滚动条”复选框：指定是否在图形窗口（绘图区域）的右侧和底侧显示滚动条。
- “显示图形状态栏”复选框：指定是否显示绘图状态栏，此状态栏将显示用于缩放注释的若干工具。当打开图形状态栏后，将显示在绘图区域的底部。而当关闭图形状态栏后，显示在图形状态栏中的工具将被移到应用程序状态栏。
- “显示屏幕菜单”复选框：指定是否在图形区域的右侧显示屏幕菜单。
- “显示工具提示”复选框：选中此复选框，则当鼠标光标移到功能区、菜单浏览器、工具栏、“图纸集管理器”、对话框和“外部参照”选项板上的按钮上时，在鼠标光标下方显示出提示信息（即工具提示），这有助于初学者认识和学习工具按钮。

- “在工具提示中显示快捷键”复选框：选中此复选框，则在工具提示中显示快捷键。
- “显示扩展的工具提示”复选框：用于控制扩展工具提示的显示。
- “延迟的秒数”文本框：用于设置显示基本工具提示与显示扩展工具提示的延迟时间。
- “显示鼠标悬停工具提示”复选框：用于控制亮显对象的工具提示的鼠标悬停提示。
- “颜色”按钮：用于指定主应用程序窗口中的元素的颜色。倘若要改变背景颜色，可以单击该按钮，弹出如图 1-19 所示的“图形窗口颜色”对话框。以要将绘图区域的背景颜色修改为白色为例，需要在“背景”列表框中选择“二维模型空间”选项，在“界面元素”列表框中选择“统一背景”选项，从“颜色”下拉列表中将当前颜色修改为“白”，然后单击“应用并关闭”按钮。

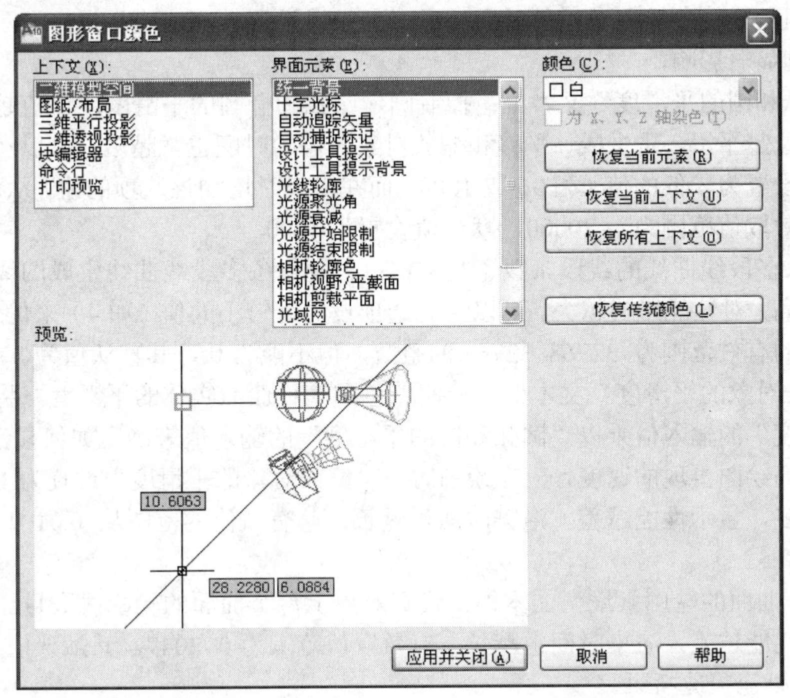

图 1-19

- “字体”按钮：若要修改命令窗口（命令行窗口）中的字体样式，可以单击该按钮。单击该按钮，则系统出现如图 1-20 所示的“命令行窗口字体”对话框，从中设置字体、字形和字号。

2. *“布局元素”选项组*

该选项组用来控制显示在图纸空间布局中的各元素。所谓的布局是一个图纸空间环境，用户可以在其中设置图形进行打印。

- “显示布局和模型选项卡”复选框：设置是否在绘图区域的底部显示“布局”和“模型”选项卡。取消该复选框，则状态栏上的按钮将替代这些选项卡。

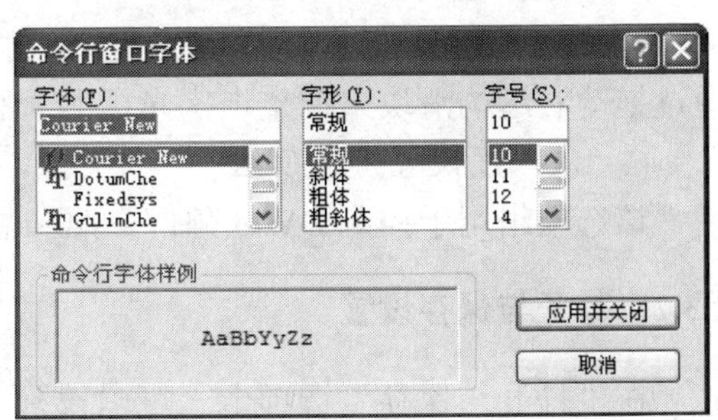

图 1-20

- "显示可打印区域"复选框：设置是否显示布局中的可打印区域，所述的可打印区域是指虚线所围起来的区域，其大小有所选的输出设备决定。
- "显示图纸背景"复选框：该复选框用来确定是否在布局中显示图纸的背景轮廓，而实际图纸的大小和打印比例决定该背景轮廓的大小。
- "显示图纸阴影"复选框：设置是否显示图纸背景轮廓的阴影。
- "新建布局时显示页面设置管理器"复选框：若选中该复选框，则在首次选择"布局"选项卡时，将显示页面设置管理器。
- "在新布局中创建视口"复选框：设置在创建新布局时自动创建单个视口。

3. "显示精度"选项组

该选项组用来控制绘制对象的显示质量。如果以设置较高的值来提高显示质量，则系统性能将受到显著影响，

- "圆弧和圆的平滑度"文本框：控制圆、圆弧和椭圆的平滑度。该值越高，则生成的对象越平滑，重生成、平移和缩放对象所需的时间也就越多。可以在绘图时将该选项设置为较低的值（如 96 或 100），而在渲染时增加该选项的值，从而提高性能。其有效取值范围为 1~20000，默认值设置为 1000。
- "每条多段线曲线的线段条数"文本框：设置每条多段线曲线生成的线段数目。数值越高，对性能影响越大。可以将此选项设置为较小的值（如 4）来优化绘图性能。该值的有效范围为-32768~32767 的整数，但不能为 0.，其默认值为 8。
- "渲染对象的平滑度"文本框：控制着色和渲染曲面实体的平滑度。将"渲染对象平滑度"的输入值乘以"圆弧和圆的平滑度"的输入值来确定如何显示实体对象。要提高绘图再现的速度，应在绘图时将"渲染对象的平滑度"设置为 1 或更低。数目越多，显示性能越差，渲染时间也越长。其有效值的范围从 0.01~10，其默认设置为 0.5。
- "每个曲面的轮廓素线"文本框：设置对象上每个曲面的轮廓线数目。数目越多，显示性能越差，渲染时间也越长。有效取值范围为 0~2047，其默认值为 4。

4. "显示性能"选项组

该选项组用来调整与显示相关的各种设置，可设置的选项有"使用光栅和 OLE 进行平移与缩放"、"仅亮显光栅图像边框"、"应用实体填充"、"仅显示文字边框"和"绘制实体和曲面的真实轮廓"。

5. "十字光标大小"选项组

在该选项组中，可以通过在左边的文本框中输入数值来设置十字光标的大小，也可以通过拖动右边的滑块来调整十字光标的大小。

6. "淡入度设置"选项组

该选项组用于控制 DWG 外部参照和参照编辑的淡入度的值。

1.3.2　打开与保存设置

在"打开与保存"选项卡上可以设置文件保存、文件打开、文件安全措施、外部参照和 ObjectARX 应用程序等，如图 1-21 所示。

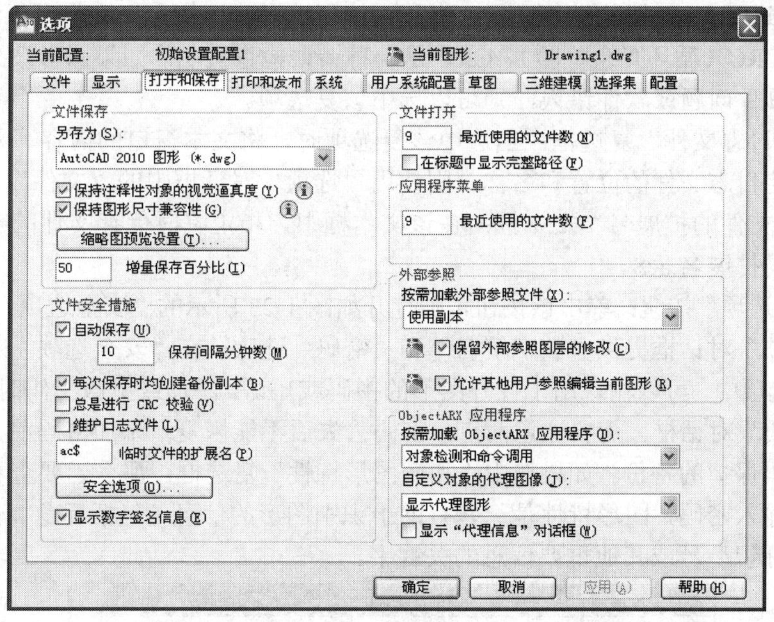

图 1-21

1. “文件保存”选项组

可以在“另存为”下拉列表框中选择文件保存的有效格式和版本。“AutoCAD 2010 图形（*.dwg）”是 AutoCAD 2010 使用的默认图形文件格式。

在该选项组中可以设置图形文件中潜在浪费空间的百分比。完全保存，将会消除浪费的空间；增量保存较快，但会增加图形的大小。如果将“增量保存百分比”设置为 0，则每次保存都是完全保存。要优化性能，可将此值设置为 50。如果硬盘空间不足，可将此值设置为 25，但如果将此值设置为 20 或者更小，那么某些命令的执行速度将明显变慢。

单击“缩略图预览设置”按钮，将弹出如图 1-22 所示的“缩略图预览设置”对话框。利用该对话框可控制保存图形是否更新缩略图预览。

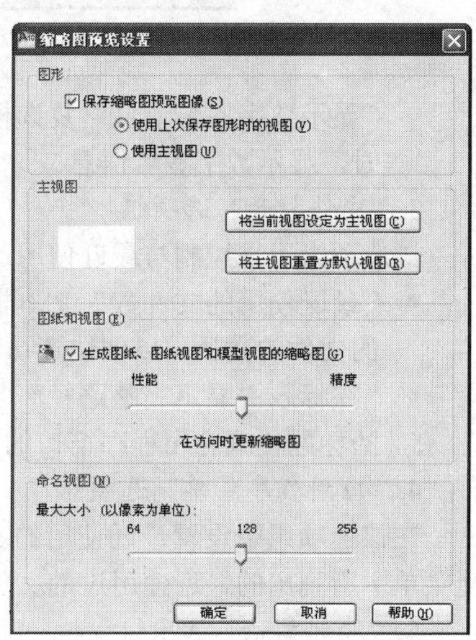

图 1-22

2. “文件安全措施”选项组

该选项组主要用来帮助避免数据丢失，以及检测错误。

- “自动保存”复选框：当选中该复选框时，系统以指定的时间间隔自动保存图形。可以在该复选框下方的文本框中输入自动保存图形文件的时间间隔分钟数。例如，输入 2，表示保存间隔为 2 分钟。
- “每次保存时均创建备份副本”复选框：当选中该复选框时，指定在保存图形时创建图形的备份副本。创建备份副本和图形位于相同的位置。

- “总是进行 CRC 校验”复选框：当选中该复选框时，指定每次将对象读入图形时，执行 CRC（循环冗余检验）。CRC 是一种错误检查机制。如果图形被损坏，且怀疑存在硬件问题或软件错误，则可以选中该复选项。
- “维护日志文件”复选框：当选中该复选项时，将文本窗口的内容写入日志文件。要指定日志文件的位置和名称，则使用“选项”对话框中的“文件”选项卡。
- “临时文件的扩展名”文本框：在该文本框中，指定临时保存文件的唯一扩展名。默认的扩展名.ac$。
- “安全选项”按钮：单击该按钮，则打开如图 1-23 所示的“安全选项”对话框。“安全选项”对话框提供“数字签名”和“密码”选项。在“安全选项”对话框的“密码”选项中，可以输入用于打开图形的密码或短语。添加或更改密码时，将显示“确认密码”对话框。需要注意两点：密码丢失后不能恢复；添加密码前，建议创建不受密码保护的备份。如果选中“加密图形特性”复选框，那么当要查看图形特性时必须输入密码，图形特性是一些有助于识别图形的信息，包括标题、作者、主题和用于标识型号或其他重要信息的关键字。

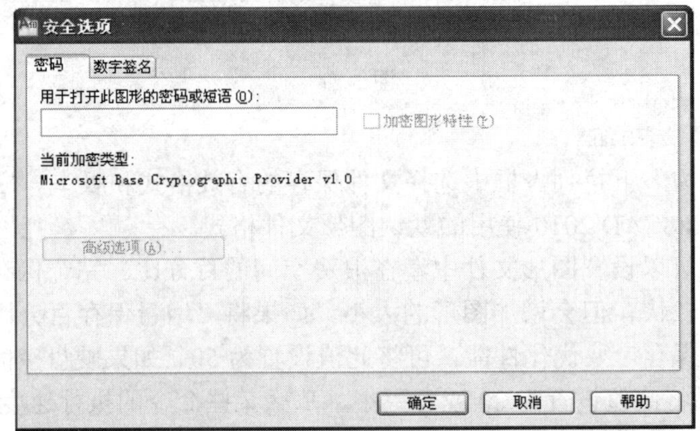

图 1-23

- “显示数字签名信息”复选框：当选中该复选框时，则打开带有有效数字签名文件时，显示数字签名信息。

3.“文件打开”选项组

该选项组用来控制与最近使用过的文件及打开的文件相关的设置。

- “最近使用的文件数”文本框：该框用来控制“文件”菜单中所列出的最近使用过的文件的数目，以便快速访问。可输入的有效值范围为 0~9 的整数。
- “在标题中显示完整路径”复选框：当选中该复选框时，则最大化图形后，在图形的标题栏或应用程序窗口的标题栏中显示活动图形的完整路径。

4.“应用程序菜单”选项组

在该选项组中设置最近使用的文件数，用于控制菜单浏览器的“最近使用的文档”快捷菜单中所列出的最近使用过的文件数，有效值为 0~50。

5.“外部参照”选项组

该选项组主要用来控制、编辑外部与加载外部参照有关的设置。

“按需要加载外部参照文件”的选项有“使用副本”、“启用”和“禁用”3项，按照需要加载只加载重新生成当前的图像所需要的部分参照图像，因此提高了性能。当选择“使用副本”选项时，系统打开按需加载，但仅使用参照图形的副本，而其他用户可以编辑原始图形；当选择“禁用”时，系统关闭按需加载，当选择“启用”选项时，系统打开按需加载来提高性能。在处理包含空间索引或图层索引的裁剪外部参照时，选择“启用”设置可以加速加载过程，但是如果选择此项，则当文件被参照时，其他用户不能编辑该文件。

6. “ObjectARX应用程序”选项组

该选项组使用来控制AutoCAD 2010实时扩展应用程序及代理图形的有关设置。用户可以确定是否以及何时按需加载ObjectARX应用程序，可以控制图形中自定义对象的实现方式等。

1.3.3 草图选项设置

在“选项”对话框中打开“草图”选项卡，如图1-24所示。

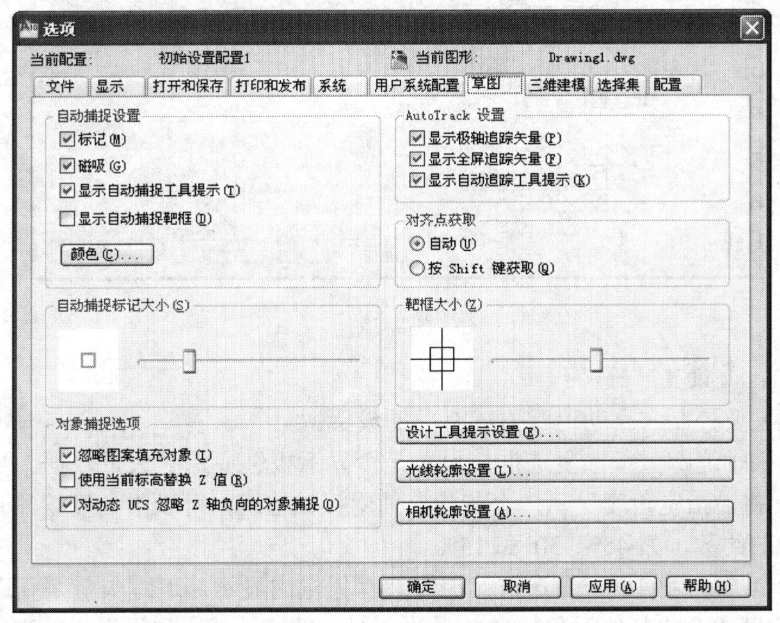

图1-24

1. “自动捕捉设置”选项组

该选项组用来控制与对象自动捕捉相关的设置。

- “标记”复选框：控制自动捕捉标记的显示，该标记是当十字光标移动到捕捉点上时显示的几何符号。
- “磁吸”复选框：打开或者关闭自动捕捉磁吸。磁吸是指是在光标自动移动并锁定到最近的捕捉点上。
- “显示自动捕捉工具提示”复选框：控制自动捕捉工具提示的显示。工具提示是一个标签，它用来描述捕捉到的对象部分。
- “显示自动捕捉靶框”复选框：控制自动捕捉靶框的显示，靶框是捕捉对象时出现

在光标内部的方框。

- “颜色”按钮：在“自动捕捉设置”选项组中单击“颜色”按钮，打开如图 1-25 所示的“图形窗口颜色”对话框。此时“界面元素”列表中的“自动捕捉标记”选项处于选中的状态，可以从“颜色”下拉列表框中指定自动捕捉标记的颜色。

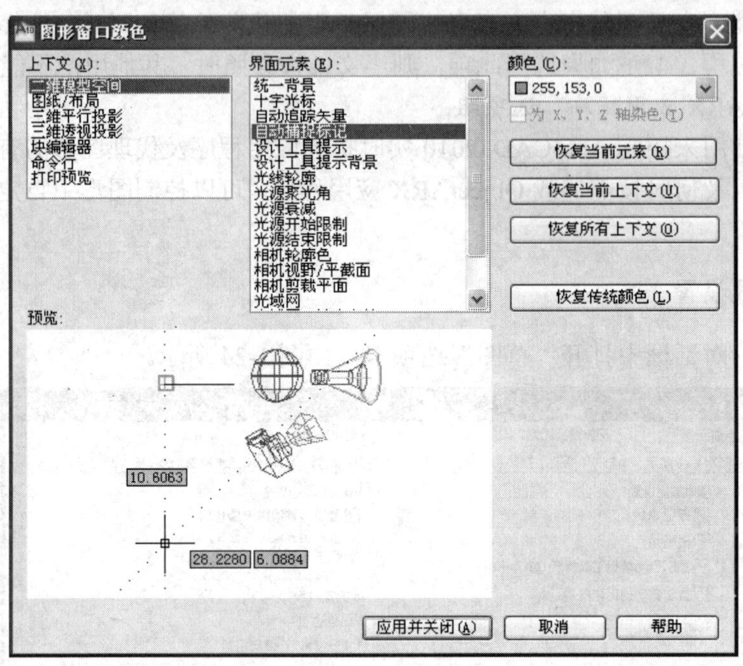

图 1-25

2.“AutoTrack 设置”选项组

该选项组主要控制与自动追踪方式有关的设置。

- “显示极轴追踪矢量”复选框：设置是否显示极轴追踪的矢量数据。当打开极轴追踪时，将沿指定角度显示一个矢量。使用极轴追踪，可以沿角度绘制直线；极轴角是 90°的约数，如 45°、30°和 15°。
- “显示全屏追踪矢量”复选框：控制追踪矢量的显示，追踪矢量是帮助用户按照特定的角度或者与其他对象特定关系绘制对象的构造线。如果选择此选项，对齐矢量将显示为无限长的直线。
- “显示自动追踪工具提示”复选框：控制自动追踪工具提示的显示，工具提示是一个标签，它显示追踪坐标。

3.“自动捕捉标记大小”选项组

该选项组中可以设置自动捕捉标记的显示尺寸。通过拖动滑块来定义自动捕捉标记的大小。

4.“对齐点获取”选项组

利用该选项组可以在图像中显示对齐矢量的方法，有 2 个单选按钮：“自动”单选按钮和“按 Shift 键获取”单选按钮。

- “自动”：选择该单选按钮后，当标靶移动到对象捕捉上时，自动显示追踪矢量。

- “按 Shift 键获取”：当选择该单选按钮后，按 Shift 键并将标靶框移动到对象捕捉上时，将显示追踪矢量。

5. “标靶大小”选项组

该选项组是用来设置自动捕捉标靶框的显示大小尺寸。如果在“自动捕捉设置”选项组中选中“显示自动捕捉标靶框”复选框时，则当捕捉到对象时，标靶框显示在十字光标的中心，取值范围为 1～50 像素，通过滑块来定义标靶框的大小。

6. “对象捕捉选项”选项组

在该选项中，可以指定下列对象捕捉的选项。

- “忽略图案填充对象”复选框：当选中该复选框时，指定在打开对象捕捉时，对象捕捉自动忽略填充图案。
- “使用当前标高替换 Z 值”复选框：当选中该复选框时，指定对象捕捉忽略对象捕捉位置的 Z 值，并使用当先 UCS 设置的标高的 Z 值。
- “对动态 UCS 忽略 Z 轴负向的对象捕捉”复选框：当选中该复选框时，指定使用动态 UCS 期间对象捕捉忽略具有负 Z 值的集合体。

7. 外观设置按钮

在设置“草图”选项卡中，有 3 个外观设置按钮，分别为“设置工具提示设置”按钮，“光线轮廓设置”按钮和“相机轮廓设置”按钮。

- 在“草图”选项卡中单击“设置工具提示设置”按钮，打开如图 1-26 所示的“工具提示外观”对话框，利用该对话框可以定制绘图工具提示的外观，定制内容包括颜色大小和透明度等。

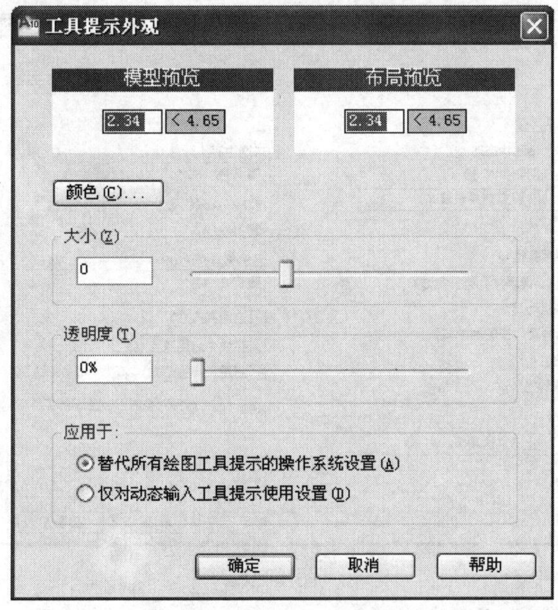

图 1-26

- 在“草图”选项卡中单击“光线轮廓外观”按钮，打开如图 1-27 所示的“光线轮廓外观”对话框，从中指定光线轮廓的外观。

- 在“草图”选项卡中单击“相机轮廓外观”按钮，打开如图 1-28 所示的“相机轮廓外观”对话框，从中设置相机轮廓的外观。

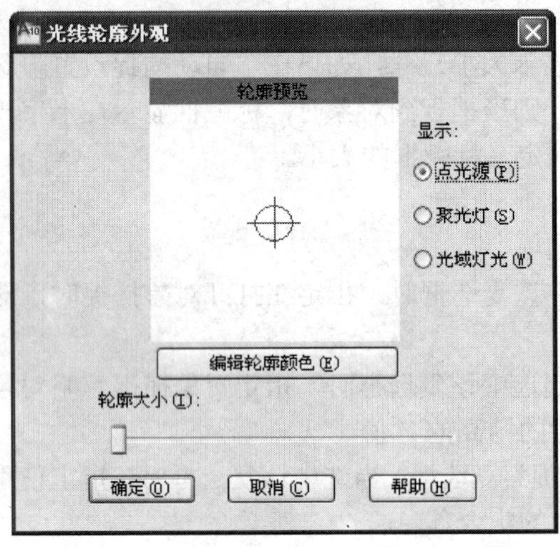

图 1-27

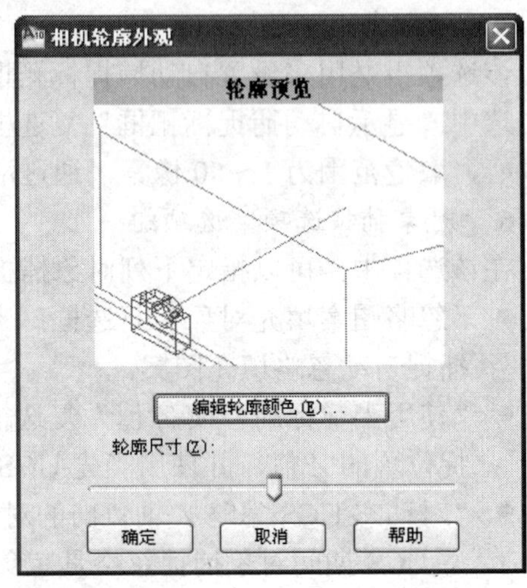

图 1-28

1.3.4　选择集设置

在“选项”对话框中打开“选择集”选项卡，如图 1-29 所示。

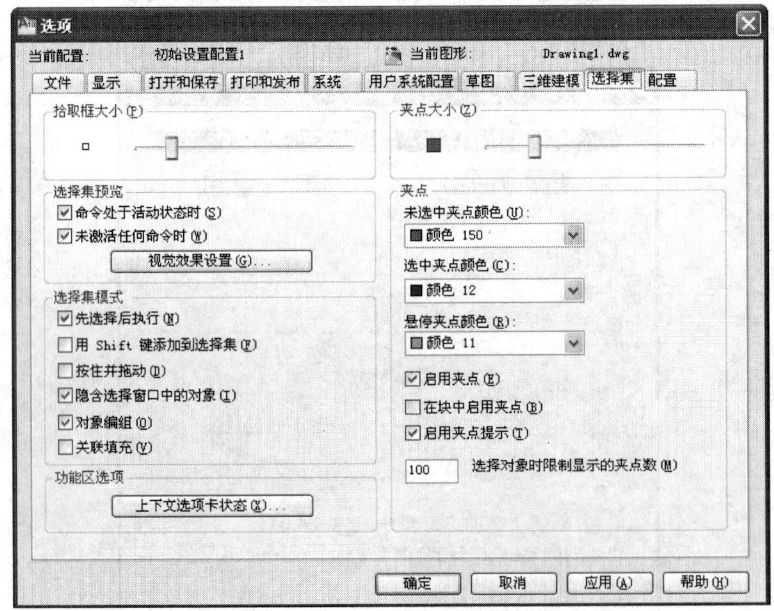

图 1-29

1. “拾取框的大小”选项组

该选项组用来控制拾取框的显示尺寸。拾取框是在编辑命令中出现的对象选择工具。

2. “选择集预览”选项组

该选项组用来设置当拾取框光标滚过对象时亮显对象，以及设置选择预览的外观（视

觉效果)。

- “命令处于活动状态时”复选框：选中该复选框，仅当某个命令处于活动状态并显示“选择对象”提示时，才会显示选择预览。
- “未激活任何命令时”复选框：选中该复选框，即使未激活任何命令，也可显示选择预览。
- “视觉效果设置”按钮：单击该按钮，打开如图 1-30 所示的“视觉效果设置”对话框，从中对选择预览的外观（视觉效果）进行设置。

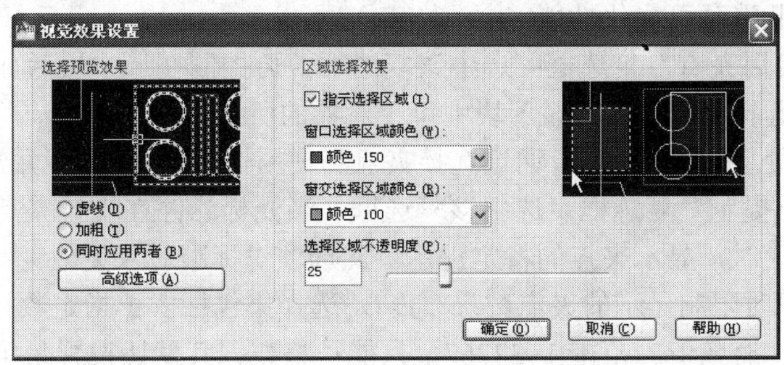

图 1-30

3. “选择集模式”选项组

该选项组用来控制与对象选择方式相关的设置。

- “先选择后执行”复选框：选中该复选框，允许在启动命令之前选择对象，被调用的命令对先前选中的对象产生影响，但要注意哪些编辑命令和查询命令适用该流程。
- “用 Shift 键添加到选择集”复选框：选中该复选框，按 Shift 键并选择对象时，可以向选择集中添加对象以及从选择集中删除对象。要快速清除选择集，应在图形的空白区域建立一个选择窗口。
- “按住并拖动”复选框：选中该复选框，通过选择一点，然后将定点设备拖动至第二点来绘制选择窗口，如果未选择该复选项，则可用定点设备选择两个单独的点来绘制选择窗口。
- “隐藏选择窗口中的对象”复选框：选中该复选框，在对象外选择了一点时，初始化选择窗口中的图形。从左向右绘制选择窗口将选择完全处于窗口边界内的对象；从右向左绘制选择窗口将选择处于窗口边界内和与边界相交的对象。
- “对象编组”复选框：选中该复选框，选择编组中的一个对象就选择了编组对象中的所有对象。使用 GROUP 命令，可以创建和命名一组选择对象。
- “关联填充”复选框：选中该复选框，可确定选择关联填充时将选定哪些对象，如果选择该选项，那么选择关联填充时也选定边界对象。

4. “夹点大小”选项组

该选项组用来控制夹点的显示尺寸。拖动滑块可以调整夹点大小。

5. “夹点”选项组

该选项组用来控制与夹点相关的设置。注意，在对象被选中后，其上将显示夹点，即一些小方块。

- "未选中夹点颜色"下拉列表框：该列表框用于确定未选中夹点的颜色。
- "选中夹点颜色"下拉列表框：该列表框用于确定选中夹点的颜色。
- "悬停夹点颜色"下拉列表框：该列表框用于决定光标在夹点上滚动时夹点显示的颜色。
- "启用夹点"复选框：选中该复选框，选择对象时在选择对象上显示夹点。通过选择夹点和使用快捷菜单，可以用夹点来编辑对象。在图形中显示加点会明显降低性能，清除此选项可优化性能。
- "在块中启用夹点"复选框：选中该复选框，可控制在选中块后如何在块上显示夹点。如果选择此选项，将显示块中每个对象的所有夹点；如果清除此选项，将在块的插入点处显示一个夹点。通过选择夹点和使用快捷菜单，可以用夹点来编辑对象。
- "启用夹点提示"复选框：选中该复选框，当光标悬停在支持夹点提示的自定义对象的夹点上时，显示夹点的特定提示。此选项对标准对象无效。
- "选择对象时限制显示的夹点数"：当初始选择集包括多于指定数目的对象时，将不显示夹点。有效值的范围 1~32767，只能是整数。其默认设置是 100。

6. "功能区选项"选项组

该选项组提供一个"上下文选项卡状态"按钮，单击该按钮，系统弹出如图 1-31 所示的"功能区上下文选项卡状态选项"对话框，从中可以为功能区上下文选卡的显示设置对象选项设置。

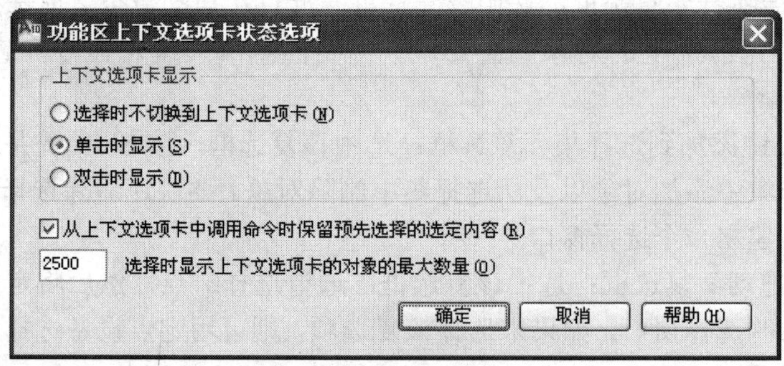

图 1-31

1.4　AutoCAD 2010 操作基础

在学习绘制具体的二维或三维图形之前，需要先了解 AutoCAD 2010 的一些操作基础，如捕捉和栅格、对象捕捉、绝对坐标系和相对坐标系的使用、视图缩放、视图平移、重画和重新生成等。

1.4.1　栅格和捕捉

栅格可以被看做布满指定区域的点的矩阵，如图 1-32 所示。利用栅格可以方便地对齐对象，有助于将对象距离形象化。栅格的间距是可以调整的，而栅格不会打印出来。

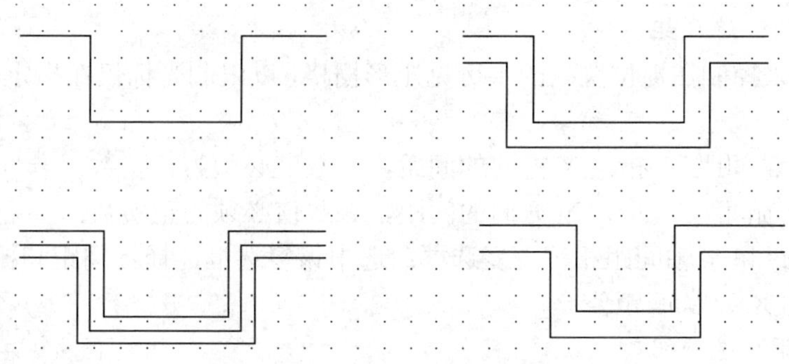

图 1-32

捕捉是选择定位的一种方式，它常与栅格结合使用。在状态栏上可以启用捕捉模式和栅格模式。启动捕捉模式后，十字光标的移动受到一定的限制，即只能按照预先定义的间距移动。捕捉模式中的捕捉与对象捕捉并不一样，对象捕捉需要预设捕捉的特殊对象。这是两种不同的捕捉模式。

选择菜单“工具”→“草图设置”命令，打开如图 1-33 所示的“草图设置”对话框。在“捕捉和栅格”选项卡上，可以设置是否在默认情况下启用捕捉和栅格，以及修改栅格参数和捕捉参数等。

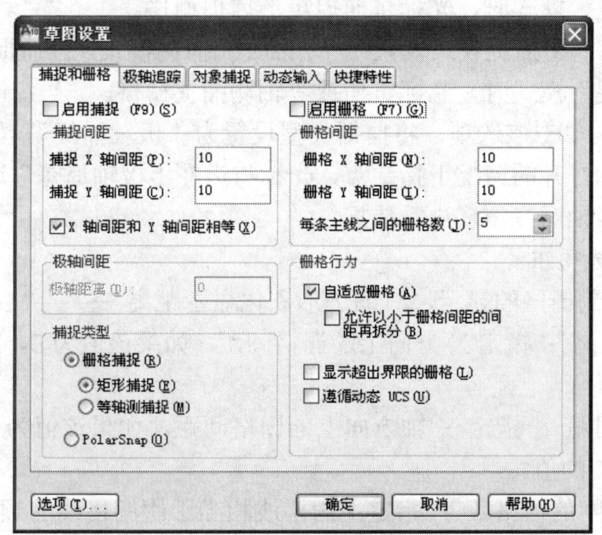

图 1-33

1. “启用捕捉”复选框、“启用栅格”复选框

- “启用捕捉”复选框：利用该复选框，可打开或关闭捕捉模式，也可以通过单击状态栏上的（捕捉模式），或按 F9 键，或使用 SNAPMODE 系统变量，来打开或关闭捕捉模式。
- “启用栅格”复选框：利用该复选框，可打开或关闭栅格模式，也可以通过单击状态栏上的（栅格模式），或按 F7 键，或使用 GRIDMODE 系统变量，来打开或关闭栅格模式。

2. “捕捉间距”选项组

该选项组用来控制捕捉位置处的不可见矩形栅格，以限制光标仅在指定的 X 和 Y 间隔内移动。

- “捕捉 X 轴间距”：指定 X 方向的间距，该数值必须为正实数。
- “捕捉 Y 轴间距”：指定 Y 方向的间距，该数值必须为正实数。
- “X 轴间距和 Y 轴间距相等”复选框：选中该复选框，捕捉间距和栅格间距强制使用相同的 X 和 Y 间距值。

3. “极轴间距”选项组

选定“捕捉类型”选项组中的“极轴捕捉”时，设置捕捉增量距离。如果该值（极轴距离）为 0，则极轴捕捉距离采用“捕捉 X 轴间距”的值。如果两个追踪功能都为启用，则“极轴距离”设置无效。

4. “捕捉类型”选项组

该选项组用来设置捕捉样式和捕捉类型。

- “栅格捕捉”：当选中“栅格捕捉”单选项时，可以根据设计需要选择“矩形捕捉”选项或者“等轴测捕捉”选项。
- “矩形捕捉”：将捕捉样式设置为标准“矩形”捕捉模式。当捕捉类型设置为“栅格”并打开“捕捉”模式时，光标将捕捉矩形捕捉栅格。
- “等轴测捕捉”：将捕捉模式设置为“等轴测”捕捉模式。当捕捉模式设置为“栅格”并打开“捕捉”模式时，光标将捕捉等轴测捕捉栅格。
- “PolarSnap”：单击该选项，将捕捉类型设置为“极轴捕捉”。如果打开了“捕捉”模式并在极轴打开的情况下指定点，光标将沿在“极轴追踪”选项卡上相当于极轴起点设置的极轴对齐角度进行捕捉。

5. “栅格间距”选项组

该选项组用来控制栅格的显示，有助于形象化显示距离。

- “栅格 X 轴距离”：指定 X 方向上的栅格间距。如果该值为 0，则栅格采用“捕捉 X 轴间距”的值。
- “栅格 Y 轴间距”：指定 Y 轴方向上的栅格间距，如果该值为 0，则栅格采用“捕捉 Y 轴间距”的值。
- “每条主线之间的栅格数”：指定主栅格线相当于次栅格线的频率。

6. “栅格行为”选项组

- “自适应栅格”：缩小时，限制栅格密度。
- “允许以小于栅格间距的间距再拆分”：放大时，生成更多间距更小的栅格线；主栅格线的频率确定这些栅格线的频率。
- “显示超出界限的栅格”：显示超出 LIMITS 命令指定区域的栅格。
- “遵循动态 UCS”：更改栅格平面以跟随 UCS 的 XY 平面。

1.4.2　对象捕捉与对象追踪

对象捕捉就是在对象上的精确位置指定捕捉点。捕捉点包括线段端点、线段中点、圆

心、节点等。对象捕捉模式是最常使用的一种模式，可以在状态栏上启动该模式，而要使用对象追踪，则必须打开一个或多个对象捕捉。使用对象追踪在命令中指定点时，光标可以沿基于其他对象捕捉点的对齐路径进行追踪。

对象捕捉和对象追踪的模式可以通过执行菜单“工具”→“草图设置”命令，在打开的“草图设置”对话框中进行设置。进入“对象捕捉”选项卡，如图 1-34 所示，在“对象捕捉模式”选项组中设置相关选项。如果单击“选项”按钮，则会打开“选项”对话框，在“草图”选项卡中设置与对象捕捉相关的参数。

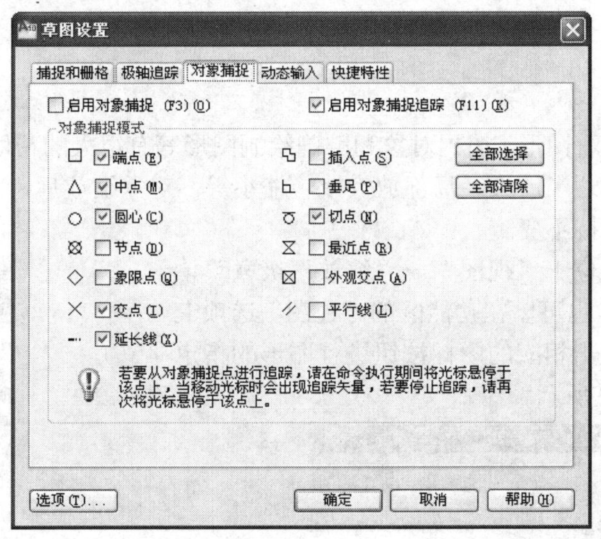

图 1-34

在绘图过程中，要根据实际情况选择对象捕捉的模式，但是并不一定要选择全部模式，如果选择的对象捕捉模式多，也会给绘图带来麻烦。例如，如图 1-35 所示的对象捕捉模式为，端点捕捉 1 点，切点捕捉 2 点，圆心捕捉 3 点，中点捕捉 4 点，交叉点捕捉 5 点。其他对象捕捉模式可以暂时关闭。

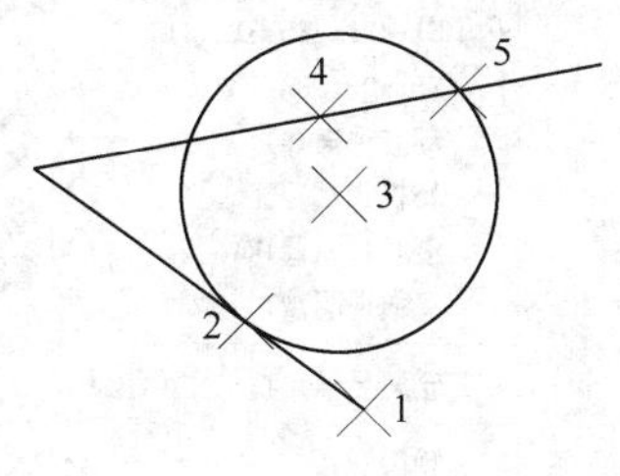

图 1-35

1.4.3 绝对坐标与相对坐标的使用

在 1.2.6 节中介绍了可移动的用户坐标系（UCS）和固定位置的世界坐标系（WCS），本节将介绍在非动态输入模式下输入点坐标的两种方式，一种是使用绝对坐标输入，另一种是使用相对坐标输入。

点的绝对坐标是指点相对于一个固定的坐标原点的位置。绝对坐标有笛卡尔坐标、极坐标、球面坐标和柱面坐标等方式，其中前两种较为常见。

（1）笛卡尔坐标。笛卡尔坐标依次用点的 X、Y、Z 坐标值来表示，坐标值之间用逗号隔开，即“X，Y，Z”。在二维制图时，Z 值为 0，只需输入 X、Y 坐标值即可确定一点。

（2）极坐标。极坐标用极径和极角来表示二维点，其输入的表示方法是：极径<极角。

其中，极径是指当前点到极点之间的距离，极角是指当前点到极点的方位角，逆时针方向为正。

有时计算绝对坐标比较麻烦，此时可以使用相对坐标来输入。事实上，在绘图的过程中，常使用的坐标是相对坐标。要想在执行某些操作时，在命令窗口的命令行中输入相对坐标，需要在相对坐标数值之前加上符号“@”，该符号可以被看做相对坐标的标志，代表输入的参数值是相对于上一个选定点作为坐标原点而定的。

相对笛卡尔坐标的格式为：@X，Y。

相对极坐标的格式为：@极径<极角。

1.4.4　视图缩放

视图的缩放对查看图形、捕捉对象和准确绘制图形等有很大的帮助。在绘图的过程中，常常需要将当前视图适当放大、局部放大或者缩小等。对象缩放后，只是屏幕显示比例的变化，其实际尺寸保持不变。

图形缩放的命令位于“视图”→“缩放”级联菜单中，如图 1-36 所示。也可以在功能区的“视图”选项卡的“导航”面板中单击相应的图标按钮进行图形的指定缩放操作，如图 1-37 所示。

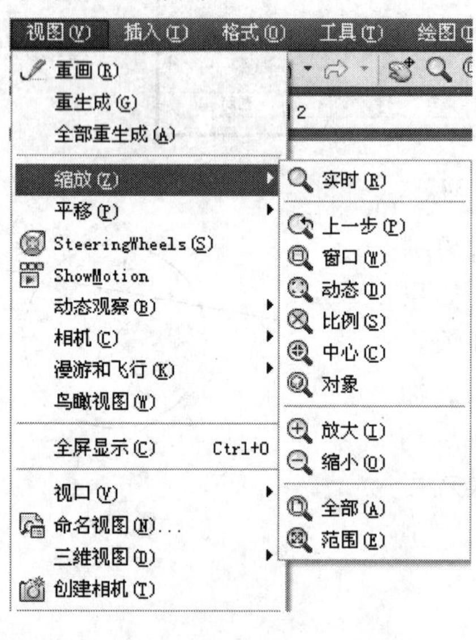

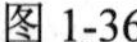
图 1-36

图 1-37

另外，也可以在命令文本窗口中输入 ZOOM（或其简写 Z，命令如图 1-38 所示），然后选择命令提示行中的选项。例如，要在绘图区域内显示全部图形，则继续在命令文本窗口中输入 A，按 Enter 键。

```
命令: z ZOOM
指定窗口的角点，输入比例因子 (nX 或 nXP)，或者
[全部(A)/中心(C)/动态(D)/范围(E)/上一个(P)/比例(S)/窗口(W)/对象(O)] <实时>:
```

图 1-38

在默认情况下，向前滚动鼠标中键滚轮，可实时放大视图；而向后滚动鼠标中键滚轮，可实时缩小视图。

1.4.5 视图平移

视图平移在实际应用中也比较实用。它是指在不改变图形显示大小的情况下，通过移动图形来观察当前视图中的不同部分。

视图平移的菜单命令如图 1-39 所示。

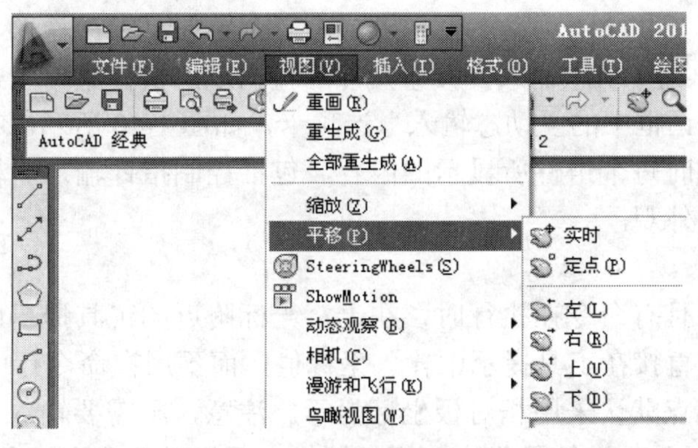

图 1-39

当在“平移”级联菜单中选择“实时”命令时，在绘图区域中将出现一个手形的标志，通过按住左键进行拖动可实现视图的平移。释放左键后，按 Esc 或 Enter 键退出，或者右击，在出现快捷菜单中选择“退出”选项，均可以结束视图的平移状态。

当在“平移”级联菜单中选择“定点”命令时，可通过两点来平移视图，这两点之间距离和方向便定义了视图平移的距离和方向。

1.4.6 重画和重生成

执行菜单“视图”→“重画”命令，或者在命令文本窗口中输入 redraw 命令，可以刷新当前视图，消除残留的修改痕迹。如果在命令文本窗口中输入 redrawall，则可以刷新所有视图。

执行菜单“视图”→“重生成”命令，不仅能够刷新图形显示，而且还可以刷新图形数据库中所有图形对象的屏幕坐标，从而准确地显示图形数据，使图形显示更加圆滑。要重生成图形，也可以在命令文本窗口的命令行中输入 regen 命令；而选择菜单“视图”→“全部重生成”命令，或者在命令文本窗口中输入 regenall，则可以重生成图形并刷新所有视图。

1.4.7 动态输入

AutoCAD 2010 提供一种实用的动态输入模式。在该模式下，可以快捷地输入参数值和选择相关命令或参数，而不必手动进入命令文本框中进行输入等操作。动态输入模式就是在光标附近提供了一个命令界面，可以使用户专注于绘图区域。启用动态输入模式时，将在光标附近显示提示信息，该信息会随着光标移动而动态更新。当某条命令为活动时，光

标附近的命令界面将为用户提供输入参数和选择选项的位置。

动态输入不会取代命令文本窗口，其优点在于可以让用户的注意力保持在光标附近。

在使用动态输入模式进行复杂图形的设计时，可以关闭命令行窗口（按 Ctrl+9 键可以关闭或打开命令行窗口），从而在屏幕中获得较大的绘图区域。按 F2 键可以根据需要显示和隐藏“AutoCAD 文本”窗口。利用“AutoCAD 文本”窗口可以查看提示和错误信息。另外，也可以浮动命令窗口，并使用“自动隐藏”功能来展开和卷起该窗口。

单击状态栏上的（动态输入）按钮，可以打开和关闭动态输入模式。另外，按 F12 键也可以临时将其打开和关闭。动态输入模式有三个组件：指针输入、标注输入和动态提示。在状态栏上单击（动态输入）按钮，然后在出现的快捷菜单上选择“设置”选项，打开“草图设置”对话框中的“动态输入”选项卡，如图 1-40 所示。在该选项卡中可以控制启动动态输入模式时每个组件所显示的内容，包括控制指针输入、标注输入、动态提示以及绘图工具提示的外观。

1. 指针输入

当启用指针输入且有命令在执行时，在十字光标附近的工具提示中显示出十字光标的位置坐标，此时可以直接在工具提示中输入坐标值，而不用在命令行中输入。

第二个点和后续点默认采用相对极坐标显示。注意，不需要输入“@”符号。如果想使用绝对坐标，则使用“#”符号作为前缀。例如，要将对象移至原点，可使用绝对坐标，即在指示输入第二个点时，输入：#0,0。

在“指针输入”选项组中单击“设置”按钮，打开如图 1-41 所示的“指针输入设置”对话框。在该对话框中可以修改坐标的默认格式，以及控制指针输入工具提示信息显示。

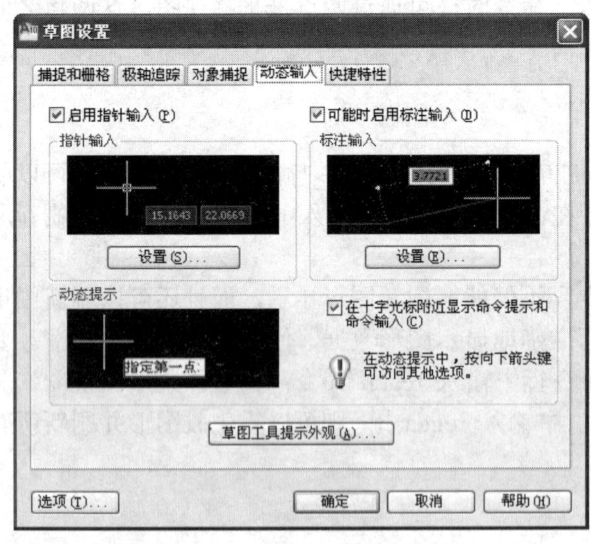

图 1-40

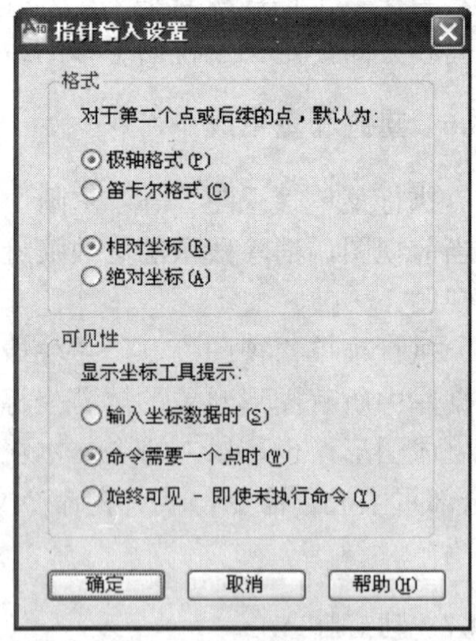

图 1-41

2. 标注输入

启动标注输入，当命令提示输入第二点时，在工具提示中将显示距离和角度值。在工具提示中的数值将随着光标移动而改变。标注输入可用于 ARC、CIRCLE、ELLIPSE、LINE

和 PLINE 等图形的创建中。使用标注输入时，在输入字段中输入值并按 Tab 键后，该字段将显示一个锁定图标，并且激活下一个要设置的字段，如图 1-42 所示。

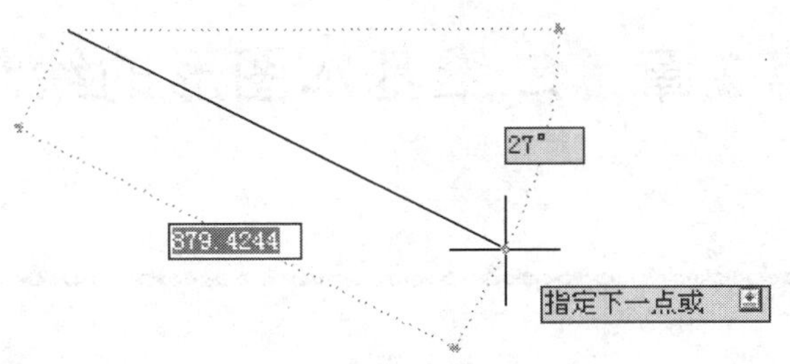

图 1-42

在“标注输入”选项组中单击“设置”按钮，打开如图 1-43 所示的“标注输入的设置”对话框。利用该对话框可以进行标注输入的设置。

3. 动态提示

启动动态提示时，提示显示在光标附近。用户可以在工具提示（而不是在命令行）中输入响应，并可以利用键盘上的方向键，加按↓键可以查看和选择选项，而按↑键可以显示最近的输入。

此外，可以定制工具提示的外观按钮，打开如图 1-44 所示的“工具提示外观”对话框。利用“工具提示外观”对话框，可以知道模型空间和布局空间中工具提示的颜色，并可以设置工具提示的大小、透明度等。

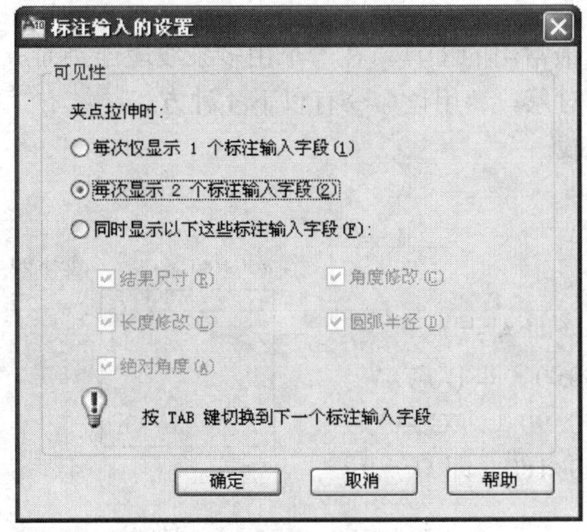

图 1-43

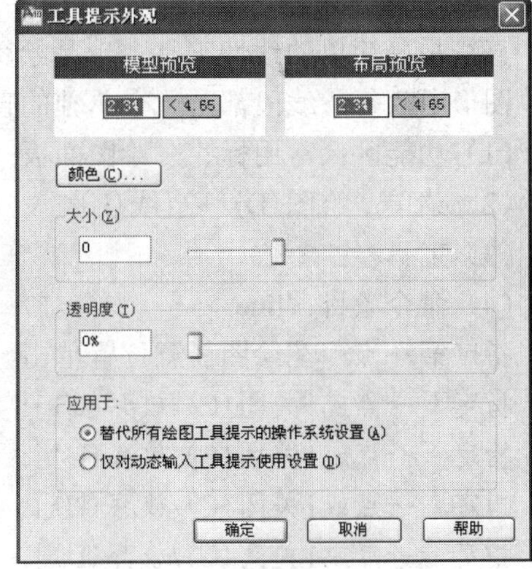

图 1-44

第 2 章　二维基本图形的绘制

本章要点

- 二维线的绘制
- 矩形和正多边形绘制
- 圆和圆弧的绘制
- 椭圆和椭圆弧的绘制
- 多段线、多线和样条线段的绘制
- 图案填充和面域的绘制

2.1　绘制二维线

二维线包括直线、构造线和射线。其中构造线和射线主要用做绘图的辅助线。

2.1.1　直线

直线是最简单的线性工具，也是绘图中最常用的工具。在一个由多条线段连接而成的简单图形中，每条线段都是一个单独的直线对象。调用该命令有以下 4 种方式：

（1）功能区：常用标签→绘图面板→直线。

（2）菜单：绘图(D)→直线(L)。

（3）工具栏：。

（4）命令条目：line。

指定第一点：在绘图任意位置单击一点（即 A 点）

指定下一点或[关闭(C)/放弃(U)]：@50<0（即 B 点）

指定下一点或[关闭(C)/放弃(U)]：@50<90（即 C 点）

指定下一点或[关闭(C)/放弃(U)]：@50<180（即 D 点）

指定下一点或[关闭(C)/放弃(U)]：c

完成后如图 2-1 所示。

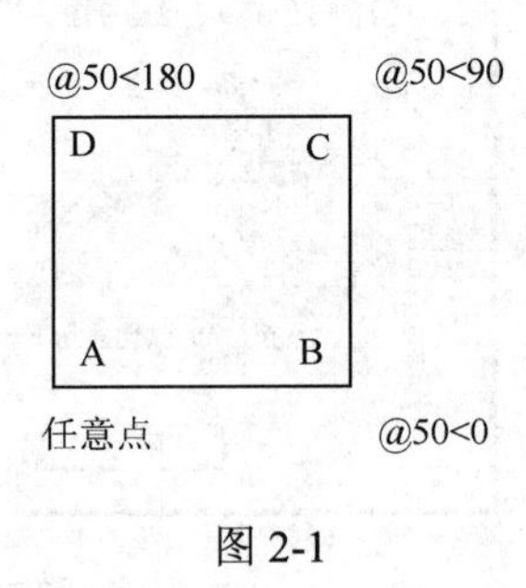

图 2-1

2.1.2　构造线

在绘图过程中常常需要绘制一些临时线作为辅助线，AutoCAD 2010 提供两种类型的辅助线：构造线和射线。构造线是两个方向无限的直线，没有起点也没有终点。构造线可以放置在三维空间的任何地方。调用该命令有以下 4 种方式：

（1）功能区：常用标签→绘图面板→构造线。

（2）菜单：绘图(D)→构造线(T)。

（3）工具栏：。

（4）命令条目：xline。

指定点或[水平(H)/垂直(V)/角度(A)/二等分(B)/偏移(O)]:

- 指定点：用无限长直线所通过的两点定义构造线的位置，将创建通过指定点的构造线。
- 水平(H)：创建一条通过选定点的水平参照线，将创建平行于X轴的构造线。
- 垂直(V)：创建一条通过选定点的垂直参照线，将创建平行于Y轴的构造线。
- 角度(A)：以指定的角度创建一条参照线，指定放置直线的角度，将使用指定角度创建通过指定点的构造线，指定与选定参照线之间的夹角。此角度从参照线开始按逆时针方向测量，并使用指定角度创建通过指定点的构造线。
- 二等分(B)：创建一条参照线，它经过选定的角顶点，并且将选定的两条线之间的夹角平分。此构造线位于由三个点确定的平面中。
- 偏移(O)：创建平行于另一个对象的参照线。指定构造线偏离选定对象的距离，创建从一条直线偏移并通过指定点的构造线。

【实例】 绘制水平和垂直构造线。

命令：xline

指定点或[水平(H)/垂直(V)/角度(A)/二等分(B)/偏移(O)]：h

指定通过点：指定1点

指定点或[水平(H)/垂直(V)/角度(A)/二等分(B)/偏移(O)]：v

指定通过点：指定2点

完成后如图2-2所示。

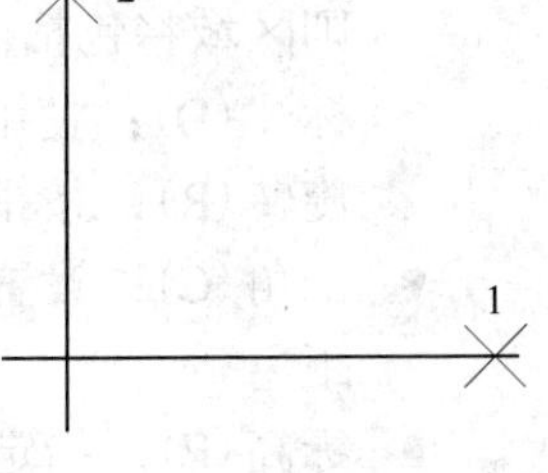

图 2-2

2.1.3 射线

射线是由一点向一个方向无限延伸的直线，这是射线与构造线的主要区别。另外，使用射线代替构造线有助于降低视觉混乱。调用该命令有以下4种方式：

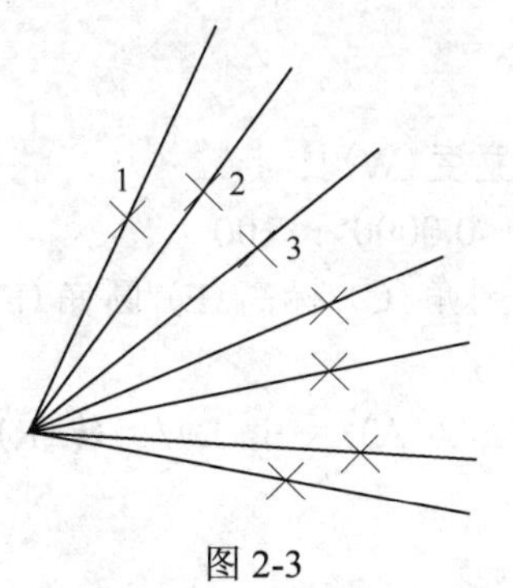

图 2-3

（1）功能区：常用标签→绘图面板→射线。

（2）菜单：绘图(D)→射线(R)。

（3）工具栏：。

（4）命令条目：ray。

指定通过点：指定1点

指定通过点：指定2点

指定通过点：指定3点

指定通过点：

完成后如图2-3所示。

2.2 绘制矩形

矩形在绘图当中应用较多，也是常用的基本图元。在 AutoCAD 中，使用 RECTANG

命令可以直接绘制由两个角点确定的矩形。另外，绘制矩形时也可以指定长度、宽度、面积和旋转参数。调用该命令有以下 4 种方式：

（1）功能区：常用标签→绘图面板→矩形。

（2）菜单：绘图(D)→矩形(G)。

（3）工具栏：□。

（4）命令条目：rectang 或 rectangle。

当前设置：旋转角度=0

指定第一个角点或[倒角(C)/标高(E)/圆角(F)/厚度(T)/宽度(W)]：指定点或输入选项，使用此命令，可以指定矩形参数（长度、宽度、旋转角度）并控制角的类型（圆角、倒角或直角）

- 第一个角点：指定矩形的一个角点。指定另一个角点或[面积(A)/标注(D)/旋转(R)]：指定点或输入选项。
- 另一个角点：使用指定的点作为对角点创建矩形。
- 面积(A)：使用面积与长度或宽度创建矩形。如果“倒角”或“圆角”选项被激活，则区域将包括倒角或圆角在矩形角点上产生的效果。
- 标注(D)：使用长和宽创建矩形。
- 旋转(R)：按指定的旋转角度创建矩形。
- 倒角(C)：设置矩形的倒角距离。以后执行 RECTANG 命令时此值将成为当前倒角距离。
- 标高(E)：指定矩形的标高。以后执行 RECTANG 命令时此值将成为当前标高。
- 圆角(F)：指定矩形的圆角半径。以后执行 RECTANG 命令时此值将成为当前圆角半径。
- 厚度(T)：指定矩形的厚度。以后执行 RECTANG 命令时此值将成为当前厚度。
- 宽度(W)：为要绘制的矩形指定多段线的宽度。以后执行 RECTANG 命令时此值将成为当前多段线宽度。

【实例】 绘制一个倒圆角的四边形。

命令：rectang

指定第一个角点或[倒角(C)/标高(E)/圆角(F)/厚度(T)/宽度(W)]：f

指定矩形的圆角半径<0.0000>：100

指定第一个角点或[倒角(C)/标高(E)/圆角(F)/厚度(T)/宽度(W)]：指定 1 点

指定另一个角点或[面积(A)/尺寸(D)/旋转(R)]：指定 2 点

完成后如图 2-4 所示。

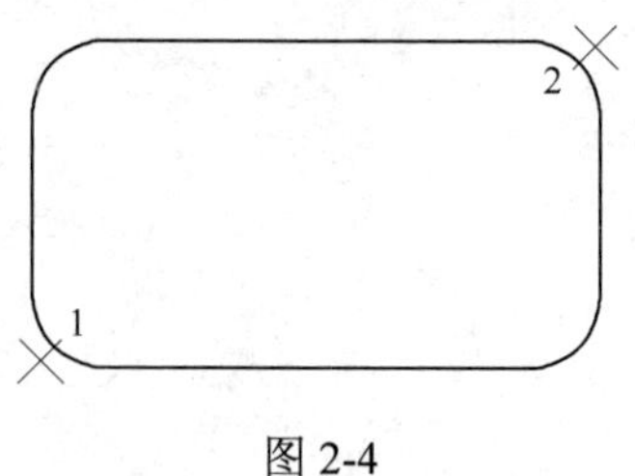

图 2-4

2.3　绘制正多边形

正多边形是由多条等长边的封闭线段构成的，可以创建具有 3～1024 条等长边的闭合

多段线。创建正多边形是绘制等边三角形、六角形和八边形等图形的简单方法。调用该命令有以下 4 种方式：

（1）功能区：常用标签→绘图面板→正多边形。

（2）菜单：绘图(D)→正多边形(Y)。

（3）工具栏：。

（4）命令条目：polygon。

输入侧面数<默认值>:

指定多边形的圆心或[边(E)]：指定点(1)或输入 e

- 正多边形圆心：定义正多边形圆心。
- 内接于圆：指定外接圆的半径，正多边形的所有顶点都在此圆周上。
- 外切于圆：指定从正多边形圆心到各边中点的距离。用定点设备指定半径，确定正多边形的旋转角度和尺寸。指定半径值将以当前捕捉旋转角度绘制正多边形的底边。
- 边(E)：通过指定第一条边的端点来定义正多边形。可以指定多边形的各种参数，包含边数。显示了内接和外切选项间的差别。

正多边的绘制如图 2-5 所示。

【实例】 绘制圆外切正六边形。

命令：polygon

输入边的数目<6>:

指定正多边形的中心点或[边(E)]：屏幕自定任意点

输入选项[内接于圆(I)/外切于圆(C)]<I>：c

指定圆的半径：200

完成后如图 2-6 所示。

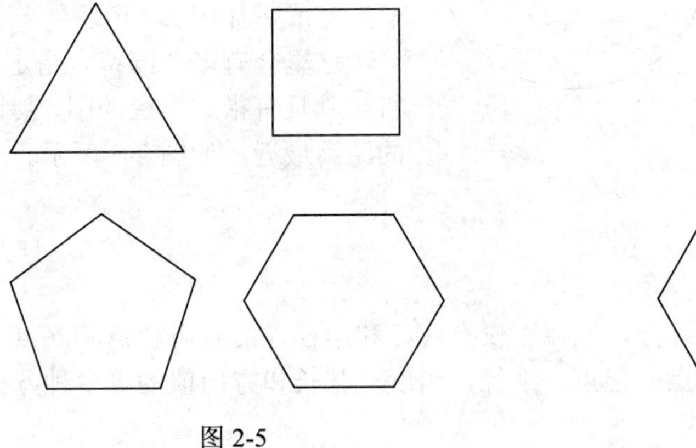

图 2-5

图 2-6

2.4 绘制圆

圆在 AutoCAD 图形中是最常见的基本图形，也是一种特殊的平面图形线条。调用该命令有以下 4 种方式：

（1）功能区：常用标签→绘图面板→圆。

（2）菜单：绘图(D)→圆(C)。

（3）工具栏：⊙▾。

（4）命令条目：circle。

指定圆的圆心或[三点(3P)/两点(2P)/相切、相切、半径(T)]：指定点或输入选项

- 指定圆的圆心：基于圆心和直径（或半径）绘制圆。指定点、输入值等。
- 三点（3P）：基于圆周上的三点绘制圆。
- 两点(2P)：基于圆直径上的两个端点绘制圆。
- 相切、相切、半径(T)：基于指定半径和两个相切对象绘制圆。

【实例】 绘制第三个圆同时与前两个圆相切。

命令：circle

指定圆的圆心或[三点(3P)/两点(2P)/切点、切点、半径(T)]：在屏幕上任意指定一点

指定圆的半径或[直径(D)]<684.5851>：任意值

命令：circle

指定圆的圆心或[三点(3P)/两点(2P)/切点、切点、半径(T)]：在屏幕上任意指定一点

指定圆的半径或[直径(D)]<684.5851>：任意值

命令：circle

指定圆的圆心或[三点(3P)/两点(2P)/切点、切点、半径(T)]：t

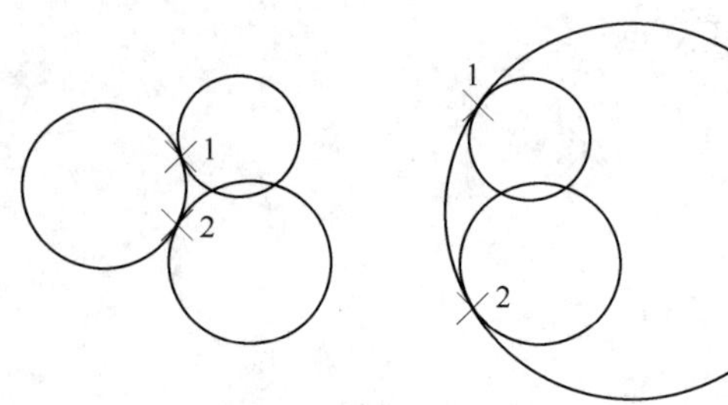

图 2-7

指定对象与圆的第一个切点：在第一个圆上指定 1 点

指定对象与圆的第二个切点：在第二个圆上指定 2 点

指定圆的半径<173.2153>：200

完成后如图 2-7 所示。

这里会有多个圆符合指定的条件。程序将绘制具有指定半径的圆，其切点与选定点的距离最近，如图 2-7 所示。

2.5　绘制圆弧

圆弧可以看作圆的一部分，圆弧不仅有圆心和半径，而且有起点和终点，绘制圆弧，可以通过三点、圆心、端点、起点、半径、角度、弦长和方向值的等多种方式来绘制。调用该命令有以下 4 种方式：

（1）功能区：常用标签→绘图面板→圆弧。

（2）菜单：绘图(D)→圆弧(A)。

（3）工具栏：⌒▾。

（4）命令条目：arc。

指定圆弧的起点或[中心(C)]：

- 圆心(C)：指定圆弧所在圆的圆心。

- 端点(S)：指定圆弧的终点。
- 起点(N)：指定圆弧的起点。如果未指定点就按 Enter 键，最后绘制的直线或圆弧的端点将会作为起点，并立即提示指定新圆弧的端点。这将创建一条与最后绘制的直线、圆弧或多段线相切的圆弧。
- 半径(R)：从起点向终点逆时针绘制一条劣弧。如果半径为负，将绘制一条优弧。
- 角度(E)：使用圆心，从起点按指定包含角逆时针绘制圆弧。如果角度为负，将顺时针绘制圆弧。
- 弦长(L)：基于起点和终点之间的直线距离绘制劣弧或优弧。如果弦长为正值，将从起点逆时针绘制劣弧。如果弦长为负值，将逆时针绘制优弧。
- 方向(D)：绘制圆弧在起点处与指定方向相切。这将绘制从起点开始到终点结束的任何圆弧，而不考虑是劣弧、优弧还是顺弧、逆弧。从起点确定该方向。

完成后如图 2-8 所示。

图 2-8

2.6 绘制椭圆和椭圆弧

椭圆也是一种在工程图中常见的平面图形，它由长度和宽度两条轴来决定，长的轴称为长轴，短的轴称为短轴。椭圆与圆的区别就在于它的长、短轴以及半径是不相等的。调用该命令有以下 4 种方式：

（1）功能区：常用标签→绘图面板→椭圆。

（2）菜单：绘图(D)→椭圆(E)。

（3）工具栏：。

（4）命令条目：ellipse。

指定椭圆的轴端点或[圆弧(A)/中心(C)/等轴测圆(I)]：椭圆上的前两个点确定第一条轴的位置和长度，第三个点确定椭圆的圆心与第二条轴的端点之间的距离

- 指定椭圆的轴端点：根据两个端点定义椭圆的第一条轴。第一条轴的角度确定了整个椭圆的角度。第一条轴既可定义为椭圆的长轴也可定义为短轴。
- 指定轴的另一个端点：指定点。
- 指定另一条半轴长度或[旋转(R)]：通过输入值或定位点来指定距离，或者输入 r 另一条半轴长度：使用从第一条轴的中点到第二条轴的端点的距离定义第二条轴。
- 旋转(R)：通过绕第一条轴旋转圆来创建椭圆。
- 指定绕长轴旋转的角度：指定点或输入一个小于 90° 的正角度值，绕椭圆中心移动十字光标并单击。输入值越大，椭圆的离心率就越大，输入 0 将定义圆。

- 圆弧(A)：椭圆弧上的前两个点确定第一条轴的位置和长度，第三个点确定椭圆弧的圆心与第二条轴的端点之间的距离，第四个点和第五个点确定起始和终止角度。
- 中心(C)：用指定的中心点创建椭圆弧。
- 指定椭圆弧的圆心，指定轴的端点：指定另一条半轴长度或[旋转(R)]：指定距离或输入 r，使用中心点、第一个轴的端点和第二个轴的长度来创建椭圆。可以通过单击所需距离处的某个位置或输入长度值来指定距离。
- 等轴测圆(I)：在当前等轴测绘图平面绘制一个等轴测圆。“等轴测圆”选项仅在 SNAP 的“样式”选项设置为“等轴测”时才可用。

指定等轴测圆的圆心：

指定等轴测圆的半径或[直径(D)]：

指定距离或输入 d。

【实例】 绘制一个长轴为 120，短轴为 60 的椭圆。

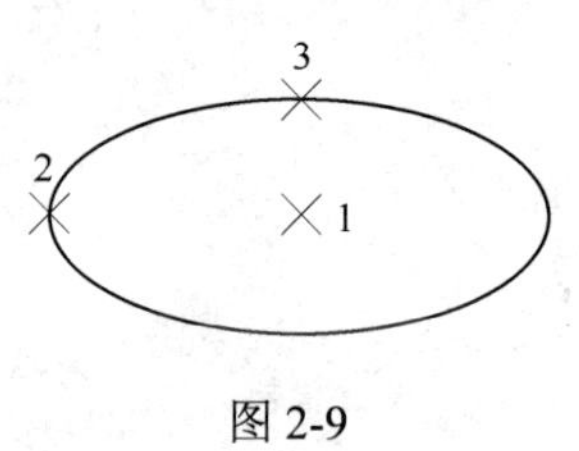

图 2-9

命令：ellipse

指定椭圆的轴端点或[圆弧(A)/中心点(C)]：c

指定椭圆的中心点：在屏幕上任意指定 1 点

指定轴的端点：指定 2 点（或@-120，0）

指定另一条半轴长度或[旋转(R)]：指定 3 点（或@120，60）

完成后如图 2-9 所示。

【实例】 绘制一个长轴为 300，短轴为 200 的椭圆弧。

命令：ellipse

指定椭圆的轴端点或[圆弧(A)/中心点(C)]：a

指定椭圆弧的轴端点或[中心点(C)]：在屏幕上任意指定 1 点

指定轴的另一个端点：在屏幕上任意指定 2 点

指定另一条半轴长度或[旋转(R)]：在屏幕上任意指定 3 点

指定起始角度或[参数(P)]：0

指定终止角度或[参数(P)/包含角度(I)]：135

完成后如图 2-10 所示。

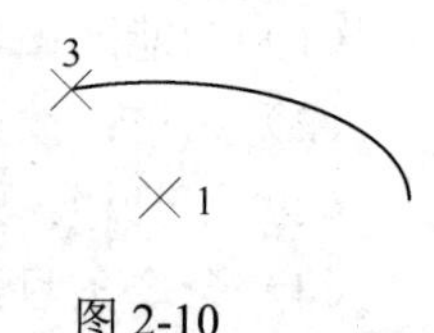

图 2-10

2.7 绘制点

在绘制图形过程中，经常需要输入点的坐标来确定某个点的位置，点可以作为捕捉对象的节点。调用该命令有以下 4 种方式：

（1）功能区：常用标签→绘图面板→多点。

（2）菜单：绘图(D)→点(O)→点(S)。

（3）工具栏：▪。

（4）命令条目：point。

指定点：

2.7.1 设置点的样式

指定点对象的显示样式及大小。调用该命令有以下 2 种方式：

（1）菜单：格式(O)→点样式（P）。

（2）命令条目：ddptype（或/ddptype，透明使用）。

执行 ddptype 命令，打开“点样式”对话框，如图 2-11 所示。

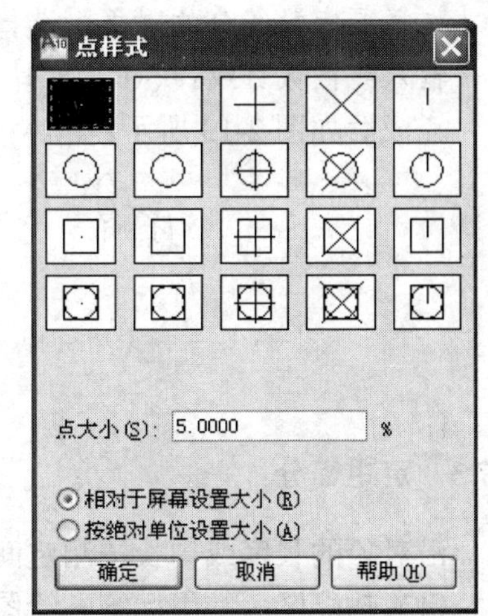

图 2-11

- 点大小（S）：设置点的显示大小。
- 相对于屏幕设置大小（R）：按屏幕尺寸的百分比设置点的显示大小。当进行缩放时，点的显示大小并不改变。
- 按绝对单位设置大小（A）：按“点大小”下指定的实际单位设置点显示的大小。进行缩放时，显示的点大小随之改变。

2.7.2 定数等分

创建沿对象的长度或周长等间隔排列的点对象或块。调用该命令有以下 3 种方式：

（1）功能区：常用标签→绘图面板→定数等分。

（2）菜单：绘图(D)→点(O)→定数等分(D)。

（3）命令条目：divide。

选择要定数等分的对象：

输入线段数目或[块(B)]：输入从 2 到 32767 之间的值或输入 b

- 线段数目：沿选定对象等间距放置点对象。

【实例】 将一条长 8 的线 4 等分并用点（点样式⊕）标记出来。

命令：divide

选择要定数等分的对象：选择直线

输入线段数目或[块(B)]：4

完成后如图 2-12 所示。

- 块(B)：沿选定对象等间距放置块。如果块具有可变属性，插入的块中将不包含这些属性。系统提示信息如下：

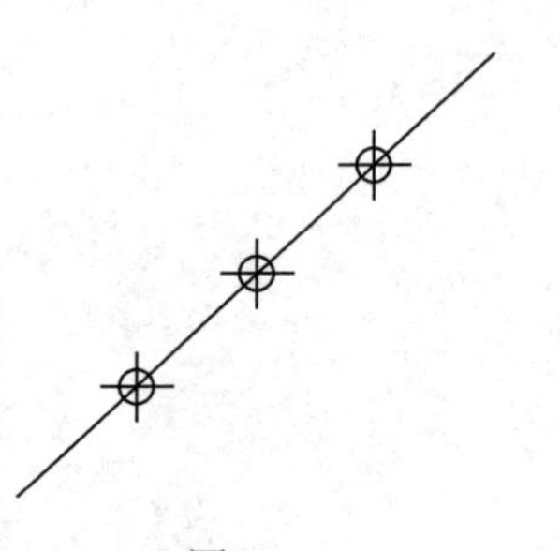

图 2-12

输入要插入的块名：

是否对齐块和对象？[是(Y)/否(N)]<是>:

- 是：指定插入块的 X 轴方向与定数等分对象在等分点相切或对齐。
- 否：按其法线方向对齐块。

【实例】 将一条弧被一个块定数等分为五段，此块是由一个垂直的椭圆组成的。

命令：divide

选择要定数等分的对象：选择直线

输入线段数目或[块(B)]：块名

完成后如图 2-13 所示。

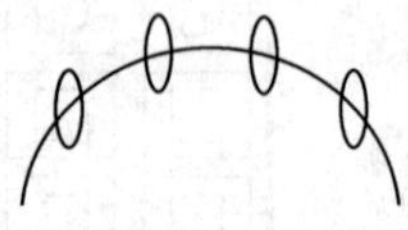
未对齐的块

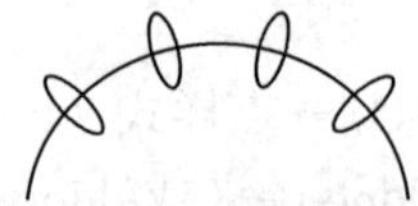
对齐的块

图 2-13

2.7.3　定距等分

沿对象的长度或周长按测定间隔创建点对象或块。调用该命令有以下 3 种方式：

（1）功能区：常用标签→绘图面板→定距等分。

（2）菜单：绘图(D)→点(O)→定距等分(M)。

（3）命令条目：measure。

选择要定距等分的对象：

输入线段数目或[块(B)]：输入从 2 到 32767 之间的值或输入 b

【实例】 将一条长 1200 的直线以 300 定距等分并用点（点样式⊕）标记出来。

命令：measure

选择要定距等分的对象：选择直线

输入线段数目或[块(B)]：300

完成后如图 2-14 所示。

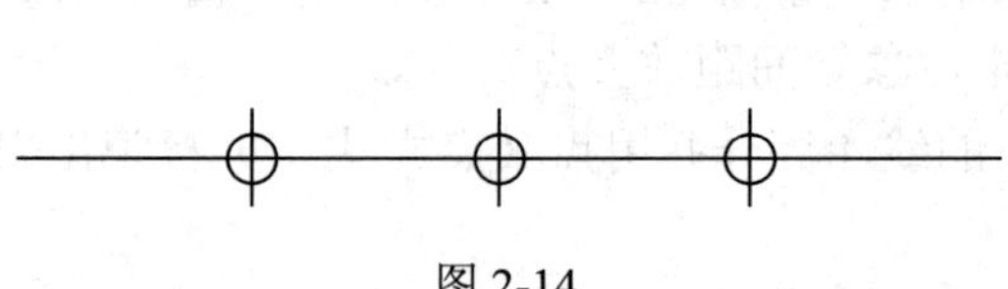

图 2-14

2.8　绘制多段线

多段线是由若干直线段和圆弧段首尾相连组合而成的一个独立对象。这里可以设置各直线段的线宽和圆弧段的曲率，同时可以绘制闭合或不闭合的多段线。调用该命令有以下 4 种方式：

（1）功能区：常用标签→绘图面板→多段线。

（2）菜单：绘图(D)→多段线(P)。

（3）工具栏：[图标]。

（4）命令条目：pline。

指定起点：在屏幕上任意定一点，提示信息如下

当前线宽为 0.0000

指定下一个点或[圆弧(A)/关闭(C)/半宽(H)/长度(L)/放弃(U)/宽度(W)]：a

- 指定下一个点：给出直线的另一端点。
- 圆弧(A)：将绘制直线段方式切换为绘制圆弧方式。
- 关闭(C)：使多线段绘制的几何图形封闭。
- 半宽(H)：设置多线段一半线宽。
- 长度(L)：设置直线段的长度。
- 放弃(U)：删除刚才进行的操作。
- 宽度(W)：设置多线段的宽度。

指定圆弧的端点或[角度(A)/圆心(CE)/方向(D)/半宽(H)/直线(L)/半径(R)/第二个点(S)/放弃(U)/宽度(W)]:

- 指定圆弧的端点：从上一段多段线的终点开始至拾取端点绘制圆弧，且圆弧在该多段线的终点与之相切。
- 角度(A)：指定圆弧所包含的角度。
- 圆心(CE)：指定圆弧的圆心。
- 方向(D)：指定弧线段的起始方向。
- 直线(L)：将绘制圆弧方式切换为绘制直线段方式。
- 半径(R)：指定弧线段的半径。
- 第二个点(S)：除圆弧上的起点外，再指定第二点和端点来绘制圆弧。

另外，多段线是一个整体，必须用“多线编辑”命令才能修改。可用“分解”命令进行分解，分解后线宽将失去意义，并变为若干独立的对象。多段线可用设置成等宽和不等宽的图线，常用来绘制箭头、剖面（断面）符号和钢筋。当多段线的宽度大于 0 时，若要封闭多段线必须使用“关闭(C)”选项而不能用“捕捉”方法使其闭合，否则接口处出现“缺口”。将 PLINEGEN 设置为 1 可在整条多段线的顶点周围生成连续图案的新多段线。将 PLINEGEN 设置为 0 可在各顶点处以点划线开始并以点划线结束绘制多段线。PLINEGEN 不适用于带变宽线段的多段线。

【实例】 用多段线绘制多边形。

命令：pline

指定起点：屏幕上自定义 1 点，提示信息如下：

当前线宽为 0.0000

指定下一个点或[圆弧(A)/半宽(H)/长度(L)/放弃(U)/宽度(W)]：在绘图区拾取 2 点

指定下一点或[圆弧(A)/闭合(C)/半宽(H)/长度(L)/放弃(U)/宽度(W)]：a

指定圆弧的端点或[角度(A)/圆心(CE)/闭合(CL)/方向(D)/半宽(H)/直线(L)/半径(R)/第二个点(S)/放弃(U)/宽度(W)]：w

指定起点宽度<0.0000>:

指定端点宽度<0.0000>：5

指定圆弧的端点或[角度(A)/圆心(CE)/闭合(CL)/方向(D)/半宽(H)/直线(L)/半径(R)/第二个点(S)/放弃(U)/宽度(W)]：在绘图区拾取 3 点

指定圆弧的端点或[角度(A)/圆心(CE)/闭合(CL)/方向(D)/半宽(H)/直线(L)/半径(R)/第二个点(S)/放弃(U)/宽度(W)]：l

指定下一点或[圆弧(A)/闭合(C)/半宽(H)/长度(L)/放弃(U)/宽度(W)]：在绘图区拾取 4 点

指定下一点或[圆弧(A)/闭合(C)/半宽(H)/长度(L)/放弃(U)/宽度(W)]：c

完成结果如图 2-15 所示。

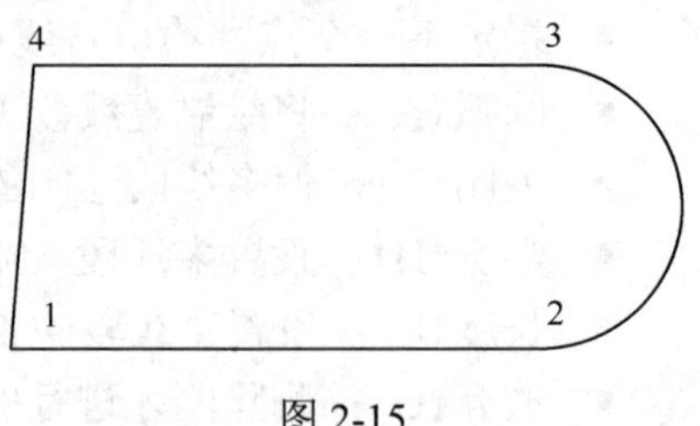

图 2-15

2.9　绘制样条曲线

样条曲线是一种特殊曲线，AutoCAD 使用的样条曲线是一种称为非均匀有理 B 样条（NURBS）的特殊曲线。通过制定一系列的控制点，AutoCAD 可以在制定的公差范围内把控制点拟合成光滑的 NURBS 曲线，如图 2-16 所示。在样条线条中，引入了公差的概念，所述公差是表示样条曲线拟合所指定的拟合点集时的拟合精度。公差越小，样条曲线与拟合点越接近。当公差为 0 时，样条曲线将通过该点。调用该命令有以下 4 种方式：

（1）功能区：常用标签→绘图面板→样条曲线。

（2）菜单：绘图(D)→样条曲线(S)。

（3）工具栏：～。

（4）命令条目：spline。

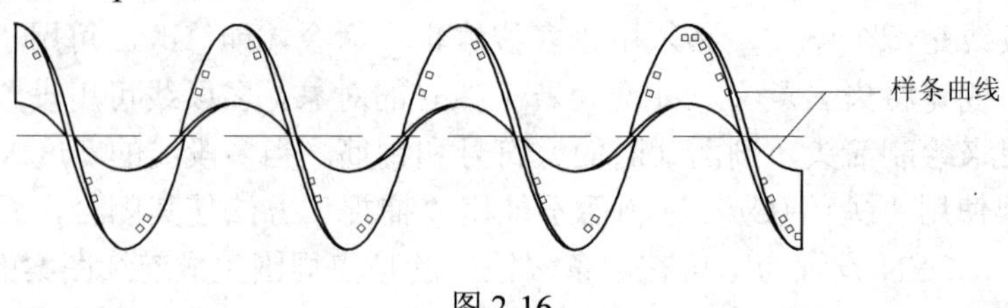

图 2-16

2.10　绘制圆环

圆环是填充环或实体填充圆，即带有宽度的闭合多段线。调用该命令有以下 4 种方式：

（1）功能区：常用标签→绘图面板→圆环。

（2）菜单：绘图(D)→圆环(D)。

（3）工具栏：◎。

（4）命令条目：donut。

指定圆环的内径<默认值>:

指定圆环的外径<默认值>:

指定圆环的圆心或<退出>：指定点或按 Enter 键结束命令

圆环由两条圆弧多段线组成，这两条圆弧多段线首尾相接而形成圆形。多段线的宽度由指定的内直径和外直径决定。要创建实心的圆，需将内径值指定为零。将根据圆心来设置圆环的位置。指定直径后，将提示用户指定绘制圆环的位置。将在每个指定点处绘制一个圆环。圆环内部的填充方式取决于 fill 命令的当前设置。

【实例】 绘制一个内径为 40，外径为 60 的圆环。

命令：donut

指定圆环的内径<0.5000>：40

指定圆环的外径<1.0000>：60

指定圆环的中心点或<退出>：

完成后如图 2-17 所示。

图 2-17

2.11 绘制多线

多线是由两条或两条以上平行线组成的一个独立对象。多线一般多用于绘制公路、墙等。用户可以根据需要创建自己的样式，并在样式中设置每条平行线间的距离以及每条平行线的颜色、线型等特性。调用该命令有以下 2 种方式：

（1）菜单：绘图(D)→多线(U)。

（2）命令条目：mline。

当前设置：对正=当前对正方式，比例=当前比例值，样式=当前样式

指定起点或[对正(J)/比例(S)/样式(ST)]：

- 起点：指定多行的下一个顶点。系统提示信息如下：

  指定下一点：

  指定下一点或[放弃(U)]：

- 对正(J)：确定如何在指定的点之间绘制多行。系统提示信息如下：

  输入对正类型[上(T)/无(Z)/下(B)]<默认值>：

- 上(T)：在光标下方绘制多行，因此在指定点处将会出现具有最大正偏移值的直线。
- 无(Z)：将光标位置作为原点绘制多线，则 MLSTYLE 命令的“元素特性”在指定点处的偏移为 0.0。
- 下(B)：在光标上方绘制多行，因此在指定点处将出现具有最大负偏移值的直线。
- 比例(S)：这个比例基于在多行样式定义中建立的宽度。比例因子为 2 绘制多行时，其宽度是样式定义的宽度的两倍。负比例因子将翻转偏移线的次序：当从左至右绘制多行时，偏移最小的多行绘制在顶部。负比例因子的绝对值也会影响比例。比例因子为 0 将使多行变为单一的直线。
- 样式(ST)：指定多行的样式。

【实例】 用缺省多线样式“STANDARD”，绘制不同对齐样式的多线。

命令：mline

前设置：对正=上，比例=50.00，样式=STANDARD

指定起点或[对正(J)/比例(S)/样式(ST)]：j

输入对正类型[上(T)/无(Z)/下(B)]<上>：t

当前设置：对正=上，比例=50.00，样式=STANDARD

指定起点或[对正(J)/比例(S)/样式(ST)]：

指定下一点：拾取中心线左端点

指定下一点或[放弃(U)]：拾取中心线的转折点
指定下一点或[闭合(C)/放弃(U)]：拾取中心线的转折点
指定下一点或[闭合(C)/放弃(U)]：拾取中心线的转折点
指定下一点或[闭合(C)/放弃(U)]：拾取中心线的右端点
指定下一点或[闭合(C)/放弃(U)]：
命令：mline
当前设置：对正=上，比例=50.00，样式=STANDARD
指定起点或[对正(J)/比例(S)/样式(ST)]：j
输入对正类型[上(T)/无(Z)/下(B)]<上>：z
当前设置：对正=无，比例=50.00，样式=STANDARD
指定起点或[对正(J)/比例(S)/样式(ST)]：
指定下一点：拾取中心线左端点
指定下一点或[放弃(U)]：拾取中心线的转折点
指定下一点或[闭合(C)/放弃(U)]：拾取中心线的转折点
指定下一点或[闭合(C)/放弃(U)]：拾取中心线的转折点
指定下一点或[闭合(C)/放弃(U)]：拾取中心线的右端点
指定下一点或[闭合(C)/放弃(U)]：
命令：mline
当前设置：对正=无，比例=50.00，样式=STANDARD
指定起点或[对正(J)/比例(S)/样式(ST)]：j
输入对正类型[上(T)/无(Z)/下(B)]<无>：b
当前设置：对正=下，比例=50.00，样式=STANDARD
指定起点或[对正(J)/比例(S)/样式(ST)]：
指定下一点：拾取中心线左端点
指定下一点或[放弃(U)]：拾取中心线的转折点
指定下一点或[闭合(C)/放弃(U)]：拾取中心线的转折点
指定下一点或[闭合(C)/放弃(U)]：拾取中心线的转折点
指定下一点或[闭合(C)/放弃(U)]：拾取中心线的右端点
指定下一点或[闭合(C)/放弃(U)]：

完成结果如图 2-18 所示。

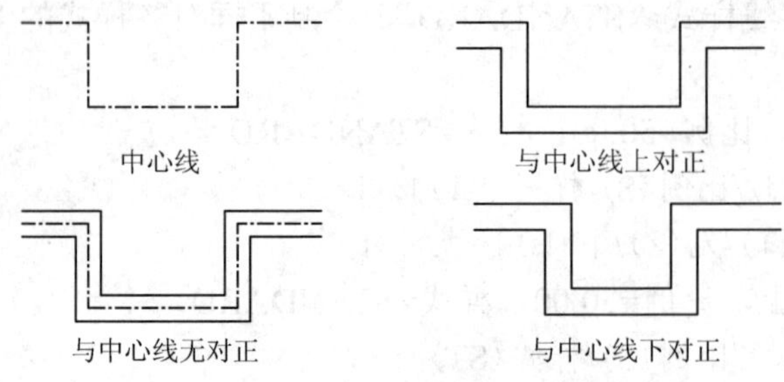

图 2-18

2.12 绘制修订云线

修订云线是由连续圆弧组成的多线段，用在检查阶段提示图形的某个部分。调用该命令有以下 4 种方式：

（1）功能区：常用标签→绘图面板→修订云线。

（2）菜单：绘图(D)→修订云线(V)。

（3）工具栏：![]。

（4）命令条目：revcloud。

最小弧长：15　最大弧长：15　样式：普通

指定起点或[弧长(A)/对象(O)/样式(S)]<对象>:

沿云线路径引导十字光标...

修订云线完成。

- 弧长(A)：指定云线中弧线的长度。
- 对象(O)：指定要转换为云线的对象。
- 样式(S)：选择圆弧样式。

【实例】 绘制一条封闭的修订云线。

命令：revcloud

最小弧长：15　最大弧长：15　样式：普通

指定起点或[弧长(A)/对象(O)/样式(S)]<对象>:

指定 A 点为修订云线的起点

沿云线路径引导十字光标...沿着光标随意绘画

修订云线完成。将光标拖到终点 A 点

完成结果如图 2-19 所示。

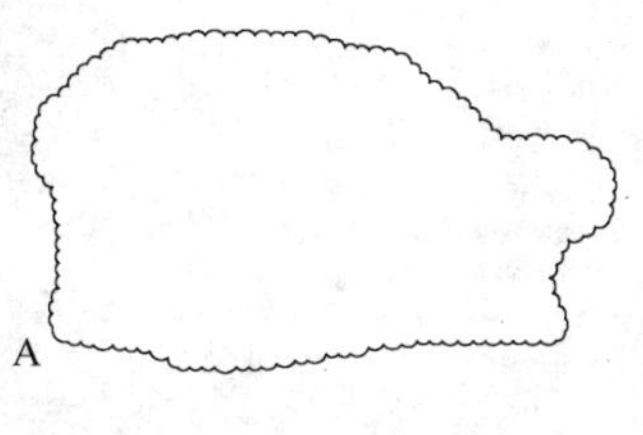

图 2-19

2.13 图案填充

填充图案是指选用某一个图案来填充封闭区域，从而使该区域表达一定的信息。填充图案常用于表达剖面和断面。调用该命令有以下 4 种方式：

（1）功能区：常用标签→绘图面板→图案填充。

（2）菜单：绘图(D)→图案填充(H)。

（3）工具栏：![]。

（4）命令条目：hatch。

单击![]按钮，将打开“图案填充和渐变色”对话框，如图 2-20 所示。

- 样例：显示所选的填充图案。
- 角度和比例：设置填充图案的角度与缩放比例。
- 添加拾取点：单击![]按钮，点击填充区域，系统自动完成边界选择。
- 添加选择对象：单击![]按钮，选择填充对象。

- 删除边界：选择了填充区域后，单击按钮，可删除已选边界。
- 重新创建边界：围绕选定的图案填充或填充对象创建多段线和面域，并使其与图案填充对象关联。
- 查看选择集：退出“图案填充”对话框，并使用当前的填充设置、当前定义的边界进行查看选择集。
- 继承特性：单击按钮可以在绘图区选择已有图案填充，并将此类型和属性设置设为当前。
- 关联：控制图案填充的关联。关联的图案会在边界修改时更新。
- 绘图次序：为图案填充或填充指定绘图次序。使其放在所有对象之后、之前，以及图案填充边界之后或之前。

若在“图案填充和渐变色”对话框，单击按钮，将打开“填充图案选项板”对话框，如图 2-21 所示。可以从中选择填充图案。

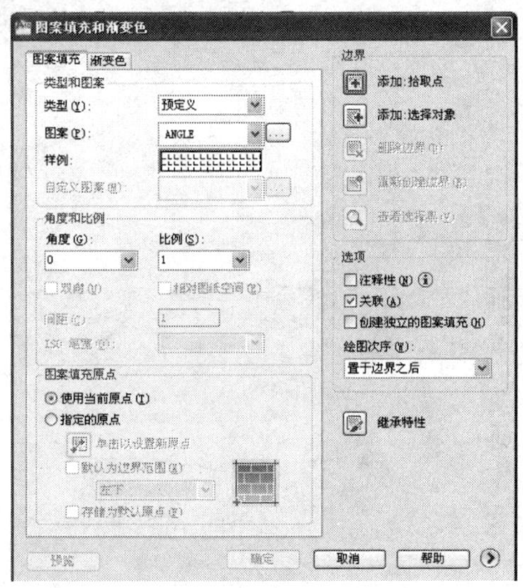

图 2-20

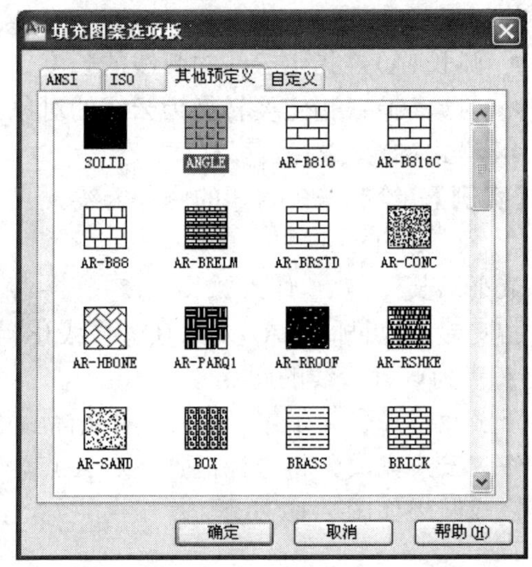

图 2-21

2.14　绘制面域

面域是具有物理特性（如质心）的二维封闭区域。它是使用形成闭合环的对象来创建的。闭合多段线、闭合的多条直线和闭合的多条曲线都是有效的选择对象。曲线包括圆弧、圆、椭圆弧、椭圆和样条曲线。也可以将若干区域合并到单个复杂区域。调用该命令有以下 4 种方式：

（1）功能区：常用标签→绘图面板→面域。

（2）菜单：绘图(D)→面域(N)。

（3）工具栏：。

（4）命令条目：region。

选择集中的闭合二维多段线和分解的平面三维多段线将被转换为单独的面域，然后转

换多段线、直线和曲线以形成闭合的平面环（面域的外部边界和孔）。如果有两个以上的曲线共用一个端点，得到的面域可能是不确定的。面域的边界由端点相连的曲线组成，曲线上的每个端点仅连接两条边。拒绝所有交点和自交曲线。

如果选定的多段线通过 PEDIT 的“样条曲线”或“拟合”选项进行了平滑处理，结果面域将包含平滑多段线的直线或圆弧几何图形。此多段线并不转换为样条曲线对象。

如果未将 DELOBJ 系统变量设置为零，REGION 将在将原始对象转换为面域之后删除这些对象。如果原始对象是图案填充对象，那么图案填充的关联性将丢失。要恢复图案填充关联性，请重新填充此面域。

【实例】 将图 2-22 所示中的图形生成面域。

命令：region

选择对象：指定对角点：找到 9 个

选择对象:

已提取 9 个环。

已创建 9 个面域。

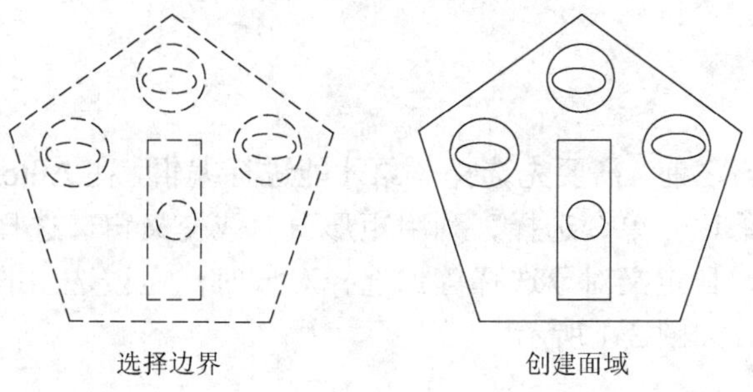

图 2-22

第3章 二维图形的编辑

本章要点

- 复制图形对象的方法
- 改变图形对象的方法
- 修改图形对象的方法
- 利用夹点的编辑对象
- 对象特性的匹配和编辑方法

3.1 选择对象

在对图形进行编辑之前，需要先选择对象才能进行编辑，在 AutoCAD 中选择对象的方法有多种，如单击对象逐一单个选择、利用矩形窗口或交叉窗口选择多个对象、防止对象被选中、过滤选择集、自定义对象选择等。选择对象时，在被选中的对象上会出现亮显，表明该对象已被选中。如图 3-1 所示。

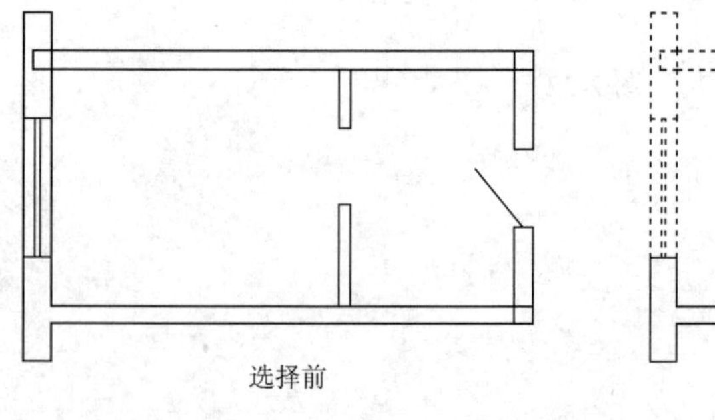

选择前

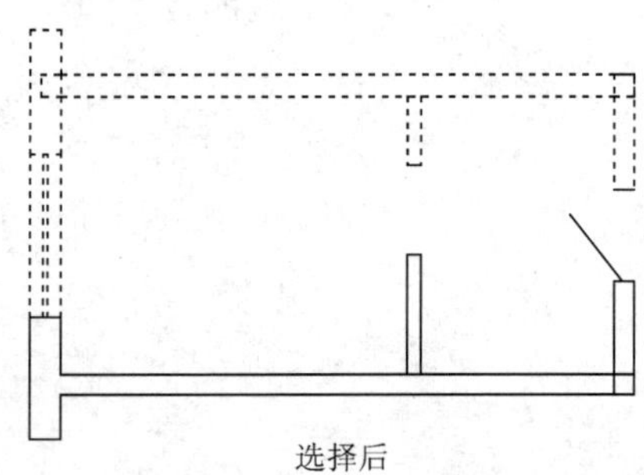

选择后

图 3-1

3.2 设置选择对象模式

在 AutoCAD 2010 中，增强的对象选择功能提供了可视动态反馈功能，就是说，将光标移至对象上时，对象线条会变粗，并高亮显示。当使用拖拽的方式选择多个对象时，会出现一个反色的选择窗口以便清楚地看到对象选择的区域。如图 3-2 所示。

单击界面左上角的按钮，打开“选项”对话框，如图 3-3 所示。在对话框中单击“选择集”选项卡，再单击“视觉效果设置（G）”按钮，弹出“视觉效果设置”对话框，在该对话框中可以设置修改选择对象的视觉效果，如图 3-4 所示。

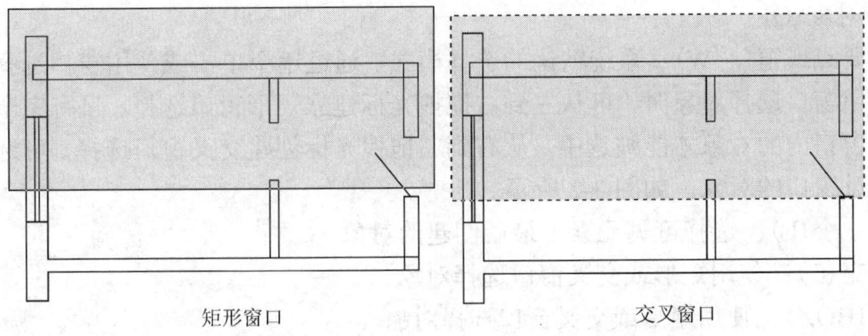

图 3-2

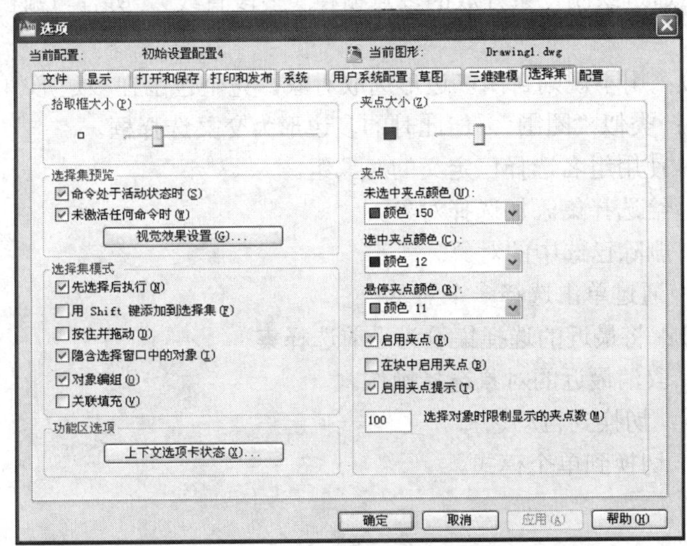

图 3-3

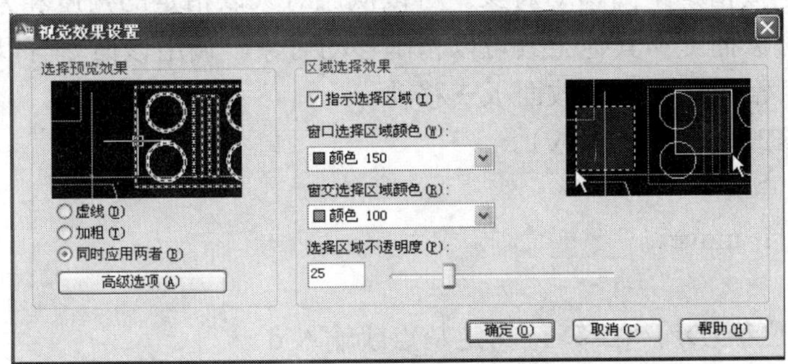

图 3-4

编辑对象时，如在“选择对象”命令提示下输入“?”，AutoCAD 命令行中会出现如下提示信息：

需要点或窗口(W)/上一个(L)/窗交(C)/框(BOX)/全部(ALL)/栏选(F)/圈围(WP)/圈交(CP)/编组(G)/添加(A)/删除(R)/多个(M)/前一个(P)/放弃(U)/自动(AU)/单个(SI)/子

对象(SU)/对象(O)

- 需要点或窗口(W)：系统默认的选择模式，通过逐个单击或使用窗口选择对象，当使用窗口选择对象时，可从左到右拖拽光标建立矩形窗口选择，只有完全包括在选择窗口内的对象才能被选中。从右到左拖拽光标创建交叉窗口选择，可选择包含或经过窗口的对象，如图 3-2 所示。
- 上一个(L)：选择可见元素中最后创建的对象。
- 窗交(C)：使用矩形或交叉窗口选择对象。
- 框(BOX)：使用矩形或交叉窗口选择对象。
- 全部(ALL)：选择图形中没有位于锁定、关闭或冻结图层上的所有对象。
- 栏选(F)：通过绘制一条开放的多点栅栏（多段直线），所有与栅栏相接触的对象全部被选中。
- 圈围(WP)：用不规则封闭多边形选取对象，完全包围在多边形中的对象被选中。
- 圈交(CP)：类似“圈围”，但此时的多边形为交叉选择框。
- 编组(G)：使用组名选择已定义的对象组。
- 添加(A)：给选择集添加选择对象。
- 删除(R)：删除已选中的对象。
- 多个(M)：通过单击选择多个对象。
- 前一个(P)：将最近的选择集设为当前选择集。
- 放弃(U)：取消最近的对象选择操作。
- 自动(AU)：切换到自动选择。
- 单个(SI)：切换到单个模式。

3.3　移动对象

在指定方向上按指定距离移动对象。可以从原对象以指定的角度和方向移动，使用坐标、栅格捕捉、对象捕捉和其他工具可以精确移动对象。调用该命令有以下 4 种方式：

（1）功能区：常用标签→修改面板→移动。

（2）菜单：修改(M)→移动(V)。

（3）工具栏：。

（4）命令条目：move。

选择对象:

指定基点或[位移(D)]<位移>: 指定基点或输入 d

指定位移的第二个点或<使用第一点作为位移>:

【实例】 移动图形实体。将图 3-5（a）中实体移至图 3-5（b）所示位置。

命令: move

选择对象: 指定对角点（用交叉窗口选择图形实体）: 找到 14 个

选择对象:

指定基点或[位移(D)]<位移>: 屏幕捕捉 1 点

指定第二个点或<使用第一个点作为位移>：屏幕捕捉 2 点

完成结果如图 3-5（b）所示。

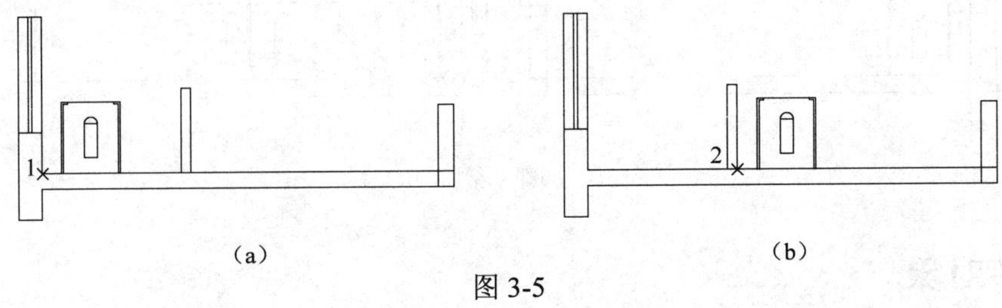

（a）　　　　（b）

图 3-5

3.4 复制对象

在指定方向上按指定距离复制对象。可以从原对象以指定的角度和方向创建对象的副本，使用坐标、栅格捕捉、对象捕捉和其他工具可以精确复制对象。调用该命令有以下 4 种方式：

（1）功能区：常用标签→修改面板→复制。

（2）菜单：修改(M)→复制(Y)。

（3）工具栏：。

（4）命令条目：copy。

选择对象：

当前设置：复制模式=当前值

指定基点或[位移(D)/模式(O)/多个(M)]<位移>：

- 指定基点：指定的两点定义一个矢量，指示复制的对象移动的距离和方向。如果在“指定第二个点”提示下按 Enter 键，则第一个点将被判定为相对 X,Y,Z。
- 位移(D)：使用坐标指定相对距离和方向。
- 模式(O)：控制是否自动重复该命令。
- 多个(M)：替代“单个”模式设置。在命令执行期间，将 copy 命令设置为自动重复。

【实例】 多次复制图形实体。

命令：copy

选择对象：指定对角点：找到 78 个

选择对象：

当前设置：复制模式=多个

指定基点或[位移(D)/模式(O)]<位移>：屏幕捕捉 1 点

指定第二个点或<使用第一个点作为位移>：屏幕捕捉 2 点

指定第二个点或[退出(E)/放弃(U)]<退出>：屏幕捕捉 3 点

指定第二个点或[退出(E)/放弃(U)]<退出>：屏幕捕捉 4 点

指定第二个点或[退出(E)/放弃(U)]<退出>：

完成结果如图 3-6 所示。

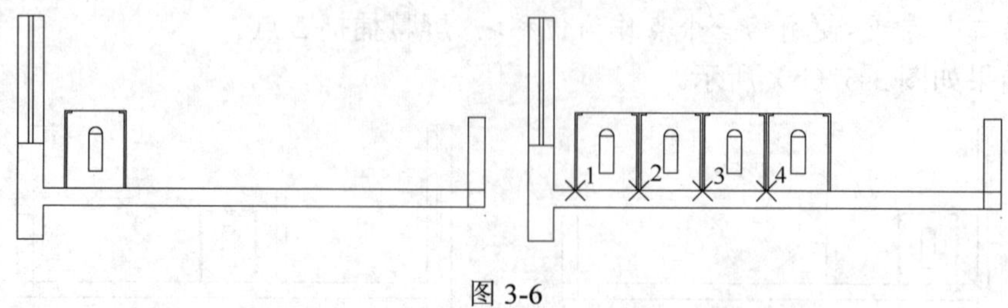

图 3-6

3.5　旋转对象

可以绕基点旋转对象。调用该命令有以下 4 种方式：

（1）功能区：常用标签→修改面板→旋转。

（2）菜单：修改(M)→旋转(R)。

（3）工具栏：。

（4）命令条目：rotate。

UCS 当前的正角方向：ANGDIR=当前值 ANGBASE=当前值

选择对象：

指定基点：

指定旋转角度或[复制(C)/参照(R)]<90>:

- 复制(C)：创建要旋转的选定对象的副本。
- 参照(R)：将对象从指定的角度旋转到新的绝对角度。

【实例】 旋转图形实体。

命令：rotate

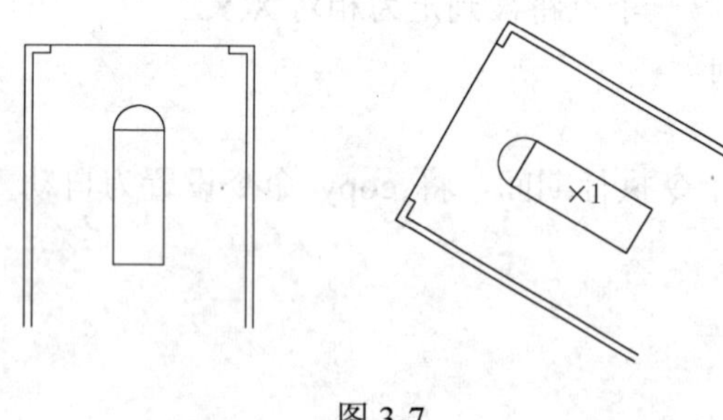

图 3-7

UCS 当前的正角方向：ANGDIR=逆时针 ANGBASE=0

选择对象：指定对角点：找到 28 个

选择对象：

指定基点：屏幕捕捉 1 点

指定旋转角度，或[复制(C)/参照(R)]<0>：60

完成结果如图 3-7 所示。

3.6　拉伸对象

可以调整对象大小使其在一个方向上按比例增大或缩小。还可以通过移动端点、顶点或控制点来拉伸某些对象，拉伸与选择窗口或多边形交叉的对象。调用该命令有以下 4 种方式：

(1) 功能区：常用标签→修改面板→拉伸。

（2）菜单：修改(M)→拉伸(H)。

（3）工具栏：[icon]。
（4）命令条目：stretch。
以交叉窗口或交叉多边形选择要拉伸的对象…
选择对象:
指定基点或[位移(D)]<位移>:
● 位移（D）：使用坐标指定相对距离和方向。
【实例】 拉伸图形实体。
命令：stretch
以交叉窗口或交叉多边形选择要拉伸的对象...屏幕指定 1、2 点
选择对象：指定对角点：找到 6 个
选择对象:
指定基点或[位移(D)]<位移>：屏幕指定 3 点
指定第二个点或<使用第一个点作为位移>：屏幕指定 4 点
指定第二个点或<使用第一个点作为位移>:
完成结果如图 3-8 所示。

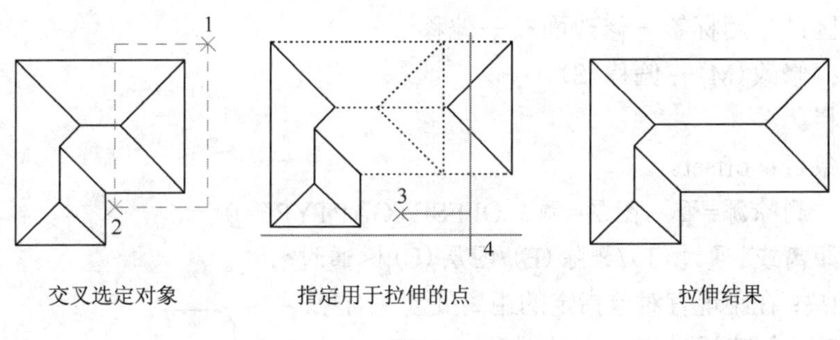

图 3-8

对象（例如圆、椭圆和块）无法拉伸。stretch 仅移动位于窗交选择内的顶点和端点，不更改那些位于窗交选择外的顶点和端点。stretch 不修改三维实体、多段线宽度、切向或者曲线拟合的信息。

3.7 缩放对象

放大或缩小选定对象，使缩放后对象的比例保持不变。调用该命令有以下 4 种方式：
（1）功能区：常用标签→修改面板→缩放。
（2）菜单：修改(M)→缩放(L)。
（3）工具栏：[icon]。
（4）命令条目：scale。
选择对象:
指定基点:
指定比例因子或[复制(C)/参照(R)]<0，0000>:
● 复制(C)：创建要缩放的选定对象的副本。

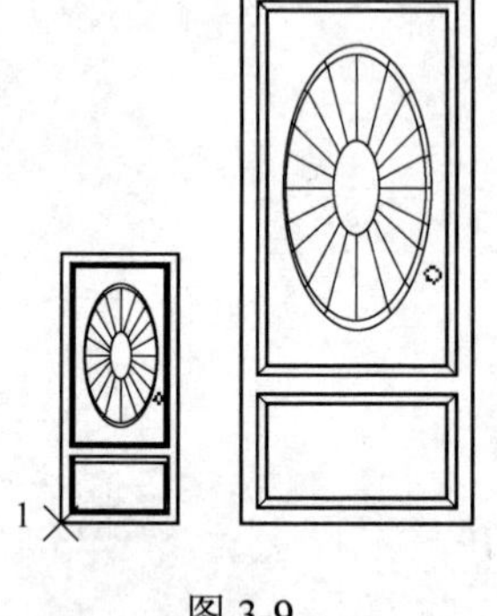

图 3-9

- 参照(R)：按参照长度和指定的新长度缩放所选对象。大于 1 的比例因子使对象放大。介于 0～1 之间的比例因子使对象缩小。还可以拖动光标使对象变大或变小。

【实例】 缩放图形实体。

命令：scale

选择对象：指定对角点：找到 49 个

选择对象：

指定基点：屏幕捕捉 1 点

指定比例因子或[复制(C)/参照(R)]<0.5000>：2

完成结果如图 3-9 所示。

3.8 偏移对象

偏移对象可以创建其造型与原始对象造型平行的新对象。偏移圆或圆弧可以创建更大或更小的圆或圆弧，取决于向哪一侧偏移。调用该命令有以下 4 种方式：

（1）功能区：常用标签→修改面板→偏移。

（2）菜单：修改(M)→偏移(S)。

（3）工具栏：![偏移图标]。

（4）命令条目：offset。

当前设置：删除源=否 图层=源 OFFSETGAPTYPE=0

指定偏移距离或[通过(T)/删除(E)/图层(L)]<通过>：

- 偏移距离：在距现有对象指定的距离处创建对象。
- 通过(T)：创建通过指定点的对象。
- 删除(E)：偏移源对象后将其删除。
- 图层(L)：确定将偏移对象创建在当前图层上还是源对象所在的图层上。

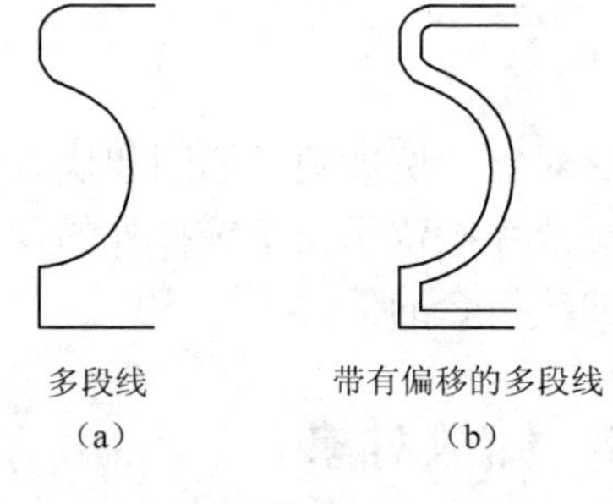

多段线
（a）

带有偏移的多段线
（b）

图 3-10

【实例】 偏移多段线[图 3-10（a）]。

命令：offset

当前设置：删除源=否 图层=源 OFFSETGAPTYPE=0

指定偏移距离或[通过(T)/删除(E)/图层(L)]<通过>：屏幕指定点

选择要偏移的对象，或[退出(E)/放弃(U)]<退出>：选择要偏移的对象

指定要偏移的那一侧上的点，或[退出(E)/多个(M)/放弃(U)]<退出>：屏幕指定点

完成结果如图 3-10（b）所示。

3.9 镜像对象

绕轴（镜像线）翻转对象创建镜像图像。镜像对创建对称的对象非常有用，因为可以

快速地绘制半个对象，然后将其镜像，而不必绘制整个对象。调用该命令有以下 4 种方式：

（1）功能区：常用标签→修改面板→镜像。

（2）菜单：修改(M)→镜像(I)。

（3）工具栏：。

（4）命令条目：mirror。

选择对象：

指定镜像线的第一点：指定镜像线的第二点：

要删除源对象吗？[是(Y)/否(N)]<N>:

- 是(Y)：将镜像的图像放置到图形中并删除原始对象。
- 否(N)：将镜像的图像放置到图形中并保留原始对象。

【实例】 镜像图形实体。

命令：mirror

选择对象：指定对角点：找到 15 个

选择对象：指定镜像线的第一点：指定镜像线的第二点：

要删除源对象吗？[是(Y)/否(N)]<N>: y

完成结果如图 3-11（a）所示。

选择对象：指定对角点：找到 15 个

选择对象：指定镜像线的第一点：指定镜像线的第二点：

要删除源对象吗？[是(Y)/否(N)]<N>:

完成结果如图 3-11（b）所示。

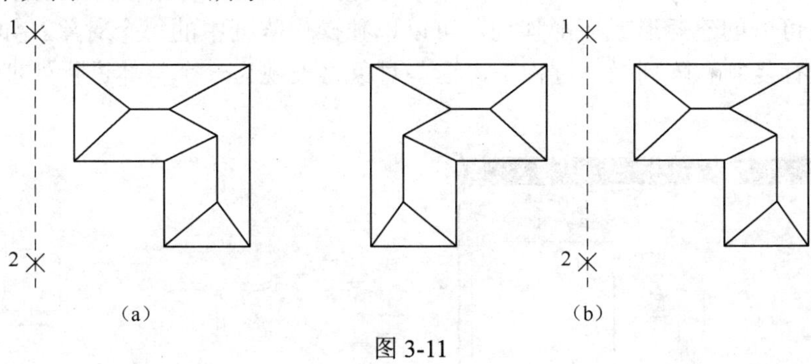

图 3-11

3.10 删除对象

可以通过多种方法从图形中删除对象并清除显示。调用该命令有以下 4 种方式：

（1）功能区：常用标签→修改面板→删除。

（2）菜单：修改(M)→删除(E)。

（3）工具栏：。

（4）命令条目：erase。

选择对象：使用对象选择方法并在完成选择对象时按 Enter 键，如图 3-12 所示。

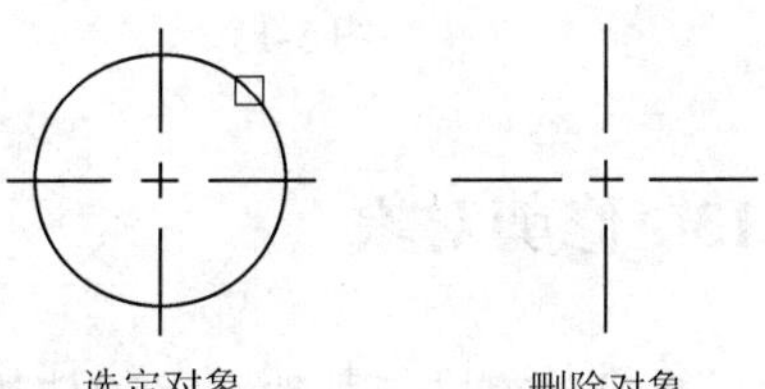

图 3-12

3.11　分解对象

将复合对象分解为其组件对象。在希望单独修改复合对象的部件时，可分解复合对象。可以分解的对象包括块、多段线及面域等。调用该命令有以下 4 种方式：

（1）功能区：常用标签→修改面板→分解。

（2）菜单：修改(M)→分解(X)。

（3）工具栏：。

（4）命令条目：explode。

选择对象：指定要分解的对象

3.12　阵列对象

创建按图形中对象的多个副本。用户可以在均匀隔开的矩形或环形阵列中创建对象副本。调用该命令有以下 4 种方式：

（1）功能区：常用标签→修改面板→阵列。

（2）菜单：修改(M)→阵列(A)。

（3）工具栏：。

（4）命令条目：array。

在命令行输入“array”或单击按钮，都将打开“阵列”对话框，如图 3-13 所示。选择相应的选项可以创建矩形或环形阵列。可以单独操作阵列中的每个对象。如果选择多个对象，则在进行复制和阵列操作过程中，这些对象将被视为一个整体进行处理，如图 3-14 所示。

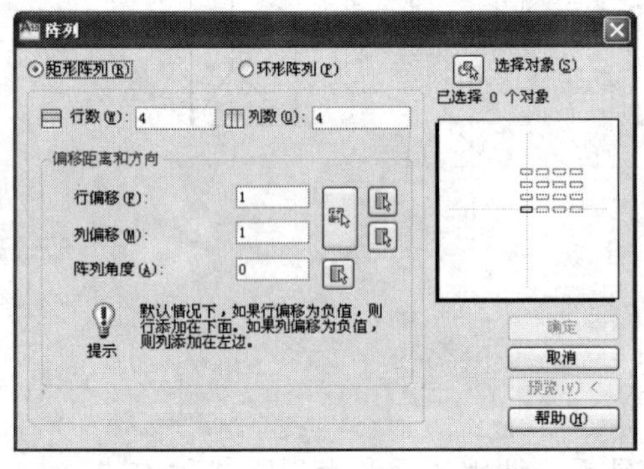

图 3-13

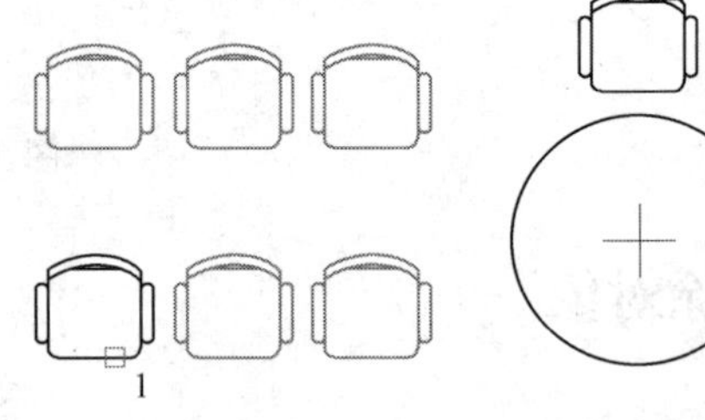

图 3-14

3.13　修剪对象

修剪对象以与其他对象的边相接。要修剪对象，先选择边界，然后按 Enter 键并选择要修剪的对象。要将所有对象用作边界，可在首次出现“选择对象”提示时按 Enter 键。

调用该命令有以下 4 种方式：

（1）功能区：常用标签→修改面板→修剪。

（2）菜单：修改(M)→修剪(T)。

（3）工具栏：。

（4）命令条目：trim。

当前设置：投影=UCS，边=无

选择剪切边...

选择对象或<全部选择>：选择修剪边界

选择对象：

选择要修剪的对象，或按住 Shift 键选择要延伸的对象，或[栏选(F)/窗交(C)/投影(P)/边(E)/删除(R)/放弃(U)]：选择被修剪的图形

- 栏选(F)：选择与选择栏相交的所有对象。选择栏是一系列临时线段，它们是用两个或多个栏选点指定的。选择栏不构成闭合环。
- 窗交(C)：选择矩形区域（由两点确定）内部或与之相交的对象。
- 投影(P)：指定修剪对象时使用的投影方式。
- 边(E)：确定对象是在另一对象的延长边处进行修剪，还是仅在三维空间中与该对象相交的对象处进行修剪。
- 删除(R)：删除选定的对象。此选项提供了一种用来删除不需要的对象的简便方式，而无需退出 TRIM 命令。
- 放弃(U)：撤消由 TRIM 命令所做的最近一次修改。

【实例】 在墙体上开门洞。

命令：trim

当前设置：投影=UCS，边=无

选择剪切边...

选择对象或<全部选择>：单选 1、2 两条边界

选择对象：结束边界选择

选择要修剪的对象，或按住 Shift 键选择要延伸的对象，或[栏选(F)/窗交(C)/投影(P)/边(E)/删除(R)/放弃(U)]：单选 3、4 两条墙线

完成结果如图 3-15 所示。

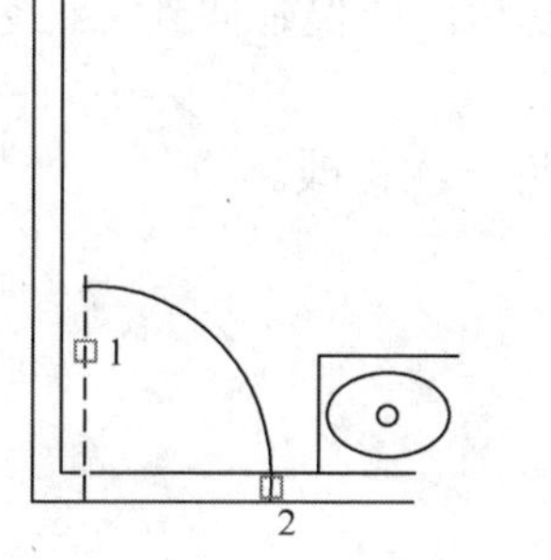

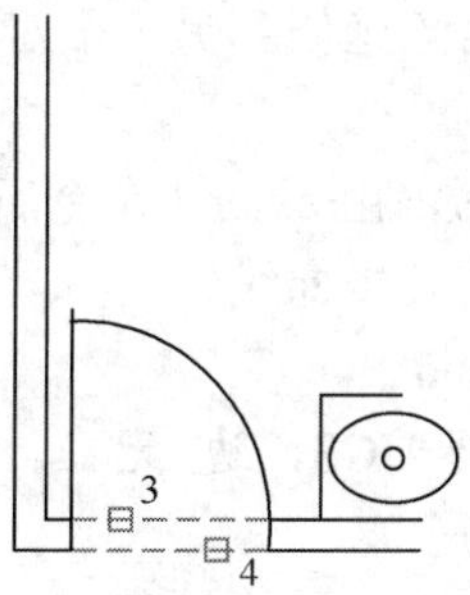

图 3-15

可以将对象修剪到与其他对象最近的交点处。不是选择剪切边，而是按 Enter 键。然后，选择要修剪的对象时，最新显示的对象将作为剪切边。如图 3-16 所示，墙壁的相交部分修剪后十分平滑。

图 3-16

3.14　延伸对象

扩展对象以与其他对象的边相接。要延伸对象，需首先选择边界，然后按 Enter 键并选择要延伸的对象。调用该命令有以下 4 种方式：

（1）功能区：常用标签→修改面板→延伸。

（2）菜单：修改(M)→延伸(D)。

（3）工具栏：。

（4）命令条目：extend。

当前设置：投影=UCS，边=无

选择边界的边...

选择对象或<全部选择>：选择延伸边界

选择对象：结束边界选择

选择要延伸的对象，或按住 Shift 键选择要修剪的对象，或[栏选(F)/窗交(C)/投影(P)/边(E)/放弃(U)]：选择要延伸的图形

- 栏选(F)：选择与选择栏相交的所有对象。选择栏是一系列临时线段，它们是用两个或多个栏选点指定的。选择栏不构成闭合环。
- 窗交(C)：选择矩形区域（由两点确定）内部或与之相交的对象。
- 投影(P)：指定延伸对象时使用的投影方式。
- 边(E)：将对象延伸到另一个对象的隐含边，或仅延伸到三维空间中与其实际相交的对象。
- 放弃(U)：撤消由 extend 命令所做的最近一次修改。

【实例】 延伸旋转楼梯线。

命令条目：extend

当前设置：投影=UCS，边=无

选择边界的边...

选择对象或<全部选择>：选择延伸边界

选择对象：结束边界选择

选择要延伸的对象，或按住 Shift 键选择要修剪的对象，或[栏选(F)/窗交(C)/投影(P)/边(E)/放弃(U)]：选择要延伸的图形

完成结果如图 3-17 所示。

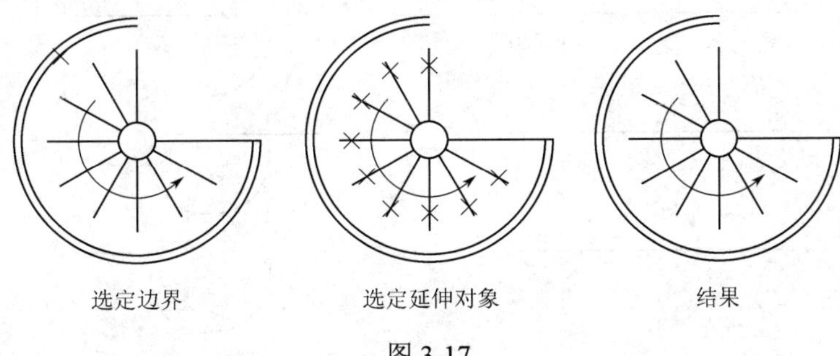

图 3-17

3.15 圆角

圆角使用与对象相切并且具有指定半径的圆弧连接两个对象。调用该命令有以下 4 种方式：

（1）功能区：常用标签→修改面板→圆角。

（2）菜单：修改(M)→圆角(F)。

（3）工具栏：□。

（4）命令条目：fillet。

当前设置：模式=修剪，半径=0.0000

选择第一个对象或[放弃(U)/多段线(P)/半径(R)/修剪(T)/多个(M)]：

选择第二个对象，或按住 Shift 键选择要应用角点的对象：

- 第一个对象：选择定义二维圆角所需的两个对象中的第一个对象，或选择三维实体的边以便给其加圆角，如图 3-18 所示。

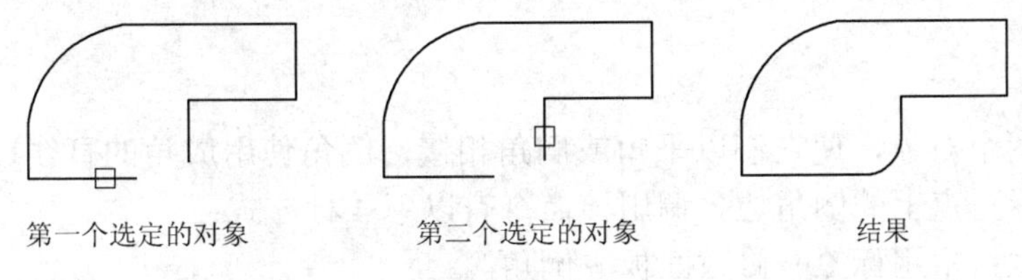

图 3-18

执行 fillet 命令将删除分开它们的线段并代之以圆角。在圆和圆弧之间可以有多个圆角存在。选择靠近期望的圆角端点的对象，如图 3-19 所示。

- 放弃(U)：恢复在命令中执行的上一个操作。
- 多段线(P)：选择二维多段线，如果一条圆弧段将汇聚于该圆弧段的两条直线段分开，则执行 fillet 命令删除该圆弧段并代之以圆角弧，如图 3-20 所示。
- 半径(R)：指定圆角半径。输入的值将成为后续 FILLET 命令的当前半径。修改此值并不影响现有的圆角弧。

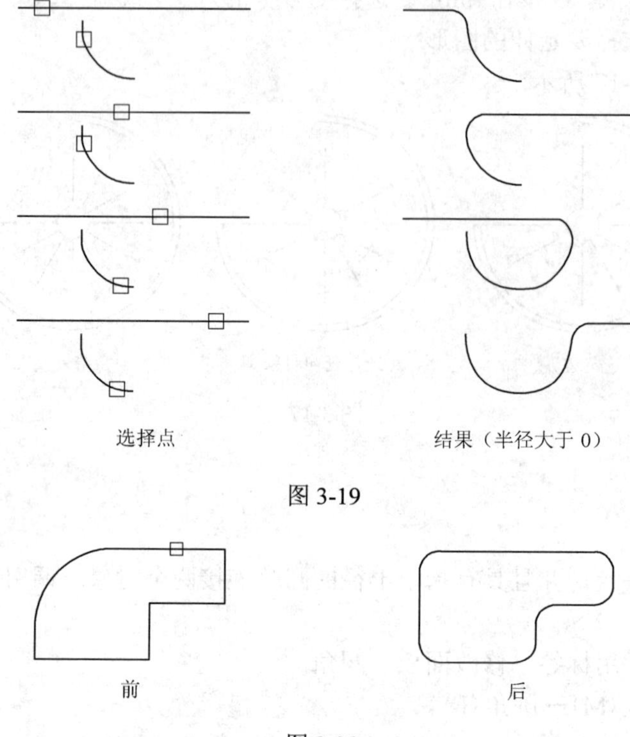

图 3-19

图 3-20

- 修剪(T)：输入修剪模式选项[修剪(T)/不修剪(N)]<当前>:
- 修剪：修剪选定的边到圆角弧端点。
- 不修剪：不修剪选定边。
- 多个(M)：给多个对象集加圆角。fillet 将重复显示主提示和“选择第二个对象”提示，直至按 Enter 键结束该命令。

3.16 倒角

倒角连接两个对象，使它们以平角或倒角相接，倒角使用成角的直线连接两个对象，它通常用于表示角点上的倒角边。调用该命令有以下 4 种方式：

（1）功能区：常用标签→修改面板→倒角。

（2）菜单：修改(M)→倒角(C)。

（3）工具栏：。

（4）命令条目：chamfer。

(“修剪”模式) 当前倒角距离 1=0.0000，距离 2=0.0000

选择第一条直线或[放弃(U)/多段线(P)/距离(D)/角度(A)/修剪(T)/方式(E)/多个(M)]:

选择第二条直线，或按住 Shift 键选择要应用角点的直线:

- 距离(D)：设置倒角至选定边端点的距离，如图 3-21 所示。

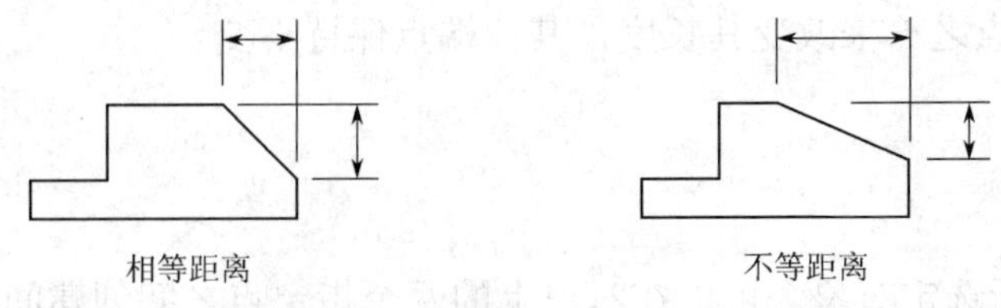

图 3-21

- 角度(A)：用第一条线的倒角距离和第二条线的角度设置倒角距离，如图 3-22 所示。

图 3-22

- 方式(E)：控制 CHAMFER 使用两个距离或是一个距离和一个角度来创建倒角。

3.17 拉长对象

更改对象的长度和圆弧的包含角。可以将更改指定为百分比、增量或最终长度或角度，以调整对象大小使其在一个方向上或是按比例增大或缩小。还可以通过移动端点、顶点或控制点来拉伸某些对象。调用该命令有以下 4 种方式：

（1）功能区：常用标签→修改面板→拉长。

（2）菜单：修改(M)→拉长(G)。

（3）工具栏：。

（4）命令条目：lengthen。

选择对象或[增量(DE)/百分数(P)/全部(T)/动态(DY)]：

- 选择对象：显示对象的长度和包含角（如果对象有包含角）。
- 增量(DE)：以指定的增量修改对象的长度，该增量从距离选择点最近的端点处开始测量。差值还以指定的增量修改弧的角度，该增量从距离选择点最近的端点处开始测量。正值扩展对象，负值修剪对象，如图 3-23 和图 3-24 所示。

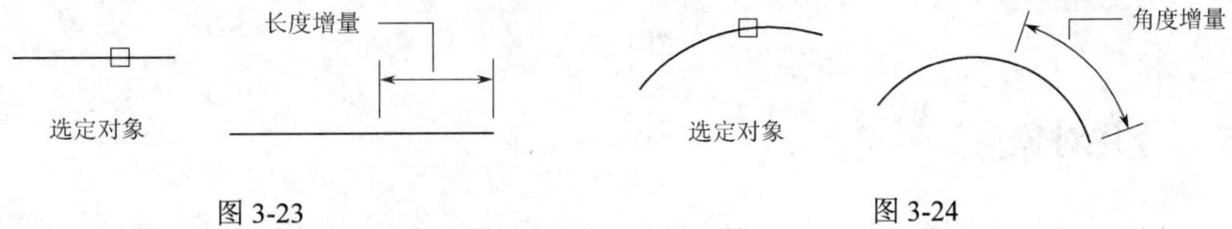

图 3-23　　图 3-24

- 百分数(P)：通过指定对象总长度的百分数设置对象长度。
- 全部(T)：通过指定从固定端点测量的总长度的绝对值来设置选定对象的长度。如图 3-25 所示。

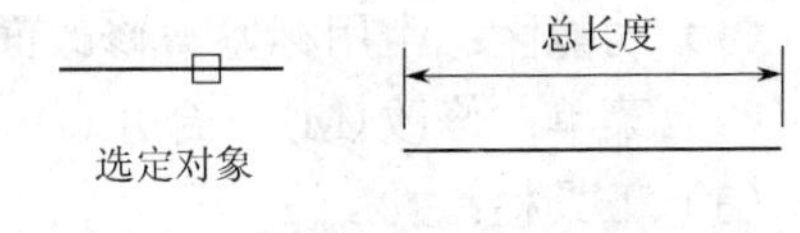

图 3-25

- 动态(DY)：打开动态拖动模式。通过拖动选定对象的端点之一来改变其长度，其他端点保持不变。

3.18　打断对象

在两点之间打断选定对象。可以在对象上的两个指定点之间创建间隔，从而将对象打断为两个对象。如果这些点不在对象上，则会自动投影到该对象上。BREAK 通常用于为块或文字创建空间。调用该命令有以下 4 种方式：

（1）功能区：常用标签→修改面板→打断。

（2）菜单：修改(M)→打断(K)。

（3）工具栏：▭。

（4）命令条目：break。

选择对象：

指定第二个打断点或[第一点(F)]：

计算机显示的下一个提示取决于选择对象的方式。如果使用定点设备选择对象，程序将选择对象并将选择点视为第一个打断点。在下一个提示下，可以继续指定第二个打断点或替换第一个打断点，如图 3-26 所示。

图 3-26

要将对象一分为二并且不删除某个部分，输入的第一个点和第二个点应相同。通过输入@指定第二个点即可实现此过程。直线、圆弧、圆、多段线、椭圆、样条曲线、圆环以及其他几种对象类型都可以拆分为两个对象或将其中的一端删除。程序将按逆时针方向删除圆上第一个打断点到第二个打断点之间的部分，从而将圆转换成圆弧，如图 3-27 所示。

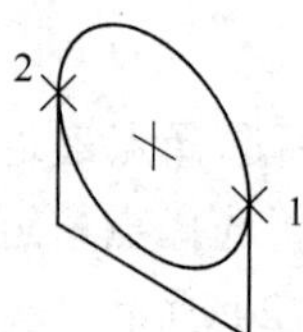

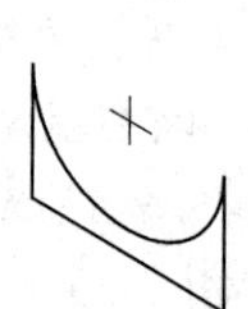
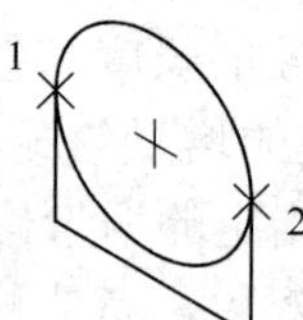

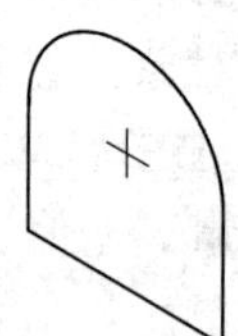

图 3-27

3.19　合并对象

合并相似的对象以形成一个完整的对象。要合并的对象必须位于相同的平面上，每一类对象均具有附加约束。调用该命令有以下 4 种方式：

（1）功能区：常用标签→修改面板→合并。

（2）菜单：修改(M)→合并(J)。

（3）工具栏：⇥。

（4）命令条目：join。

选择源对象：直线、多段线、圆弧、椭圆弧、样条曲线或螺旋

选择要合并到源的对象：（直线、多段线、圆弧、椭圆弧、样条曲线或螺旋）

【实例】 将直线 1 和直线 2 合并成直线 3。

命令：join

选择源对象：选择直线 1

选择要合并到源的直线：选择直线 2　找到 1 个

选择要合并到源的直线：

已将 1 条直线合并到源（直线 3）。如图 3-28 所示。

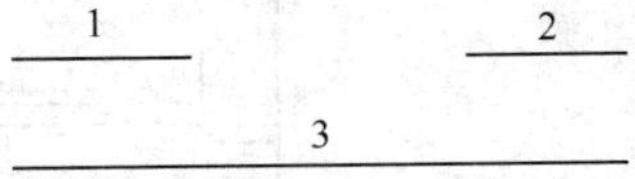

图 3-28

3.20 反转对象

反转选定直线、多段线、样条曲线和螺旋线的顶点顺序。使用此命令可反转使用包含文字的线型的对象方向。例如，根据多段线的创建方向，线型中的文字可能会颠倒显示。调用该命令有以下 3 种方式：

（1）功能区：常用标签→修改面板→反转。

（2）工具栏：。

（3）命令条目：reverse。

选择直线、多段线、样条曲线或螺旋：

选择对象：

3.21 缩放对象

放大或缩小选定对象，指定的比例相对于基点，使缩放后对象的比例保持不变，其中缩放比例因子只能是正数，大于 1 的比例因子使对象放大；介于 0～1 之间的比例因子使对象缩小。调用该命令有以下 4 种方式：

（1）功能区：常用标签→修改面板→缩放。

（2）菜单：修改(M)→缩放(L)。

（3）工具栏：。

（4）命令条目：scale。

选择对象：

指定基点：

指定比例因子或[复制(C)/参照(R)]<1.0000>:

【实例】 将图形实体放大 2 倍。

命令：scale

选择对象：找到 1 个

选择对象：

指定基点：在图形实体上指定任意一点

指定比例因子或[复制(C)/参照(R)]<1.0000>: 2

完成结果如图 3-29 所示。

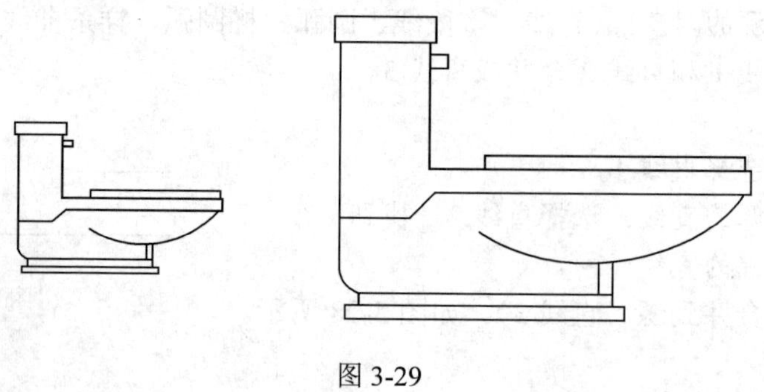

图 3-29

3.22　编辑多段线

编辑多段线和三维多边形网格。pedit 命令的常见用途包含合并二维多段线、将线条和圆弧转换为二维多段线以及将多段线转换为近似 B 样条曲线的曲线（拟合多段线）。调用该命令有以下 4 种方式：

（1）功能区：常用标签→修改面板→编辑多段线。

（2）菜单：修改(M)→对象(O)→多段线(P)。

（3）工具栏：。

（4）命令条目：pedit。

选择多段线或[多条(M)]:

输入选项[闭合(C)/合并(J)/宽度(W)/编辑顶点(E)/拟合(F)/样条曲线(S)/非曲线化(D)/线型生成(L)/反转(R)/放弃(U)]:

- 闭合（C）：创建闭合的多段线。
- 合并（J）：合并连续的直线、样条曲线、圆弧或多段线。
- 宽度（W）：指定整个多段线的新的统一宽度。
- 编辑顶点（E）：编辑顶点。
- 拟合（F）：创建一系列的圆弧合并每对顶点。
- 样条曲线（S）：创建样条曲线的近似线。
- 非曲线化（D）：删除由拟合或样条曲线插入的其他顶点并拉直所有多段线线段。
- 线型生成（L）：生成经过多段线顶点的连续图案的线型。
- 反转（R）：反转多段线顶点的顺序。
- 放弃（U）：返回 pedit 的起始处。

3.23　编辑多线

在建筑工程图中，按照墙线与定位轴线的关系，可将墙体分为两种类型：一种是（墙线）偏轴（如 37 墙）；另一种是（轴线）居中（如 18 墙、24 墙和 50 墙等）。一般可用

"37Q"表示 37 墙的多线样式名称，用"Q1"表示 18 墙、24 墙和 50 墙等轴线居中墙体的多线样式名称。

3.23.1　设置多线样式

现以定义 37 墙的多线样"37Q"为例，说明多线的定义方法。调用该命令有以下 2 种方式：

（1）菜单：格式(O)→多线样式(M)。

（2）命令条目：mlstyle。

打开"多线样式"对话框，如图 3-30 所示。

单击新建(N)...按钮，打开如图 3-31 所示的"创建新的多线样式"对话框。

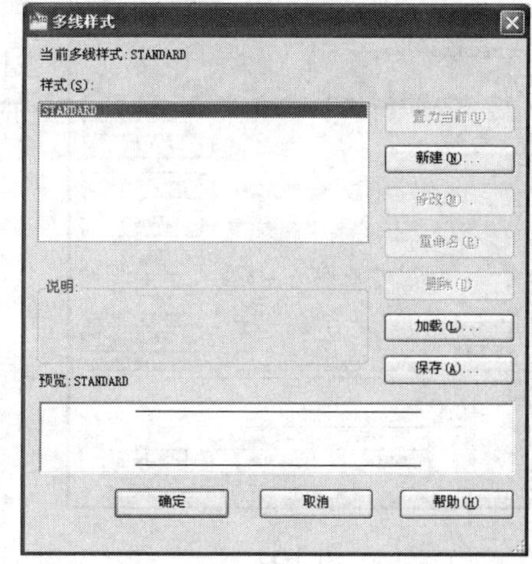

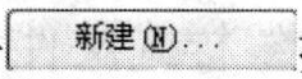

图 3-30

在"创建新的多线样式"对话框中的"新样式名"文本框中输入"37Q"，然后单击"继续"按钮，打开"新建多线样式"对话框，如图 3-32 所示。

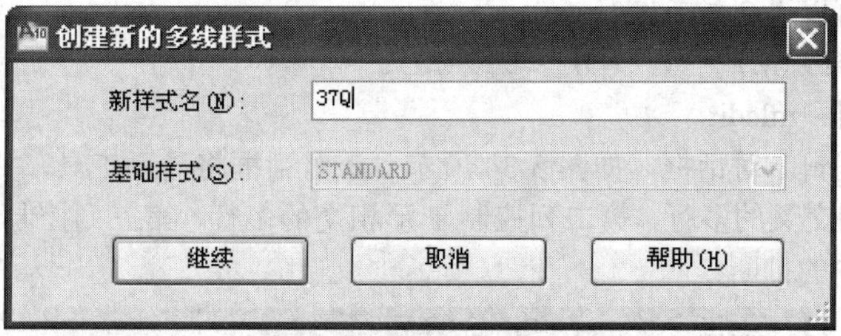

图 3-31

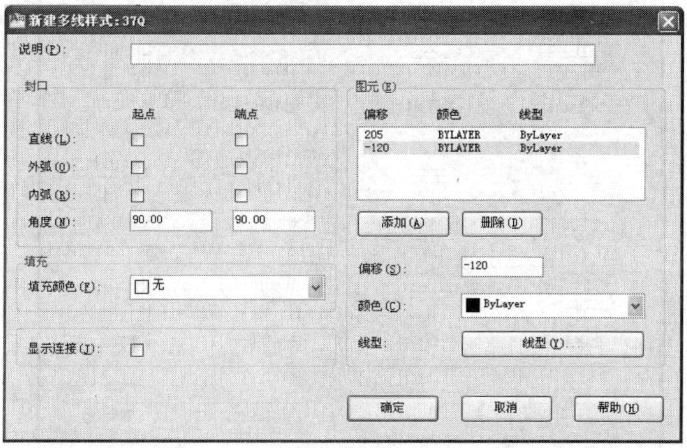

图 3-32

在"新建多线样式"对话框中的"图元"选项组中，分别单击默认的 0.5 和-0.5 两项设置，将其"偏移"数值对应改为 205 和−120，单击"确定"返回。

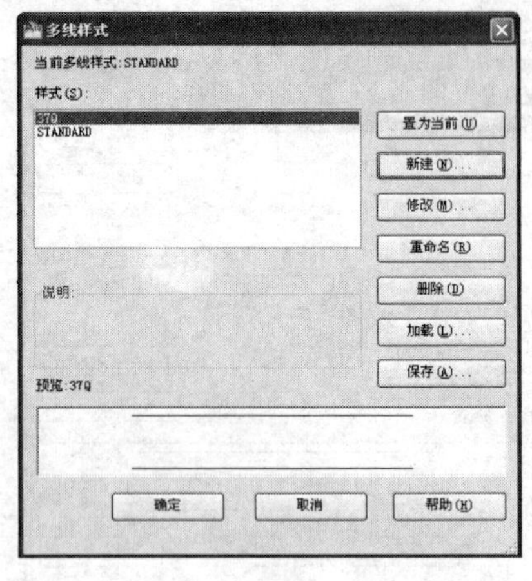

图 3-33

在“多线样式”对话框中，如图 3-33 所示，单击“保存(A)...”按钮退出。如果要创建多个多线样式，应在创新建样式前保存当前样式。

在“多线样式”对话框选项中：

- 新建(N)：建立一个非 STANDARD 多线样式名的新多线样式名，会出现“创建新的多线样式”对话框。
- 修改(M)：修改已存放的多线样式。
- 重命名(R)：对当前多线样式重新命名。
- 删除(D)：对已设置过的多线样式删除。
- 加载(L)：加载保存在多线样式文件中的多线样式到当前图形中。
- 保存(A)：将当前多线样式保存到多线样式文件中。

3.23.2 编辑多线

调用该命令有以下 2 种方式：

（1）菜单：修改(M)→对象(O)→多线(M)。

（2）命令条目：mledit。

打开“多线编辑”对话框，如图 3-34 所示。该对话框将显示工具，并以四列显示样例图像。第一列控制交叉的多行，第二列控制 T 形相交的多行，第三列控制角点结合和顶点，第四列控制多行中的打断。

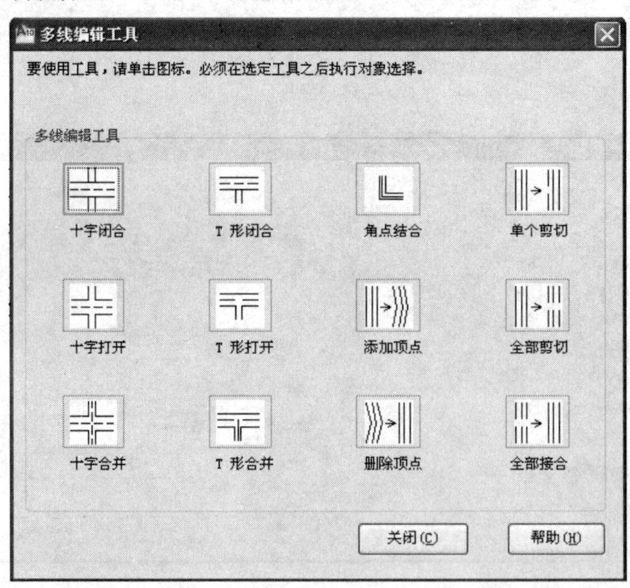

图 3-34

这些工具的含义如下：

- 十字闭合：在两条多线之间创建闭合的十字交点，如图 3-35 所示。

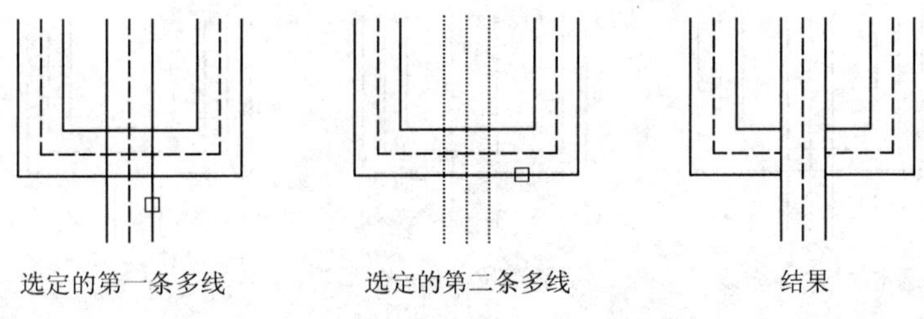

图 3-35

- 十字打开：在两条多线之间创建打开的十字交点。打断将插入第一条多行的所有元素和第二条多行的外部元素，如图 3-36 所示。

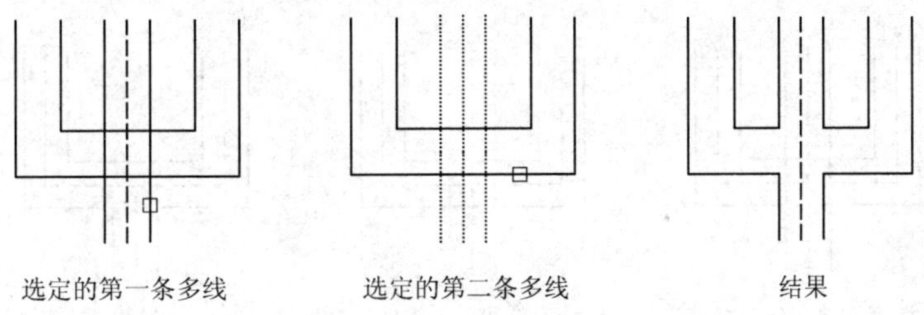

图 3-36

- 十字合并：在两条多线之间创建合并的十字交点。选择多行的次序并不重要，如图 3-37 所示。

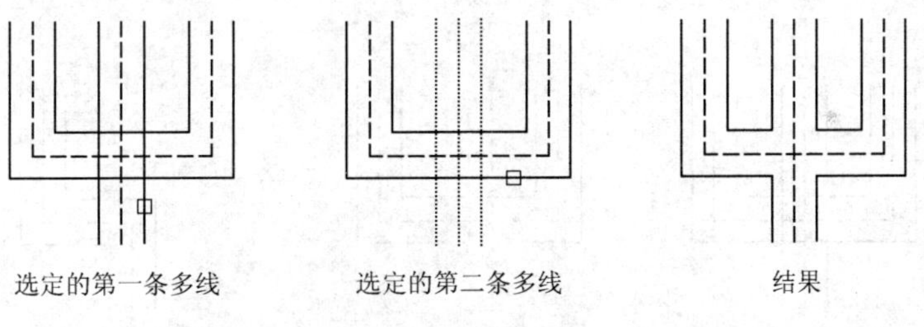

图 3-37

- T 形闭合：在两条多线之间创建闭合的 T 形交点。将第一条多行修剪或延伸到与第二条多行的交点处，如图 3-38 所示。

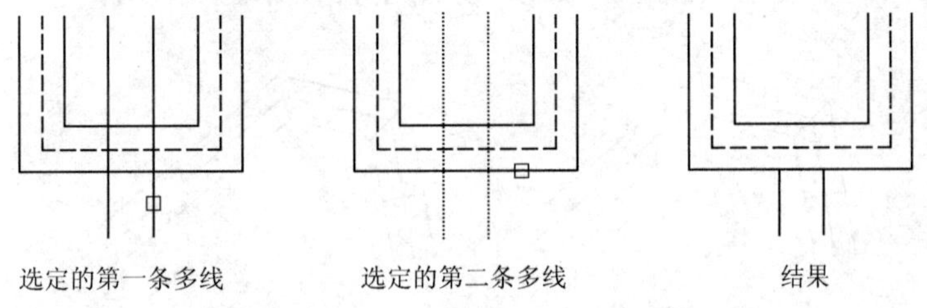

图 3-38

- T 形打开：在两条多线之间创建打开的 T 形交点。将第一条多行修剪或延伸到与第二条多行的交点处，如图 3-39 所示。

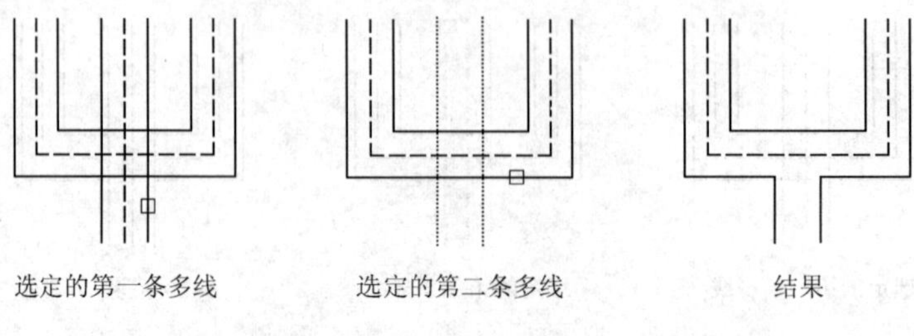

图 3-39

- T 形合并：在两条多线之间创建合并的 T 形交点。将多行修剪或延伸到与另一条多行的交点处，如图 3-40 所示。

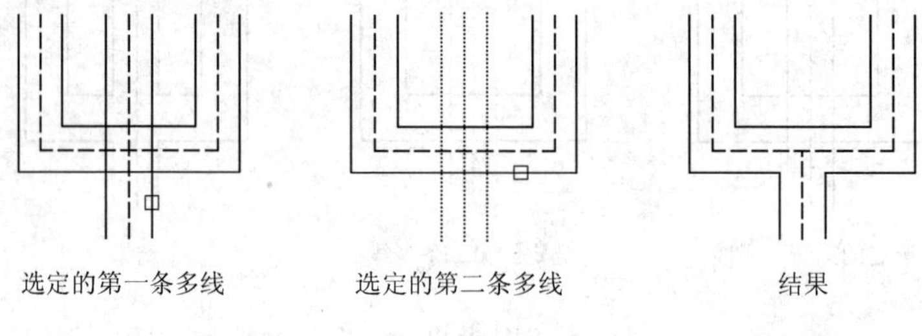

图 3-40

- 角点结合：在多线之间创建角点结合。将多行修剪或延伸到它们的交点处，如图 3-41 所示。

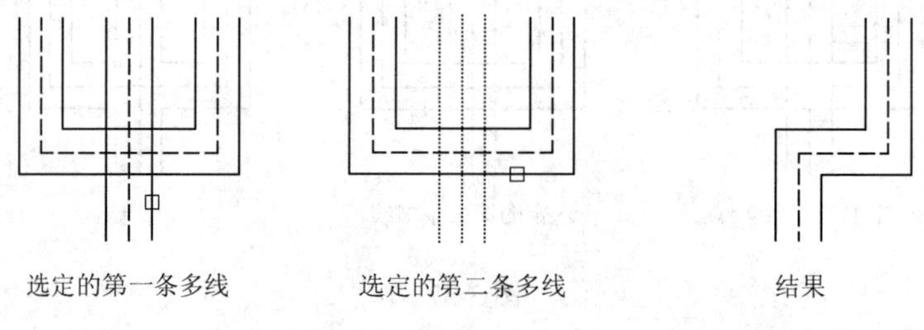

图 3-41

- 添加顶点：向多线上添加一个顶点，如图 3-42 所示。

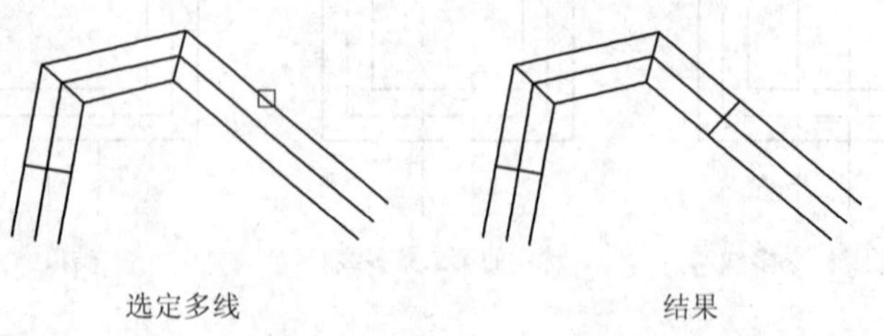

图 3-42

- 删除顶点：从多线上删除一个顶点，如图 3-43 所示。

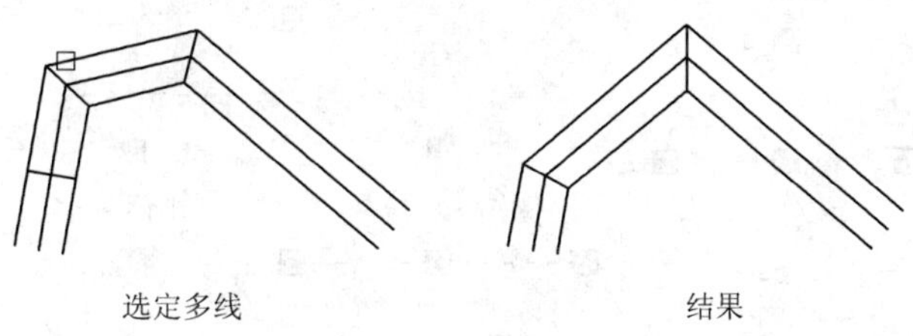

图 3-43

- 单个剪切：在选定多线元素中创建可见打断，如图 3-44 所示。

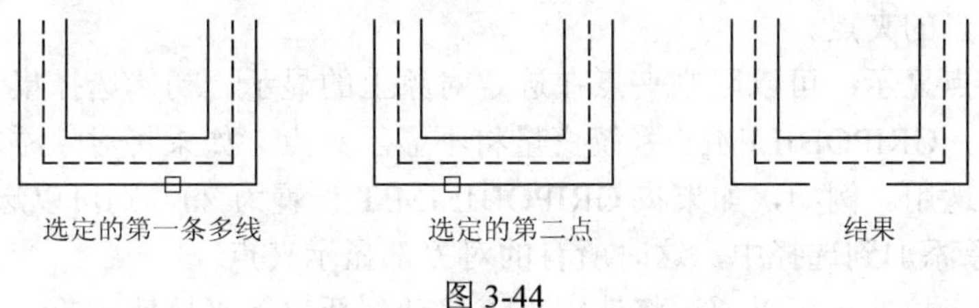

图 3-44

- 全部剪切：创建穿过整条多线的可见打断，如图 3-45 所示。

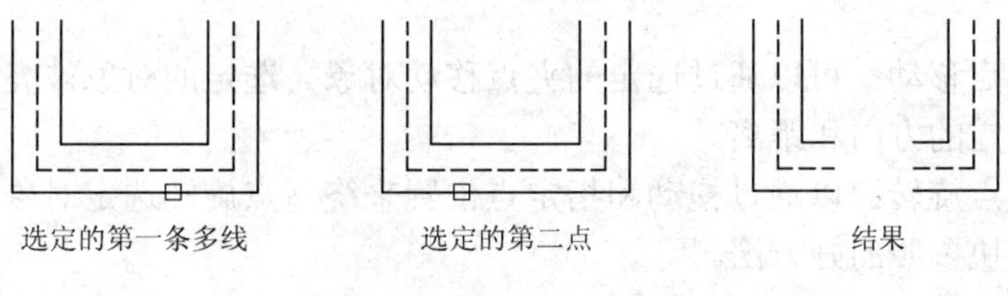

图 3-45

- 全部接合：将已被剪切的多线线段重新接合起来，如图 3-46 所示。

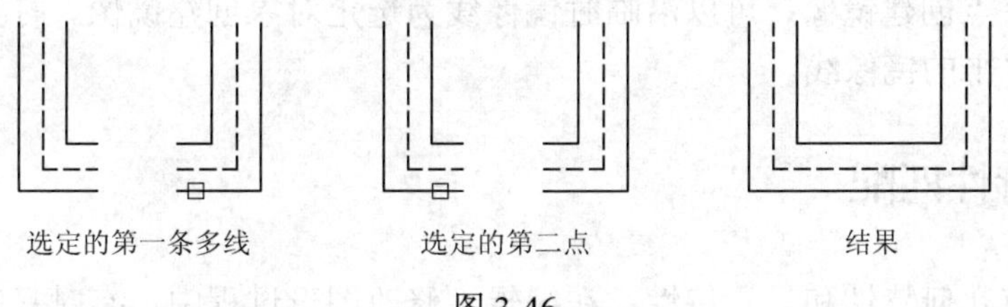

图 3-46

3.24 夹点编辑

夹点编辑是一种集成的编辑模式，可以通过夹点快速、简洁地编辑对象。AutoCAD 2010 中，夹点是一些实心的小方框，使用定点设备指定对象时，对象关键点上将出现夹点。可以拖动这些夹点快速拉伸、移动、旋转、缩放或镜像对象。夹点打开后，可以在输入命令之前选择要操作的对象，然后使用定点设备操作这些对象，如图 3-47 所示。

（1）使用象限夹点：对于圆和椭圆上的象限夹点，通常从圆心而不是选定夹点测量距离。例如，在“拉伸”模式中，可以选择象限夹点来拉伸圆，然后在输入新半径命令提示下指定距离。距离从圆心而不是选定的象限进行测量。如果选择圆心点拉伸圆，圆则会移动。

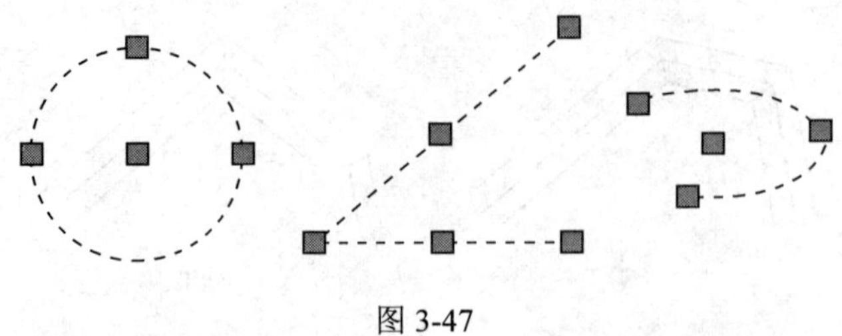

图 3-47

（2）选择和修改多个夹点：可以使用多个夹点作为操作的基夹点。选择多个夹点（也称为多个热夹点选择）时，选定夹点间对象的形状将保持原样。要选择多个夹点按住 Shift 键，然后选择适当的夹点。

（3）限制夹点显示：可以限制夹点在选定对象上的显示。初始选择集包含的对象数目多于指定数目时，GRIPOBJLIMIT 系统变量将不显示夹点。如果将对象添加到当前选择集中，该限制则不适用。例如，如果将 GRIPOBJLIMIT 设置为 20，则可以选择 15 个对象，然后将 25 个对象添加到选择中，这时所有的对象都显示夹点。

（4）使用夹点拉伸：可以通过将选定夹点移动到新位置来拉伸对象。文字、块参照、直线中点、圆心和点对象上的夹点将移动对象而不是拉伸它。这是移动块参照和调整标注的好方法。

（5）使用夹点移动：可以通过选定的夹点移动对象。选定的对象被亮显并按指定的下一点位置移动一定的方向和距离。

（6）使用夹点旋转：以通过拖动和指定点位置来绕基点旋转选定对象。还可以输入角度值。这是旋转块参照的好方法。

（7）使用夹点缩放：可以相对于基点缩放选定对象。通过从基夹点向外拖动并指定点位置来增大对象尺寸，或通过向内拖动减小尺寸。此外，也可以为相对缩放输入一个值。

（8）使用夹点创建镜像：可以沿临时镜像线为选定对象创建镜像。打开“正交”有助于指定垂直或水平的镜像线。

3.25　对象特性匹配

图形对象有几何特性和显示特性。在编辑、修改图形过程中，有时只需对图形对象的特性进行适当修改，就可快速完成编辑任务。调用该命令有以下 4 种方式：

（1）功能区：常用标签→剪贴板面板→特性匹配。

（2）菜单：修改(M)→特性匹配(M)。

（3）工具栏：。

（4）命令条目：matchprop 或 painter（或'matchprop，透明使用）。

选择源对象:

当前活动设置:

选择目标对象或[设置(S)]:

- 选择目标对象：指定要将源对象的特性复制到其上的对象。可以继续选择目标对象或按 Enter 键应用特性并结束该命令。

- 设置：显示“特性设置”对话框，从中可以控制要将哪些对象特性复制到目标对象。默认情况下，将选择“特性设置”对话框中的所有对象特性进行复制。

打开“特性设置”对话框，如图 3-48 所示。

特性设置

基本特性

☑颜色(C) ByLayer
☑图层(L) 0
☑线型(I) ByLayer
☑线型比例(Y) 1
☑线宽(W) ByLayer
☑厚度(T) 0
☑打印样式(S) ByLayer

确定 取消 帮助

特殊特性

☑标注(D) ☑文字(X) ☑填充图案(H)
☑多段线(P) ☑视口(V) ☑表格(B)
☑材质(M) ☑阴影显示(O) ☑多重引线(U)

图 3-48

- 颜色：将目标对象的颜色更改为源对象的颜色。此选项适用于所有对象。
- 图层：将目标对象的图层更改为源对象的图层。此选项适用于所有对象。
- 线型：将目标对象的线型更改为源对象的线型。此选项适用于除属性、图案填充、多行文字、点和视口之外的所有对象。
- 线型比例：将目标对象的线型比例因子更改为源对象的线型比例因子。此选项适用于除属性、图案填充、多行文字、点和视口之外的所有对象。
- 线宽：将目标对象的线宽更改为源对象的线宽。此选项适用于所有对象。
- 厚度：将目标对象的厚度更改为源对象的厚度。此选项仅适用于圆弧、属性、圆、直线、点、二维多段线、面域、文字和宽线。
- 打印样式：将目标对象的打印样式更改为源对象的打印样式。如果使用的是颜色相关打印样式模式（系统变量 PSTYLEPOLICY 设置为 1），此选项将不可用。适用于所有对象（应用抖动边修改器的对象除外）。
- 标注：除基本的对象特性外，还将目标对象的标注样式和注释性特性更改为源对象的标注样式和特性。此选项仅适用于标注、引线和公差对象。
- 多段线：除基本的对象特性之外，将目标多段线的宽度和线型生成特性更改为源多段线的宽度和线型生成特性。源多段线的拟合/平滑特性和标高不会传递到目标多段线。如果源多段线具有不同的宽度，则其宽度特性不会传递到目标多段线。
- 材质：除基本的对象特性之外，将更改应用到对象的材质。如果没有为源对象而是为目标对象指定了材质，则将从目标对象中删除材质。
- 文字：除基本的对象特性外，还将目标对象的文字样式和注释性特性更改为源对象的文字样式和特性。此选项仅适用于单行文字和多行文字对象。
- 视口：除对象的基本特性，还更改以下目标图纸空间视口的特性以匹配源视口的相应特性：开/关、显示锁定、标准或自定义比例、着色打印、捕捉、栅格以及 UCS

图标的可见性和位置。

- 阴影显示：除基本的对象特性之外，将更改阴影显示。对象可以投射阴影、接收阴影、投射和接收阴影或者可以忽略阴影。
- 填充图案：除基本的对象特性外，还将目标对象的填充特性（包括其注释性特性）更改为源对象的填充特性。要与图案填充原点相匹配，请使用 hatch 或 hatchedit 命令中的"继承特性"。此选项仅适用于填充对象。
- 表格：除基本的对象特性之外，将目标对象的表样式更改为源对象的表样式。此选项仅适用于表对象。
- 多重引线：除基本对象特性外，还将目标对象的多重引线样式和注释性特性更改为源对象的多重引线样式和特性。仅适用于多重引线对象。

3.26　对象特性编辑

修改所选对象的图层、颜色、线型、线型比例、线宽、厚度等基本属性及其几何特性。调用该命令有以下 4 种方式：

（1）功能区：视图标签→选项板面板→特性。

（2）菜单：修改(M)→特性(P)。

（3）工具栏：。

（4）命令条目：properties。

打开"特性"对话框，如图 3-49 所示。选择多个对象时，"特性"选项板只显示选择集中所有对象的公共特性。如果未选择对象，"特性"选项板将只显示当前图层和布局的基本特性、附着在图层上的打印样式表名称、视图特性和 UCS 的相关信息。

- 切换按钮，在与之间切换。
- 选择对象按钮，用于选择对象。
- 快速选择按钮，显示"快速选择"对话框，使用"快速选择"创建基于过滤条件的选择集，如图 3-50 所示。

图 3-49

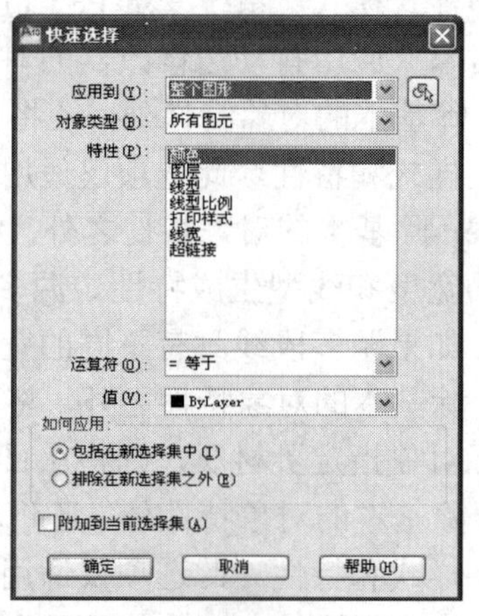

图 3-50

第 4 章　图层管理与文字表格编辑

本章要点

- 管理和使用图层
- 文字的编辑方法
- 表格的编辑方法

4.1　图层特性

图层用于在图形中组织信息以及执行线型、颜色及其他标准，其相当于图纸绘图中使用的重叠图纸，如图 4-1 所示。图层是图形中使用的主要组织工具，可以使用其将信息按功能编组，也可以强制执行线型、颜色及其他标准。通过创建图层，可以将类型相似的对象指定给同一图层以使其相关联。例如，可以将构造线、文字、标注和标题栏置于不同的图层上。然后可以控制以下各项：图层上的对象在任何视口中是可见还是暗显；打印对象以及如何打印对象；为图层上的所有对象指定不同颜色；为图层上的所有对象指定不同的线型和线宽；修改图层上的对象；对象是否在各个布局视口中显示不同的图层特性。

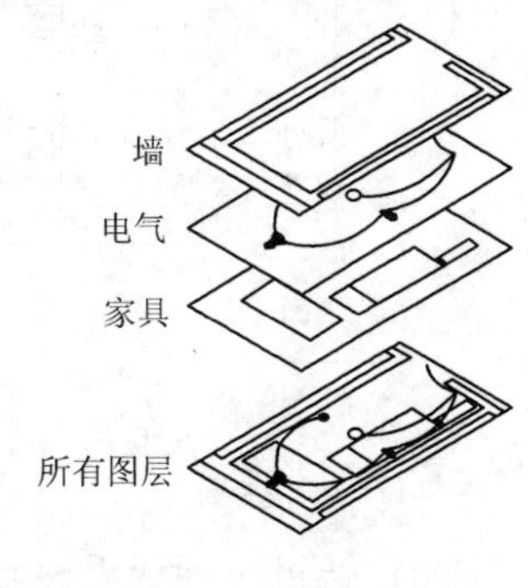

图 4-1

每个图形均包含一个名为 0 的图层。无法删除或重命名图层 0。该图层有两种用途：一是确保每个图形至少包括一个图层；二是提供与块中的控制颜色相关的特殊图层。

注意：建议用户创建几个新图层来组织图形，而不是在图层 0 上创建整个图形。

“图层特性管理器”提供了直观的管理和访问图层的方式。启用“图层特性管理器”有以下 4 种方式：

（1）功能区：常用标签→图层面板→图层特性管理器。

（2）菜单：格式(O)→图层(L)。

（3）工具栏：。

（4）命令条目：layer（或'layer，透明使用）。

在命令行输入“layer”或单击工具栏按钮，将打开“图层特性管理器”对话框，如图 4-2 所示。

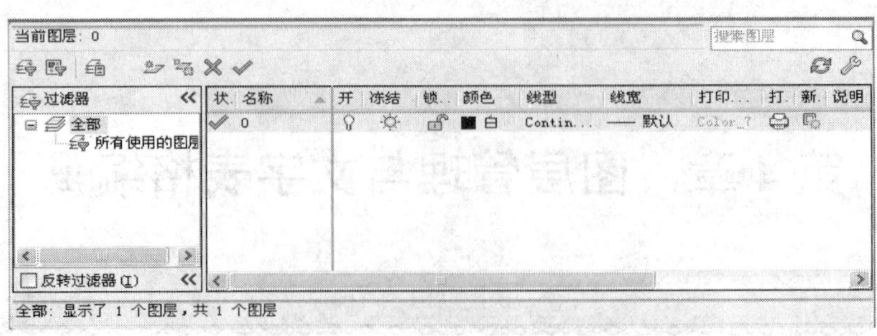

图 4-2

4.1.1　创建新图层

默认情况下，系统会自动创建一个名为“0”的图层，如果要创建新图层，可以通过单击工具栏上的按钮，打开“图层特性管理器”，再单击按钮，可创建新的图层。系统默认的层名为“图层 1”，且自动被选中。再次单击按钮，可依次建立“图层 2”、“图层 3”等图层，通常应给图层一个适当的名称，以便于查找和交流，图层名不能有重复，最长为 255 个字符，在图层名中，不能含有“<>/\、`：?,=”等符号，也可以在该图层的“名称”选项上单击，修改图层名称，如图 4-3 所示。

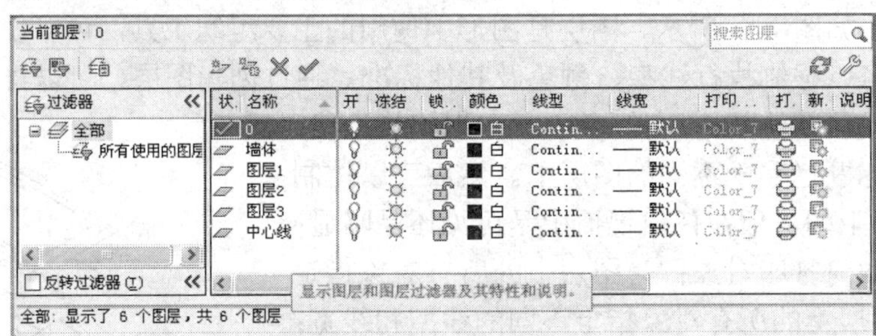

图 4-3

4.1.2　设置图层状态

在“图层特性管理器”对话框中，单击特性图标可以控制图层的状态，如打开/关闭、锁定/解锁、冻结/解冻等，如图 4-4 所示。

- 打开：可显示、打印和重生成图层上的对象，并在使用 HIDE 时隐藏其他对象。
- 关闭：不显示和打印图层上的对象，而在使用 HIDE 时会隐藏其他对象。打开图层时，不会重生成图形。

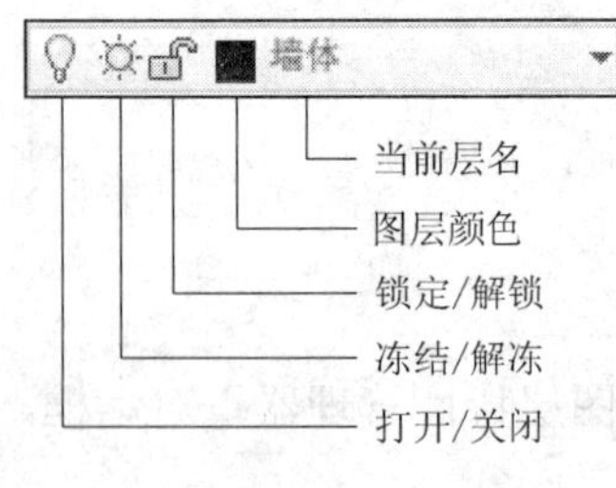

图 4-4

- 解冻：可显示和打印图层上的对象，并在使用 HIDE 时隐藏其他对象。
- 冻结：不显示和打印图层上的对象，而在使用 HIDE 时会隐藏其他对象。解冻图层时，将重生成图形。
- 锁定：不能修改图层上的任何对象。仍可以将对象捕捉应用到锁定图层上的对象，并可以执行不修改这些对象的其他操作。

● 解锁：可以修改图层上的对象。

4.1.3 设置图层颜色

在“图层特性管理器”对话框中，单击“颜色”按钮，打开“选择颜色”对话框，选择调色板中需要设定的颜色，单击“确定”按钮，就将该图层的颜色设定，如图 4-5 所示。

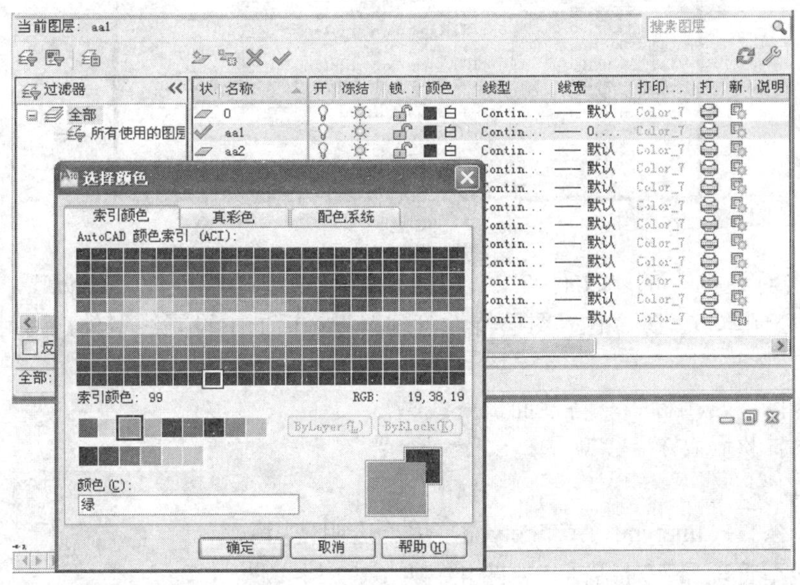

图 4-5

4.1.4 设置图层线型

在“图层特性管理器”对话框中，单击“线型”栏上的 Continuous 打开“选择线型”对话框，在“已加载的线型”列表中选择一种线型，然后单击“确定”按钮即可，如图 4-6 所示。

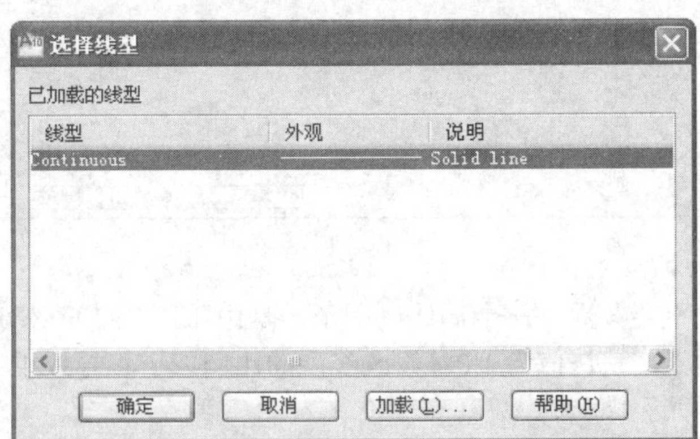

图 4-6

如果“已加载的线型”列表中没有合适的线型，单击“加载[L]”按钮打开“加载或重载线型”对话框，然后从当前线型库中选择需要加载的线型，如图 4-7 所示。

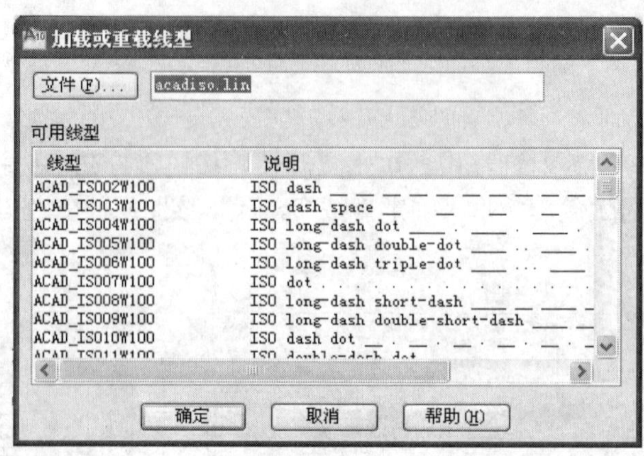

图 4-7

如果单击对话框上的“文件[F]”按钮，则可以选择线型库，acad.lin 为英制单位 acadiso.lin 为公制单位。除了在“图层特性管理器”对话框中设置线型外，调用该命令有以下 4 种方式：

（1）功能区：常用标签→特性面板→线型。

（2）菜单：格式(O)→线型(N)。

（3）工具栏：。

（4）命令条目：linetype（或'linetype，用于透明使用）。

打开“线型管理器”对话框，如图 4-8 所示。

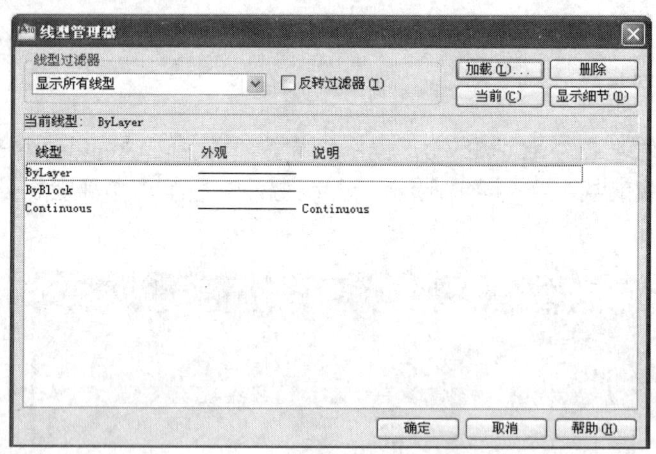

图 4-8

另外，还有一个重要参数——全局比例因子，是由 LTSCALE 系统变量用于图形中所有对象的线型比例因子，默认值为 1.0。修改线型的比例因子将导致重生成图形，如图 4-9 所示。

LTSCALE = 1

LTSCALE = .5

LTSCALE = .25

图 4-9

4.1.5　设置图层线宽

在“图层特性管理器”对话框中，单击“线宽”栏，打开“线宽”对话框，然后单击“确定”按钮即可，如图 4-10 所示。除了在“线宽”

对话框中设置线宽外，调用该命令有以下 4 种方式：

（1）功能区：常用标签→特性面板→线宽。

（2）菜单：格式(O)→线宽(W)。

（3）工具栏：。

（4）命令条目：lweight（或'lweight，用于透明使用）。

打开“线宽设置”对话框，如图 4-11 所示。如果选中“显示线宽”复选框，系统就将在屏幕上显示线宽的设置效果。而通过调节“调整显示比例”滑块则可调整线宽的显示效果。

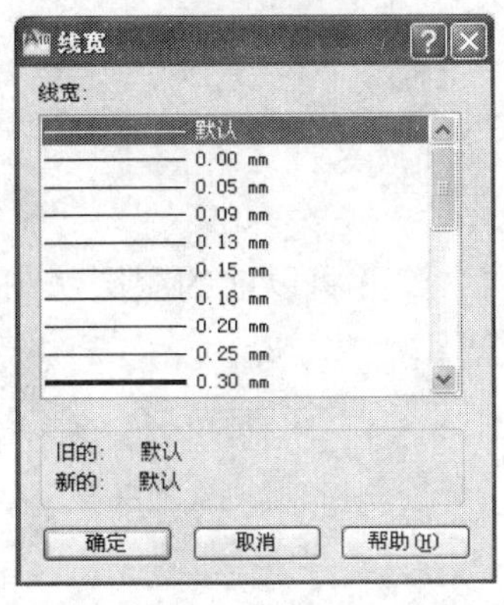

图 4-10

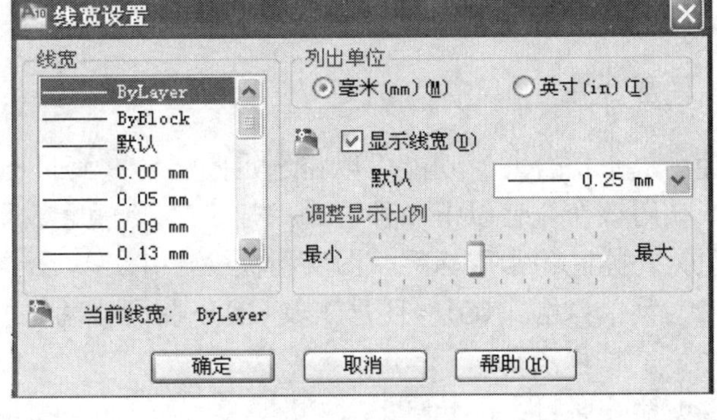

图 4-11

4.1.6 图层漫游

我们可以在图纸空间视口使用“图层漫游”（对话框）功能，来控制图层上对象的可见性。默认情况下，效果是暂时性的，关闭对话框后图层将恢复。调用该命令有以下 4 种方式：

（1）功能区：常用标签→图层面板→图层漫游。

（2）菜单：格式(O)→图层工具(O)→图层漫游(W)。

（3）工具栏：。

（4）命令条目：laywalk。

打开“图层漫游”对话框，如图 4-12 所示。

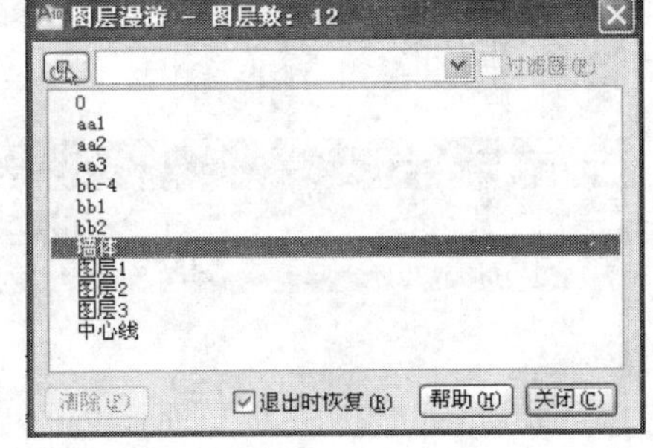

图 4-12

- 过滤器：选中复选框将仅显示那些与活动过滤器匹配的图层，反之显示完整的图层列表。
- 过滤器列表：输入通配符并按回车键，显示并亮显那些名称与通配符匹配的图层。

按钮：选择对象及其图层。

4.1.7 图层匹配

使用“图层匹配”功能可以更改选定对象所在的图层，以使其匹配目标图层。调用该命令有以下 4 种方式：

（1）功能区：常用标签→图层面板→匹配。

（2）菜单：格式(O)→图层工具(O)→图层匹配(M)。

（3）工具栏：。

（4）命令条目：laymch。

选择要更改的对象:

选择对象:（选择要更改其所在图层的对象）

选择目标图层上的对象或[名称(N)]:

- 选择目标图层上的对象：选择目标图层上的对象。

已将 N 个对象更改到图层<图层名>

- 名称(N)：输入图层名。

已将 N 个对象更改到图层<图层名>

4.1.8　图层合并

使用“图层合并”功能可以将选定图层合并到目标图层中，并将以前的图层从图形中删除。调用该命令有以下 4 种方式：

（1）功能区：常用标签→图层面板→合并。

（2）菜单：格式(O)→图层工具(O)→图层合并(E)。

（3）工具栏：。

（4）命令条目：laymrg。

选择要合并的图层上的对象或[名称(N)]:

选择对象:

选择要合并的图层上的对象或[名称(N)/放弃(U)]:

选择对象，输入 n，如果响应 n，系统会弹出“合并图层”对话框，如图 4-13 所示。

如果在“选择目标图层上的对象或[名称(N)]:”后响应 n，系统会弹出“合并到图层”对话框，如图 4-14 所示。

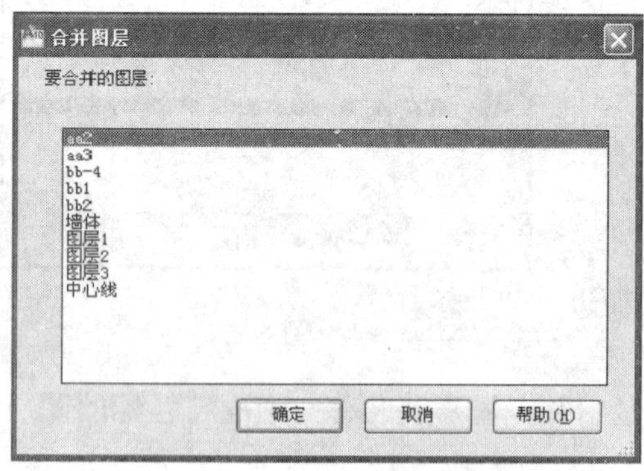

图 4-13

图 4-14

4.1.9　将对象的图层设为当前图层

当我们为图层设置了所需的特性后，即可在相应的图层上绘制图形，但首先应将相应的图层设置为当前才能在该图上绘制具有图层特性的实体。调用该命令有以下 4 种方式：

（1）功能区：常用标签→图层面板→将对象的图层设为当前图层。

（2）菜单：格式(O)→图层工具(O)→将对象的图层置为当前(R)。

（3）工具栏：。

（4）命令条目：laymcur。

选择其图层将成为当前图层的对象：选择要将其图层设置为当前图层的对象可以通过选择当前图层上的对象来更改该图层。这是在图层特性管理器中指定图层名的又一简便方法。

4.1.10 图层锁定

图层被锁定后，该图层上的实体仍显示在屏幕上，但不能对其进行编辑。图层锁定有利于对较复杂的图形进行编辑。调用该命令有以下 4 种方式：

（1）功能区：常用标签→图层面板→锁定。

（2）菜单：格式(O)→图层工具(O)→图层锁定(K)。

（3）工具栏：。

（4）命令条目：laylck。

选择要锁定的图层上的对象：

使用此命令，可以防止意外修改图层上的对象。还可以使用 LAYLOCKFADECTL 系统变量淡入锁定图层上的对象。

4.1.11 图层解锁

图层被锁定后就不能对其进行编辑，若要对其进行编辑，需对图层解锁。调用该命令有以下 4 种方式：

（1）功能区：常用标签→图层面板→解锁。

（2）菜单：格式(O)→图层工具(O)→图层解锁(U)。

（3）工具栏：。

（4）命令条目：layulk。

选择要解锁的图层上的对象：

将光标悬停在锁定图层上的对象上方时，将显示锁定图标。选择要解锁的图层上的对象：用户可以选择锁定图层上的对象并解锁该图层，而无需指定该图层的名称。可以选择和修改已解锁图层上的对象。

4.1.12 打开所有图层

调用该命令有以下 4 种方式：

（1）功能区：常用标签→图层面板→打开所有图层。

（2）菜单：格式(O)→图层工具(O)→打开所有图层(N)。

（3）工具栏：。

（4）命令条目：layon。

打开图形中的所有图层：

打开图形中的所有图层，之前关闭的所有图层均将重新打开。在这些图层上创建的对

象将变得可见，除非这些图层也被冻结。

4.1.13　图层关闭

关闭图层后，该图层上的实体不再显示在屏幕上，也不能被编辑，不能被打印。调用该命令有以下 4 种方式：

（1）功能区：常用标签→图层面板→关闭。

（2）菜单：格式(O)→图层工具(O)→图层关闭(O)。

（3）工具栏：。

（4）命令条目：layoff。

当前设置：视口=，块嵌套级别=

选择要关闭的图层上的对象或[设置(S)/放弃(U)]：

4.1.14　解冻所有图层

图层冻结后，该图层上的实体不再显示在屏幕上，也不能被编辑，不能被打印。冻结图层与关闭图层的区别在于：冻结图层可以减少系统重生成图形的计算时间，若用户的计算机性能较好，并所绘图形简单时，一般不会感觉到图层冻结的优越性。调用该命令有以下 4 种方式：

（1）功能区：常用标签→图层面板→解冻所有图层。

（2）菜单：格式(O)→图层工具(O)→解冻所有图层(T)。

（3）工具栏：。

（4）命令条目：laythw。

解冻图形中的所有图层：

解冻图形中的所有图层。之前所有冻结的图层都将解冻。在这些图层上创建的对象将变得可见，除非这些图层也被关闭或已在各个布局视口中被冻结。必须逐个图层地解冻在各个布局视口中冻结的图层。

4.1.15　图层转换器

将当前图像中的图层映射到指定图形或标准文件中的其他图层名和图层特性，然后使用这些贴图对其进行转换。调用该命令有以下 4 种方式：

（1）功能区：管理标签→CAD 标准面板→图层转换器。

（2）菜单：工具(T)→CAD 标准(S)→图层转换器(L)。

（3）工具栏：。

（4）命令条目：laytrans。

打开“图层转换器”对话框，如图 4-15 所示。

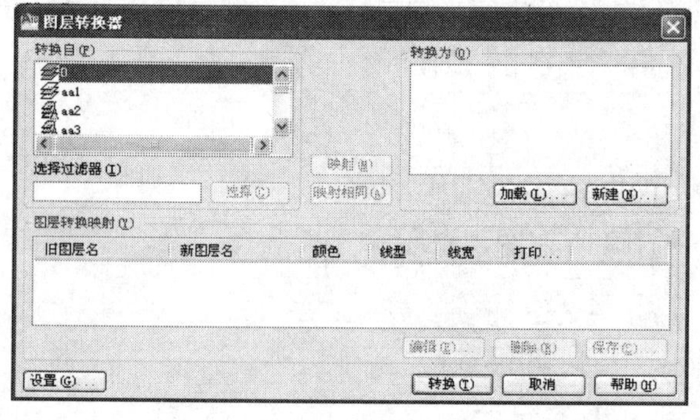

图 4-15

4.1.16 图层隔离

图层隔离是指隐藏或锁定除选定对象所在图层外的所有图层。调用该命令有以下 4 种方式：

（1）功能区：常用标签→图层面板→隔离。

（2）菜单：格式(O)→图层工具(O)→图层隔离(I)。

（3）工具栏：。

（4）命令条目：layiso。

当前设置：<当前设置>

选择要隔离的图层上的对象或[设置(S)]:

- 选择要隔离的图层上的对象：选择一个或多个对象后，根据当前设置，除选定对象所在图层之外的所有图层均将关闭、在当前布局视口中冻结或锁定。分项隔离保持可见和未锁定的图层。默认情况下，将淡入锁定的图层。可以从此命令中的“锁定”选项指定淡入的百分比。可以稍后使用 LAYLOCKFADECTL 系统变量更改该值。
- 设置（S）：控制是在当前布局视口中关闭、冻结图层还是锁定图层。

输入未隔离图层的设置[关(O)/锁定和淡入(L)]<锁定>：输入选项

4.1.17 取消图层隔离

使用 LAYISO 命令恢复隐藏或锁定的所有图层。调用该命令有以下 4 种方式：

（1）功能区：常用标签→图层面板→取消隔离。

（2）菜单：格式(O)→图层工具(O)→取消图层隔离(S)。

（3）工具栏：。

（4）命令条目：layuniso。

当前设置：<当前设置>

选择要隔离的图层上的对象或[设置(S)]:

layuniso 将图层恢复为输入 layiso 命令之前的状态。输入 layuniso 命令时，将保留使用 layiso 后对图层设置的更改。如果未使用 layiso，layuniso 将不恢复任何图层，只要未更改图层设置，也可以通过使用“图层”工具栏上的“上一个图层”按钮（或在命令提示下输入 layerp）将图层恢复为上一个图层状态。

4.1.18 将对象复制到新图层

将一个或多个对象复制到其他图层，调用该命令有以下 4 种方式：

（1）功能区：常用标签→图层面板→将对象复制到新图层。

（2）菜单：格式(O)→图层工具(O)→将对象复制到新图层(P)。

（3）工具栏：。

（4）命令条目：copytolayer。

选择要复制的对象:

选择目标图层上的对象或[名称(N)]<名称>:

- 选择目标图层上的对象：指定放置选定对象的图层。系统提示信息如下：

指定基点或[位移(D)/退出(E)]<退出>：指定点，输入 d，或输入 x

- 指定基点：指定已复制对象的基点。

指定位移的第二个点或<使用第一个点作为位移>:

- 位移(D)：输入坐标值以指定相对距离和方向。

指定位移<0.0000,0.0000,0.0000>:

- 退出(E)：取消该命令。
- 名称(N)：指定放置选定对象的图层。

4.1.19　删除图层

如果有时候我们不需要某一图层时，可以选中该图层后将其删除，调用该命令有以下 4 种方式：

（1）功能区：常用标签→图层面板→删除。

（2）菜单：格式(O)→图层工具(O)→图层删除(D)。

（3）工具栏：。

（4）命令条目：laydel。

选择要删除的图层上的对象或[名称(N)]:

如果在命令提示下输入 laydel，将打开“删除图层”对话框，如图 4-16 所示。

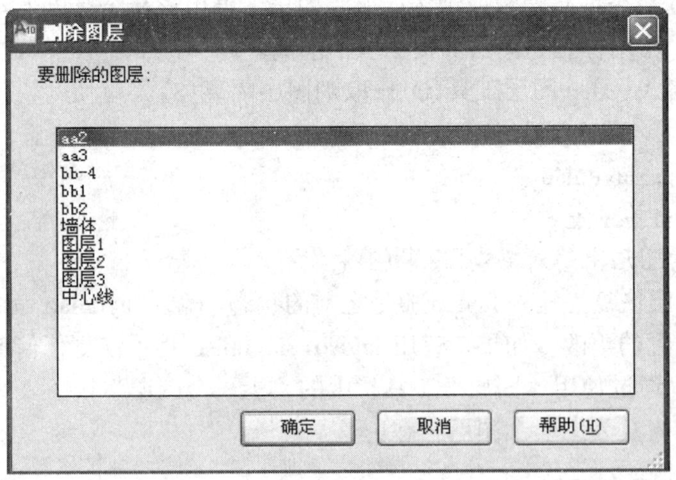

图 4-16

4.2　文字编辑

一张完整的工程图纸需要利用文本标注来表达几何图形难以表达的信息。AutoCAD 2010 中文字的编辑功能主要包括以下几个方面的内容。

4.2.1 创建文字

1. 单行文字

添加到图形中的文字可以表达各种信息。可以是复杂的技术要求、标题栏信息、标签，甚至是图形的一部分。调用该命令有以下 4 种方式：

（1）功能区：注释标签→文字→单行文字。

（2）菜单：绘图(D)→文字(X)→单行文字(S)。

（3）工具栏：A。

（4）命令条目：text。

当前文字样式：<默认值>当前文字高度：<默认值>注释性：<默认值>

指定文字的起点或[对正(J)/样式(S)]：

- 起点：指定文字对象的起点。

指定高度<默认值>：指定 1 点、输入值或按 Enter 键。仅在当前文字样式不是注释性且没有固定高度时，才显示“指定高度”提示。

指定图纸文字高度<默认值>：指定高度或按 Enter 键。

仅在当前文字样式注释性时，才显示“指定图纸文字高度”提示，如图 4-17 所示。

高度
AUTOCAD
1
旋转角度

图 4-17

指定文字的旋转角度<默认值>：指定角度或按 Enter 键。

- 对正(J)：控制文字的对正。

[对齐(A)/调整(F)/中心(C)/中间(M)/右(R)/左上(TL)/中上(TC)/右上(TR)/左中(ML)/正中(MC)/右中(MR)/左下(BL)/中下(BC)/右下(BR)]：

- 对齐(A)：通过指定基线端点来指定文字的高度和方向。字符的大小根据其高度按比例调整。文字字符串越长，字符越矮，如图 4-18 所示。
- 调整(F)：指定文字按照由两点定义的方向和一个高度值布满一个区域。只适用于水平方向的文字，如图 4-19 所示。指定文字基线的第一个端点：指定点 1，指定文字基线的第二个端点：指定点 2，指定高度<当前值>：
- 中心(C)：从基线的水平中心对齐文字，此基线是由用户给出的点指定的，如图 4-20 所示。

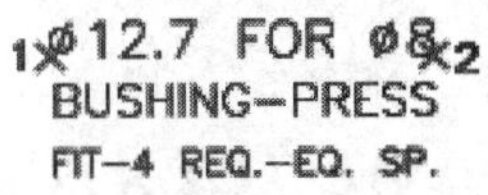

1 ø12.7 FOR ø8 2
BUSHING-PRESS
FIT-4 REQ.-EQ. SP.

图 4-18

ø12.7 FOR ø8
BUSHING-PRESS
FIT-4 REQ.-EQ. SP.

图 4-19

AUTOCAD
1

图 4-20

- 中间(M)：文字在基线的水平中点和指定高度的垂直中点上对齐。中间对齐的文字不保持在基线上。“中间”选项与“正中”选项不同，“中间”选项使用的中点是所有文字包括下行文字在内的中点，而“正中”选项使用大写字母高度的中点，如图 4-21 所示。
- 右(R)：在由用户给出的点指定的基线上右对正文字，如图 4-22 所示。
- 左上(TL)：在指定为文字顶点的点上左对正文字。只适用于水平方向的文字，如图 4-23 所示。

图 4-21 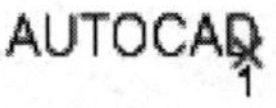　　　　图 4-22 　　　　图 4-23

- 中上(TC)：以指定为文字顶点的点居中对正文字。只适用于水平方向的文字，如图 4-24 所示。
- 右上(TR)：以指定为文字顶点的点右对正文字。只适用于水平方向的文字，如图 4-25 所示。
- 左中(ML)：在指定为文字中间点的点上靠左对正文字。只适用于水平方向的文字，如图 4-26 所示。

图 4-24 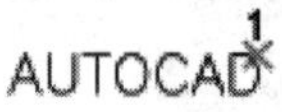　　　　图 4-25 　　　　图 4-26

- 正中(MC)：在文字的中央水平和垂直居中对正文字。只适用于水平方向的文字。“正中”选项与“中央”选项不同，“正中”选项使用大写字母高度的中点，而“中央”选项使用的中点是所有文字包括下行文字在内的中点，如图 4-27 所示。
- 右中(MR)：以指定为文字的中间点的点右对正文字。只适用于水平方向的文字，如图 4-28 所示。
- 左下(BL)：以指定为基线的点左对正文字。只适用于水平方向的文字，如图 4-29 所示。

图 4-27 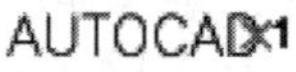　　　　图 4-28 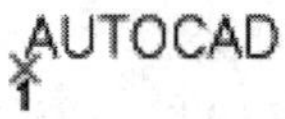　　　　图 4-29

- 中下(BC)：以指定为基线的点居中对正文字。只适用于水平方向的文字，如图 4-30 所示。
- 右下(BR)：以指定为基线的点靠右对正文字。只适用于水平方向的文字，如图 4-31 所示。
- 样式(S)：指定文字样式，文字样式决定文字字符的外观。创建的文字使用当前文字样式，如图 4-32 所示。

图 4-30 　　　　图 4-31 　　　　图 4-32

2. 多行文字

对于较长、较为复杂的内容，可以创建多行或段落文字。多行文字是由任意数目的文字行或段落组成的，布满指定的宽度，还可以沿垂直方向无限延伸。多行文字的编辑选项比单行文字多。例如，可以将对下划线、字体、颜色和文字高度的修改应用到段落中的单

个字符、单词或短语。调用该命令有以下 4 种方式：

（1）功能区：注释标签→文字→多行文字。

（2）菜单：绘图(D)→文字(X)→多行文字(M)。

（3）工具栏：A。

（4）命令条目：mtext。

当前文字样式："Standard"　文字高度：150　注释性：否

指定第一角点：

指定对角点或[高度(H)/对正(J)/行距(L)/旋转(R)/样式(S)/宽度(W)/栏(C)]：

- 对角点：拖动定点设备指定对角点时，屏幕显示一个矩形以显示多行文字对象的位置和尺寸。矩形内的箭头指示段落文字的走向。
- 高度(H)：指定用于多行文字字符的文字高度。
- 对正(J)：根据文字边界，确定新文字或选定文字的文字对齐和文字走向。系统提示信息如下：

输入对正方式[左上(TL)/中上(TC)/右上(TR)/左中(ML)/正中(MC)/右中(MR)/左下(BL)/中下(BC)/右下(BR)]<左上>:

- 行距(L)：指定多行文字对象的行距。行距是一行文字的底部（或基线）与下一行文字底部之间的垂直距离。
- 旋转(R)：指定文字边界的旋转角度。
- 样式(S)：指定用于多行文字的文字样式。
- 宽度(W)：指定文字边界的宽度。
- 栏(C)：指定多行文字对象的栏选项。

4.2.2　创建文字样式

可以指定当前文字样式以确定所有新文字的外观。文字样式包括字体、字号、倾斜角度、方向和其他文字特征。调用该命令有以下 4 种方式：

（1）功能区：常用标签→注释面板→文字样式。

（2）菜单：格式(O)→文字样式(S)。

（3）工具栏：A。

（4）命令条目：style（或'style，透明使用）。

单击注释面板上的A按钮，打开"文字样式"对话框，如图 4-33 所示。

- 当前文字样式：列出当前文字样式。
- 样式：显示图形中的样式列表。列表包括已定义的样式名并默认显示选择的当前样式。要更改当前样式，请从列表中选择另一种样式或选择"新建"以创建新样式。样式名前的图标指示样式是注释性。样式名最长可达 255 个字符。名称中可包含字母、数字和特殊字符，如美元符号($)、下划线(_)和连字符(-)。
- 字体：更改样式的字体。
- 大小：更改文字的大小。
- 效果：修改字体的特性，例如高度、宽度因子、倾斜角以及是否颠倒显示、反向或垂直对齐。

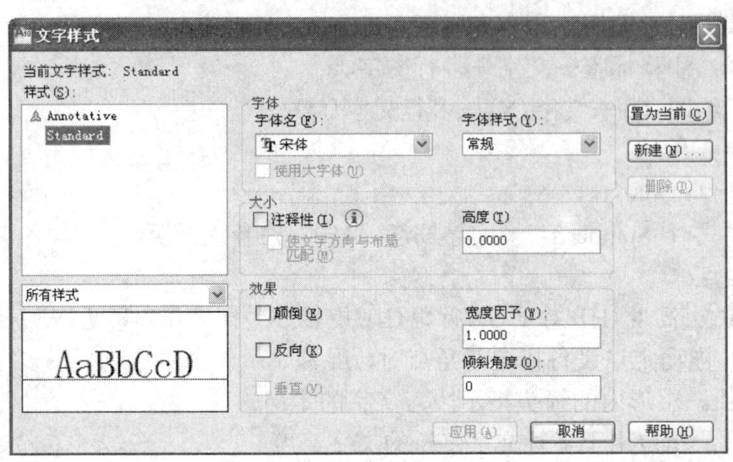

图 4-33

- 宽度因子：设置字符间距。输入小于 1.0 的值将压缩文字。输入大于 1.0 的值则扩大文字。
- 倾斜角度：设置文字的倾斜角。输入一个-85～85 之间的值将使文字倾斜。
- 新建：单击“新建”按钮，打开“新建文字样式”对话框并自动为当前设置提供名称“样式”n（其中 n 为所提供样式的编号）。可以采用默认值或在该框中输入名称，然后选择“确定”使新样式名使用当前样式设置，如图 4-34 所示。

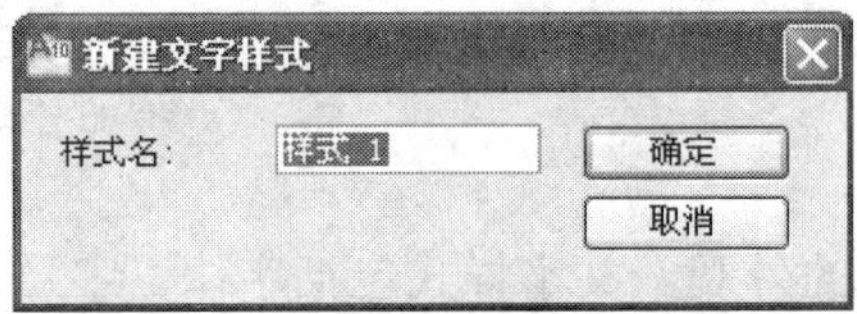

图 4-34

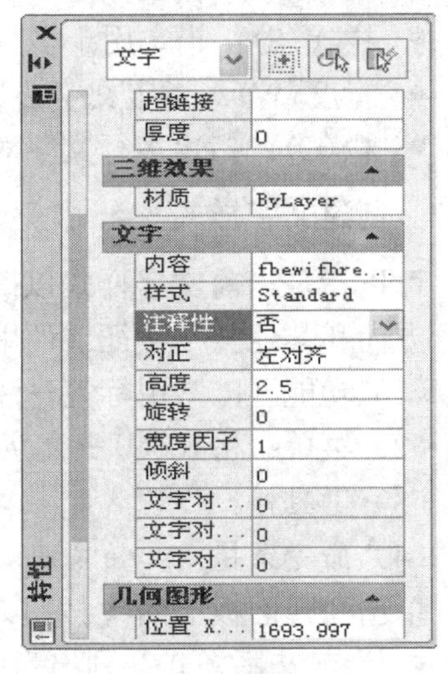

图 4-35

4.2.3　编辑文字

修改文字特性可以通过修改样式，以修改文字的颠倒、反向、垂直等效果。也可以单击“选项板”工具栏中的按钮，打开“特性”对话框（见图 4-35），逐一修改即可。

4.3　表格编辑

表格是在行和列中包含数据的对象。可以从空表格或表格样式创建表格对象。还可以将表格链接至 Microsoft Excel 电子表格中的数据。表格创建完成后，用户可以单击该表格上的任意网格线以选中该表格，然后通过使用“特性”选项板或夹点来修改该表格，如图 4-36 所示。

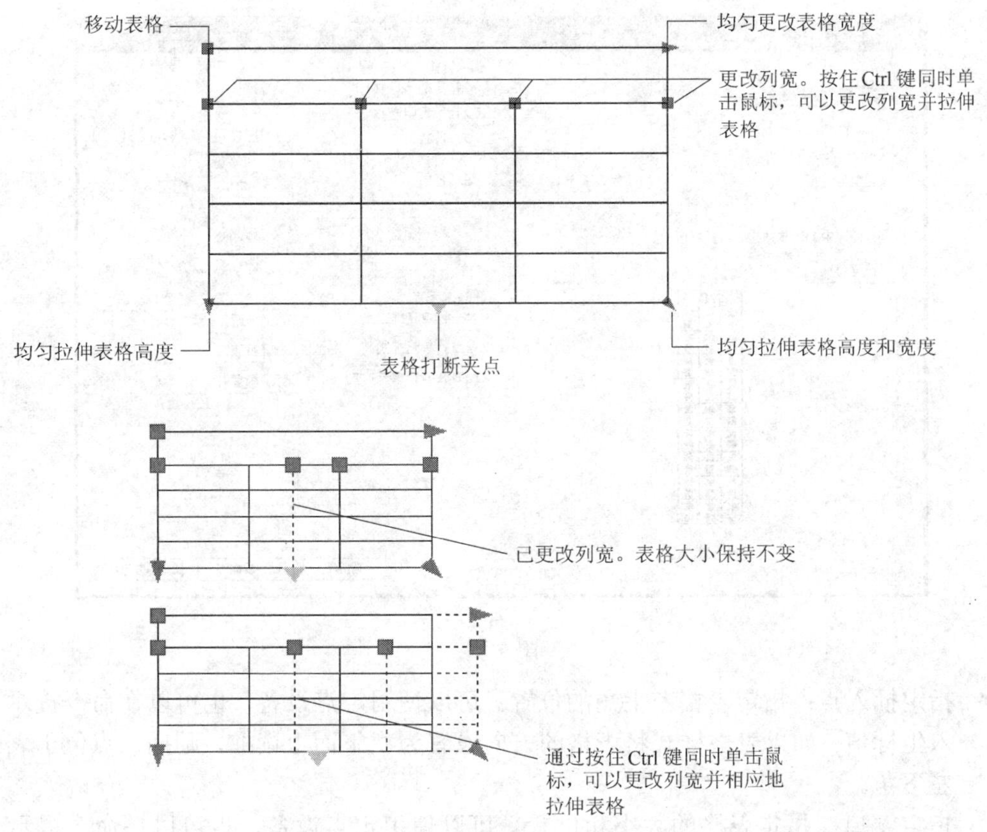

图 4-36

4.3.1 创建表格

创建空的表格对象，调用该命令有以下 4 种方式：

（1）功能区：常用标签→注释面板→表格。

（2）菜单：绘图(D)→表格。

（3）工具栏：▦。

（4）命令条目：table。

单击▦按钮，打开“插入表格”对话框，如图 4-37 所示。

- 表格样式：在要从中创建表格的当前图形中选择表格样式。通过单击下拉列表旁边的按钮，可以创建新的表格样式。
- 插入选项：指定插入表格的方式。
- 从空表格开始：创建可以手动填充数据的空表格。
- 从数据链接开始：从外部电子表格中的数据创建表格。
- 从数据提取开始：启动“数据提取”向导。
- 预览：设置列和行的数目和大小。
- 插入方式：指定表格位置。

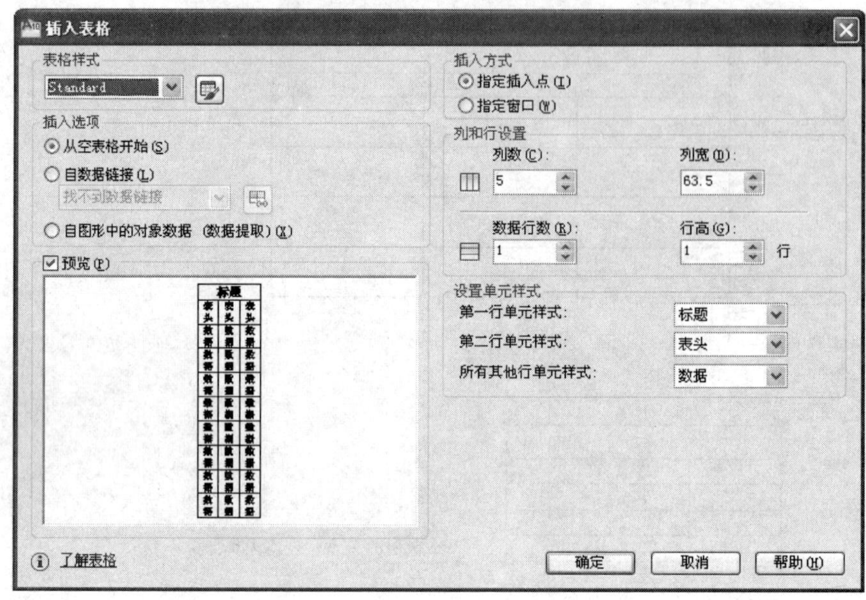

图 4-37

- 指定插入点：指定表格左上角的位置。可以使用定点设备，也可以在命令提示下输入坐标值。如果表格样式将表格的方向设置为由下而上读取，则插入点位于表格的左下角。
- 指定窗口：指定表格的大小和位置。可以使用定点设备，也可以在命令提示下输入坐标值。选定此选项时，行数、列数、列宽和行高取决于窗口的大小以及列和行设置。
- 设置单元样式：对于那些不包含起始表格的表格样式，请指定新表格中行的单元格式。
- 第一行单元样式：指定表格中第一行的单元样式。默认情况下，使用标题单元样式。
- 第二行单元样式：指定表格中第二行的单元样式。默认情况下，使用表头单元样式。
- 所有其他行单元样式：指定表格中所有其他行的单元样式。默认情况下，使用数据单元样式。

4.3.2　填写表格

在创建好表格后，需要向其中添加具体内容，表格单元中的数据可以是文字和块。创建好表格后，会亮显第一个单元，并打开“文字编辑器”工具栏，单元的行高会加大以适应输入文字的大小，按 Tab 键移动到下一个单元，如图 4-38 所示。

如果要在单元表格中插入公式，可以双击单元表格，打开“文字编辑器”工具栏，单击按钮，打开“字段”对话框，在“字段名称”栏中选择“公式”，如图 4-39 所示。其余处理同 Excel 的操作。

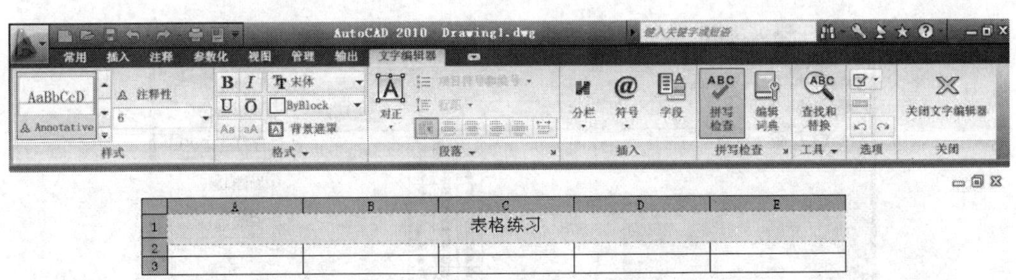

图 4-38

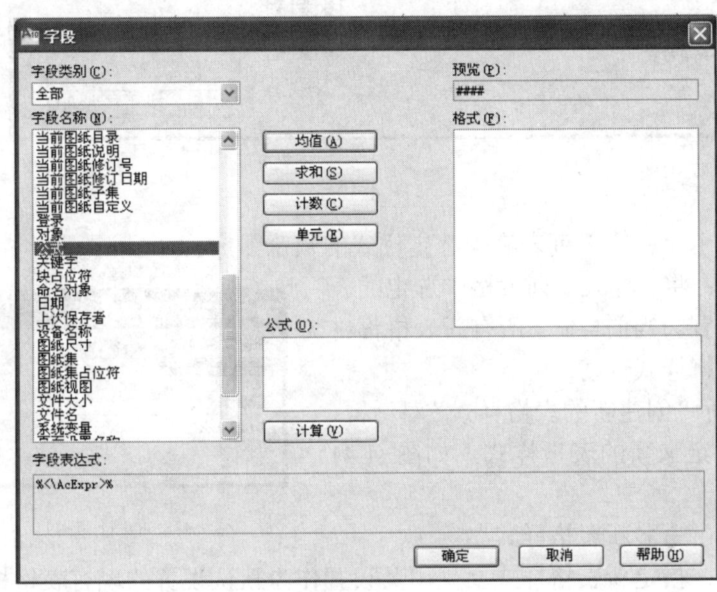

图 4-39

4.3.3 表格样式

可以指定当前表格样式以确定所有新表格的外观。表格样式包括背景颜色、页边距、边界、文字和其他表格特征的设置。调用该命令有以下 4 种方式：

（1）功能区：注释面板→表格→表格样式。

（2）菜单：格式(O)→表格样式(B)。

（3）工具栏：。

（4）命令条目：tablestyle。

单击按钮，打开表格样式对话框如图 4-40 所示。

- 当前表格样式：显示应用于所创建表格的表格样式的名称。默认表格样式为 STANDARD。
- 样式：显示表格样式列表格。当前样式被亮显。
- 列出：控制“样式”列表格的内容。
- 所有样式：显示所有表格样式。
- 正在使用的样式：仅显示被当前图形中的表格引用的表格样式。

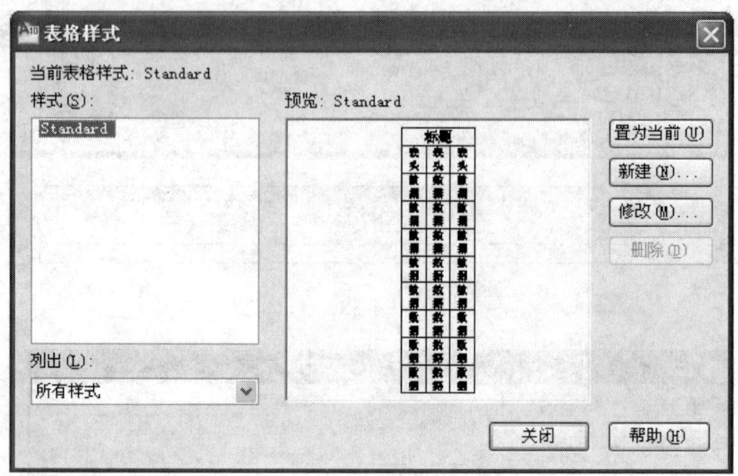

图 4-40

- 预览：显示“样式”列表格中选定样式的预览图像。
- 置为当前：将“样式”列表格中选定的表格样式设置为当前样式。所有新表格都将使用此表格样式创建。
- 新建：显示“创建新的表格样式”对话框，从中可以定义新的表格样式，如图 4-41 所示。

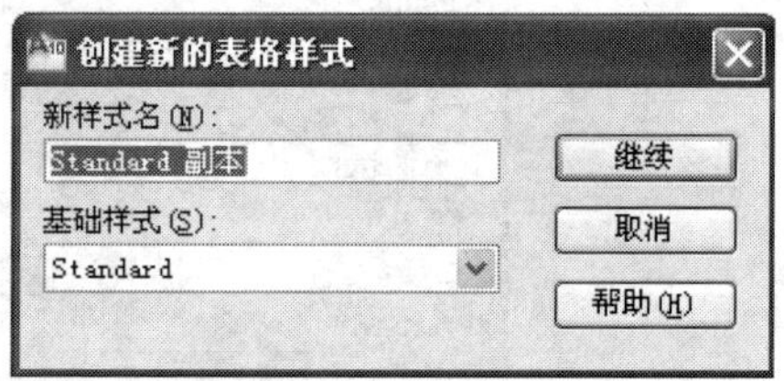

图 4-41

- 新样式名：命名新表格样式。
- 基础样式：指定新表格样式要采用其设置作为默认设置的现有表格样式。
- 继续：显示“新建表格样式”对话框，从中可以定义新的表格样式，如图 4-42 所示。
- 修改：显示“修改表格样式”对话框，从中可以修改已定义的表格样式，如图 4-43 所示。

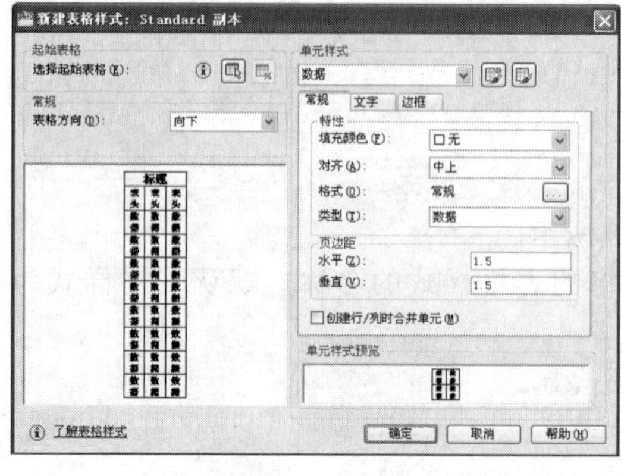

图 4-42

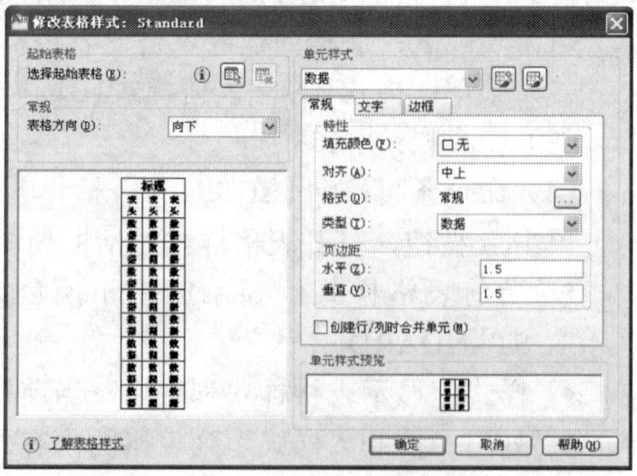

图 4-43

- 起始表格：使用户可以在图形中指定一个表格用作样例来设置此表格样式的格式。选择表格后，可以指定要从该表格复制到表格样式的结构和内容。使用“删除表格”，可以将表格从当前指定的表格样式中删除。
- 表格方向：“向下”将创建由上而下读取的表格。“向上”创建由下而上读取的表格。
- 单元样式：设置数据单元、单元文字和单元边界的外观，取决于处于活动状态的选项卡：“基本”选项卡，如图 4-44 所示；“文字”选项卡，如图 4-45 所示；“边界”选项卡，如图 4-46 所示。
- 单元样式预览：显示当前表格样式设置效果的样例。

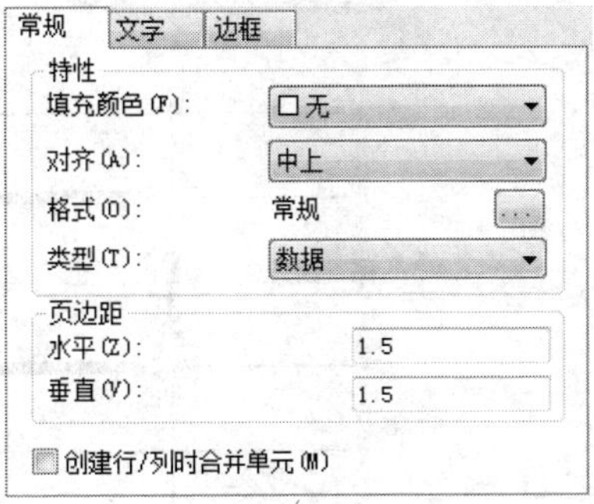

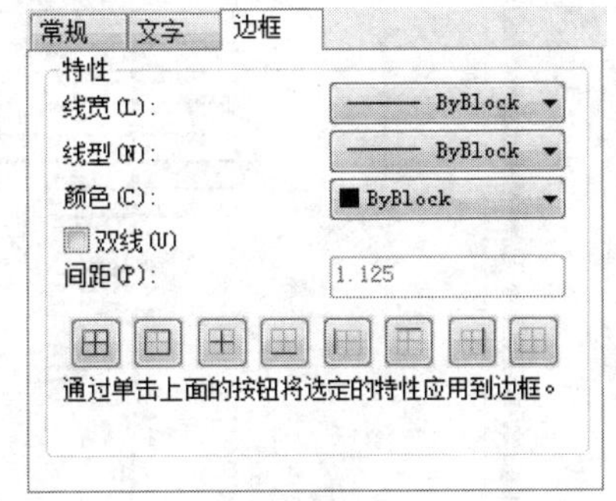

图 4-44

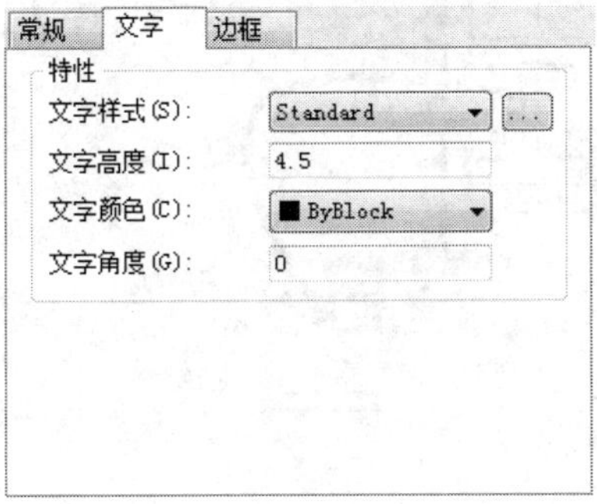

图 4-45

图 4-46

4.3.4 将表格链接至外部数据

可以将表格链接至 Microsoft Excel（XLS、XLSX 或 CSV）文件中的数据。用户可以将其链接至Excel中的整个电子表格、各行、列、单元或单元范围。但必须安装Microsoft Excel才能使用 Microsoft Excel 数据链接。可以通过以下三种方式将数据从 Microsoft Excel 引入表格：

（1）通过附着了支持的数据格式的公式。

（2）通过在 Excel 中计算公式得出的数据（未附着支持的数据格式）。

（3）通过在 Excel（附着了数据格式）中计算公式得出的数据，如图 4-47 所示。

包含数据链接的表格将在链接的单元周围显示标识符。如果将鼠标光标悬停在数据链接上，将显示有关数据链接的信息。如果链接的电子表格已更改（例如，添加了行或列），则可以使用 datalinkupdate 命令相应地更新图形中的表格。同样，如果对图形中的表格进行了更改，则也可使用此命令更新链接的电子表格，如图 4-48 所示。

默认情况下，数据链接将会锁定而无法编辑，从而防止对链接的电子表格进行不必要的更改。可以锁定单元从而防止更改数据、更改格式，或两者都更改。要解锁数据链接，请在“表格”功能区上下文选项卡或“表格”工具栏中选择“锁定”。

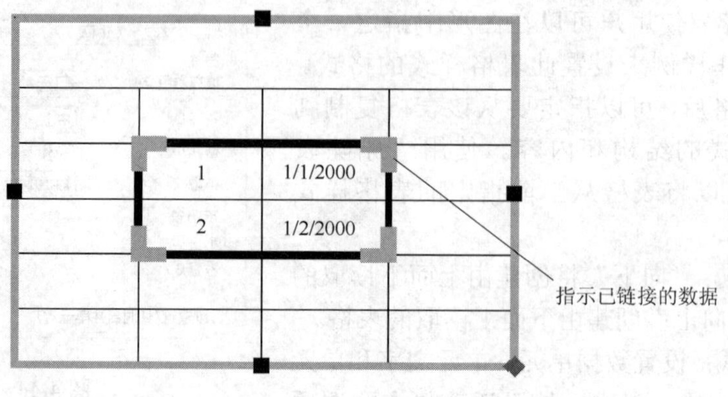

图 4-47

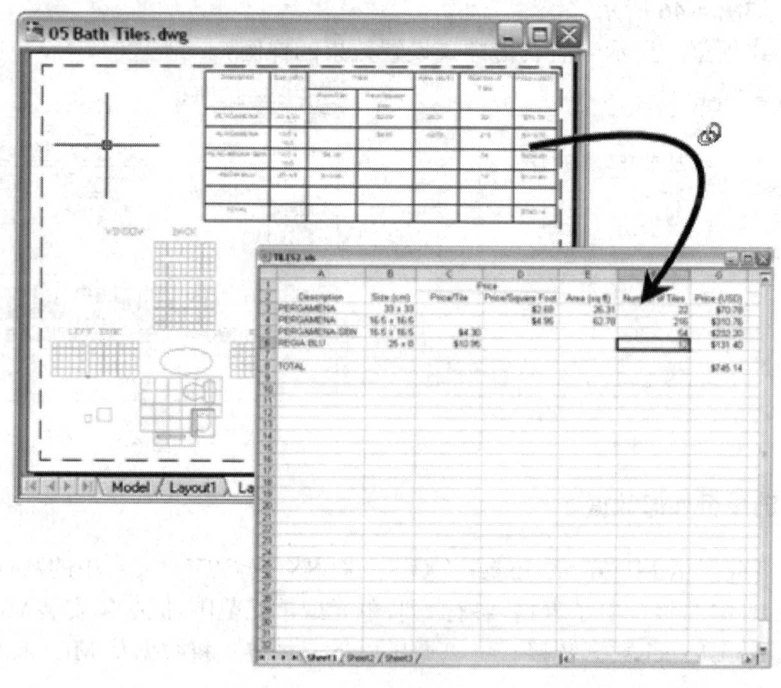

图 4-48

4.3.5　向表格中添加文字和块

表格单元数据可以包括文字和多个块。创建表格后，会亮显第一个单元，显示“文字格式”工具栏时可以开始输入文字。单元的行高会加大以适应输入文字的行数。要移动到下一个单元，可按 Tab 键，或使用箭头键向左、向右、向上和向下移动。通过在选定的单元中按 F2 键，可以快速编辑单元文字。

在表格单元中插入块时，块可以自动适应单元的大小，也可以调整单元以适应块的大小。可以通过表格工具栏或快捷菜单插入块。可以将多个块插入到表格单元中。如果在表格单元中有多个块，需使用“管理单元内容”对话框自定义单元内容的显示方式，

如图 4-49 所示。

- 上移：将选定列表框内容在显示次序的位置上移。
- 下移：将选定列表框内容在显示次序的位置下移。
- 删除：将选定列表框内容从表格单元中删除。
- 流动：根据单元宽度放置单元内容。
- 水平堆叠：水平放置单元内容，不考虑单元宽度。
- 垂直堆叠：垂直放置单元内容，不考虑单元高度。
- 内容间距：确定单元内文字和/或块之间的间距。

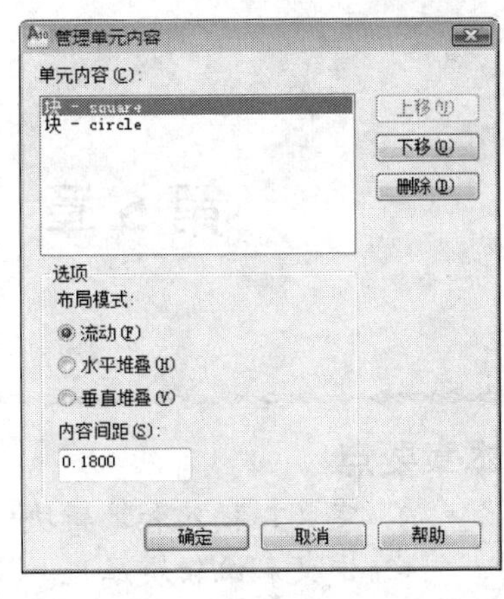

图 4-49

4.3.6 在表格单元中使用公式

表格单元可以包含使用其他表格单元中的值进行计算的公式。选定表格单元后，可以从表格工具栏及快捷菜单中插入公式。也可以打开在位文字编辑器，然后在表格单元中手动输入公式。

1. 插入公式

在公式中，可以通过单元的列字母和行号引用单元。例如，表格中左上角的单元为 A1。合并的单元使用左上角单元的编号。单元的范围由第一个单元和最后一个单元定义，并在它们之间加一个冒号。例如，范围 A5：C10 包括第 5～10 行 A、B、C 列中的单元。公式必须以等号(=)开始。用于求和、求平均值和计数的公式将忽略空单元以及未解析为数值的单元。如果在算术表达式中的任何单元为空，或者包含非数字数据，则其他公式将显示错误(#)。使用快捷菜单上的“单元”选项可选择同一图形中其他表格中的单元。选择单元后，将打开在位文字编辑器，以便输入公式的其余部分。还可以使用表格工具栏插入公式。

2. 复制公式

在表格中将一个公式复制到其他单元时，范围会随之更改，以反映新的位置。例如，如果 A10 中的公式对 A1 到 A9 求和，则将其复制到 B10 时，单元的范围将发生更改，从而该公式将对 B1 到 B9 求和。如果在复制和粘贴公式时不希望更改单元地址，请在地址的列或行处添加一个美元符号($)。例如，如果输入$A10，则列会保持不变，但行会更改。如果输入A10，则列和行都保持不变。

3. 自动插入数据

可以使用“自动填充”夹点，在表格内的相邻单元中自动增加数据。例如，通过输入第一个必要日期并拖动“自动填充”夹点，包含日期列的表格将自动输入日期。如果选定并拖动一个单元，则将以 1 为增量自动填充数字。同样，如果仅选择一个单元，则日期将以一天为增量进行解析。如果用以一周为增量的日期手动填充两个单元，则剩余的单元也会以一周为增量增加。

第5章 图块与辅助工具

本章要点

- 定义、插入和编辑块
- 定义和编辑块属性
- 设计中心的使用
- 查询距离、面积以及点坐标
- 模型空间和图纸空间的使用
- 打印及打印输出的设置

5.1 图块的使用

图块是一个或多个连接的对象，用于创建单个的对象，图块也是 AutoCAD 2010 的图形对象，因此一样可以进行复制、移动和镜像等编辑操作。

5.1.1 图块的创建

通过选择对象、指定插入点然后为其命名，可创建块定义。用户可以创建自己的块，也可以使用设计中心或工具选项板中提供的块。调用该命令有以下 4 种方式：

（1）功能区：常用标签→块面板→创建。

（2）菜单：块(K)→创建(M)。

（3）工具栏：。

（4）命令条目：block。

打开“块定义”对话框，如图 5-1 所示。

- 名称：指定块的名称。名称最多可以包含 255 个字符，包括字母、数字、空格，以及操作系统或程序未作他用的任何特殊字符。块名称及块定义保存在当前图形中。如果在“名称”下选择现有的块，将显示块的预览。
- 基点：指定块的插入基点。默认值是(0,0,0)。
- 在屏幕上指定：关闭对话框时，将提示用户指定基点。
- “拾取插入基点”按钮：暂时关闭对话框可以使用户能在当前图形中拾取插入基点。
- X：指定 X 坐标值；Y：指定 Y 坐标值；Z：指定 Z 坐标值。
- 对象：指定新块中要包含的对象，以及创建块之后如何处理这些对象，是保留还是删除选定的对象或者是将它们转换成块实例。
- 在屏幕上指定：关闭对话框时，将提示用户指定对象。

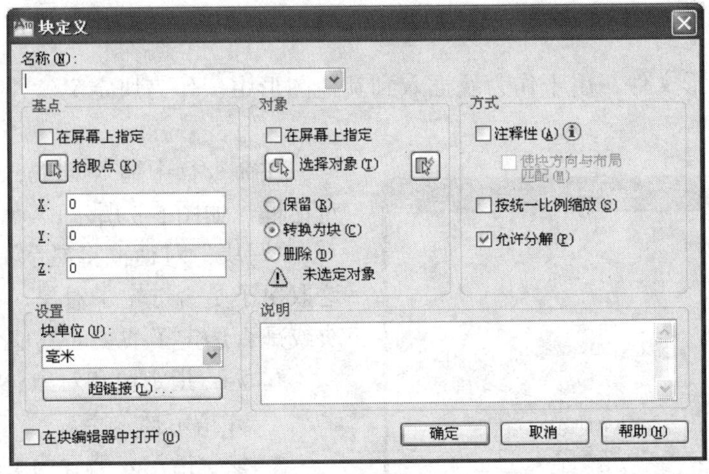

图 5-1

- 选择对象：暂时关闭“块定义”对话框，允许用户选择块对象。完成对象选择后，按 Enter 键重新显示“块定义”对话框。
- 快速选择：显示“快速选择”对话框，该对话框定义选择集。
- 保留：创建块以后，将选定对象保留在图形中作为区别对象。
- 转换为块：创建块以后，将选定对象转换成图形中的块实例。
- 删除：创建块以后，从图形中删除选定的对象。
- 选定的对象：显示选定对象的数目。
- 方式：指定块的行为。
- 注释性：指定块为注释性。单击信息图标以了解有关注释性对象的更多信息。
- 使块方向与布局匹配：指定在图纸空间视口中的块参照的方向与布局的方向匹配。如果未选择“注释性”选项，则该选项不可用。
- 按统一比例缩放：指定是否阻止块参照不按统一比例缩放。
- 允许分解：指定块参照是否可以被分解。
- 设置：用来指定块的设置。
- 块单位：指定块参照的插入单位。
- 超链接：打开“插入超链接”对话框，如图 5-2 所示。
- 说明：指定块的文字说明。
- 在块编辑器中打开：如果勾选此复选框，在单击确定按钮后，将在块编辑器中打开当前的块定义。

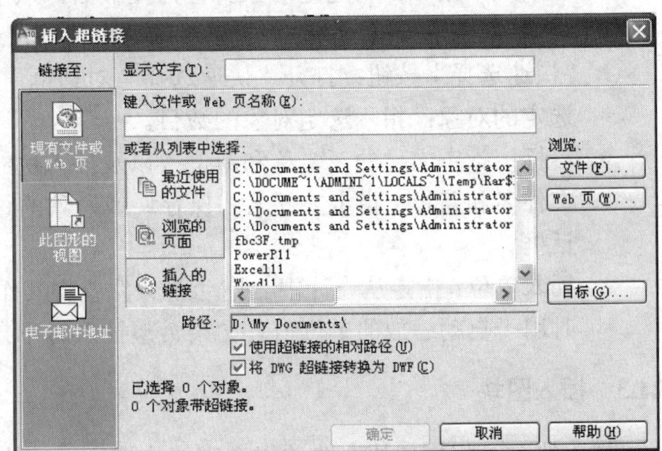

图 5-2

5.1.2　图块的写入

可以创建图形文件，用于作为块插入到其他图形中。作为块定义源，单个图形文件容易创建和管理。

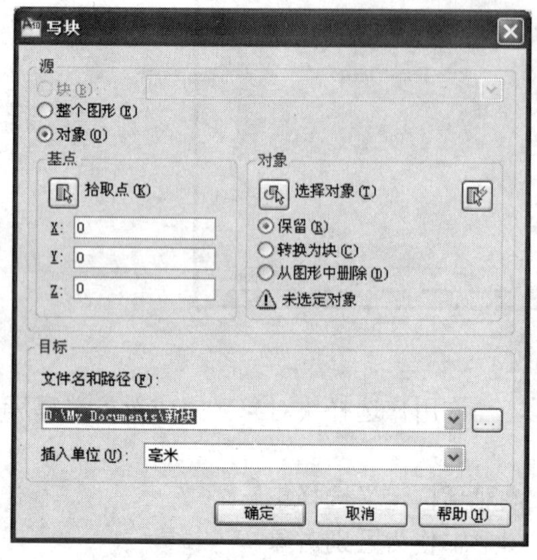

图 5-3

在命令行中输入 wblock 后，打开“写块”对话框，如图 5-3 所示。

“写块”对话框将显示不同的默认设置，这取决于是否选定了对象、是否选定了单个块或是否选定了非块的其他对象。

- 源：指定块和对象，将其另存为文件并指定插入点。
- 块：指定要另存为文件的现有块。从列表中选择名称。
- 整个图形：选择要另存为其他文件的当前图形。
- 对象：选择要另存为文件的对象。指定基点并选择下面的对象。
- 基点：指定块的基点。默认值是(0，0，0)。
- 拾取点：暂时关闭对话框以使用户能在当前图形中拾取插入基点。
- X：指定基点的 X 坐标值；Y：指定基点的 Y 坐标值；Z：指定基点的 Z 坐标值。
- 对象：设置用于创建块的对象上的块创建的效果。
- 保留：将选定对象另存为文件后，在当前图形中仍保留它们。
- 转换为块：将选定对象另存为文件后，在当前图形中将它们转换为块。块指定为“文件名”中的名称。
- 从图形中删除：将选定对象另存为文件后，从当前图形中删除它们。
- “选择对象”按钮：临时关闭该对话框以便可以选择一个或多个对象以保存至文件。
- “快速选择”按钮：打开“快速选择”对话框，从中可以过滤选择集。
- 选定的对象：指示选定对象的数目。
- 目标：指定文件的新名称和新位置以及插入块时所用的测量单位。
- 文件名和路径：指定文件名和保存块或对象的路径。“...”：显示标准的文件选择对话框。
- 插入单位：指定从设计中心拖动新文件或将其作为块插入到使用不同单位的图形中时用于自动缩放的单位值。如果希望插入时不自动缩放图形，选择“无单位”。

5.1.3　插入图块

插入块时，将创建块参照并指定它的位置、缩放比例和旋转度。如果插入的块所使用的图形单位与为图形指定的单位不同，则块将自动按照两种单位相比的等价比例因子进行

缩放。调用该命令有以下 4 种方式：

（1）功能区：插入标签→块面板→插入。

（2）菜单：插入(I)→块(B)。

（3）工具栏：。

（4）命令条目：insert。

打开“插入”对话框，如图 5-4 所示。

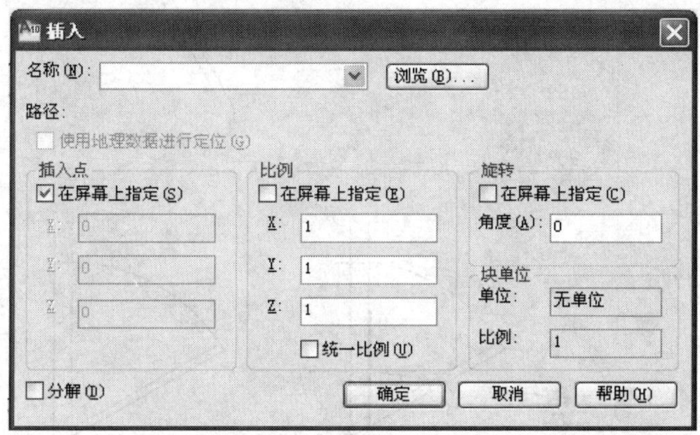

图 5-4

指定要插入的块或图形的名称与位置。在当前编辑任务中最后插入的块将成为 INSERT 命令随后使用的默认块。插入块的位置取决于 UCS 的方向。

- 名称：指定要插入块的名称，或指定要作为块插入的文件的名称。
- 插入点：指定块的插入点。
- 比例：指定插入块的缩放比例。如果指定负的 X、Y 和 Z 缩放比例因子，则插入块的镜像图像。
- 旋转：在当前 UCS 中指定插入块的旋转角度。
- 分解：分解块并插入该块的各个部分。选定“分解”时，只可以指定统一比例因子。

5.1.4 动态块

动态块具有灵活性和智能性。用户在操作时可以轻松地更改图形中的动态块参照。可以通过自定义夹点或自定义特性来操作几何图形。这使得用户可以根据需要在位调整块参照，而不用搜索另一个块以插入或重定义现有的块。例如，如果在图形中插入一个门块参照，则在编辑图形时可能需要更改门的大小。如果该块是动态的，并且定义为可调整大小，那么只需拖动自定义夹点或在“特性”选项板中指定不同的尺寸就可以修改门的大小。用户可能还需要修改门的开角。该门块还可能会包含对齐夹点，使用对齐夹点可以轻松地将门块参照与图形中的其他几何图形对齐，如图 5-5 所示。

动态块可以具有自定义夹点和自定义特性。可以通过这些自定义夹点和自定义特性来操作块，这取决于块的定义方式。默认情况下，动态块的自定义夹点的颜色与标准夹点的颜色不同。可以使用 GRIPDYNCOLOR 系统变量更改自定义夹点的显示颜色。表 5-1 显示了可以包含在动态块中的不同类型的自定义夹点。

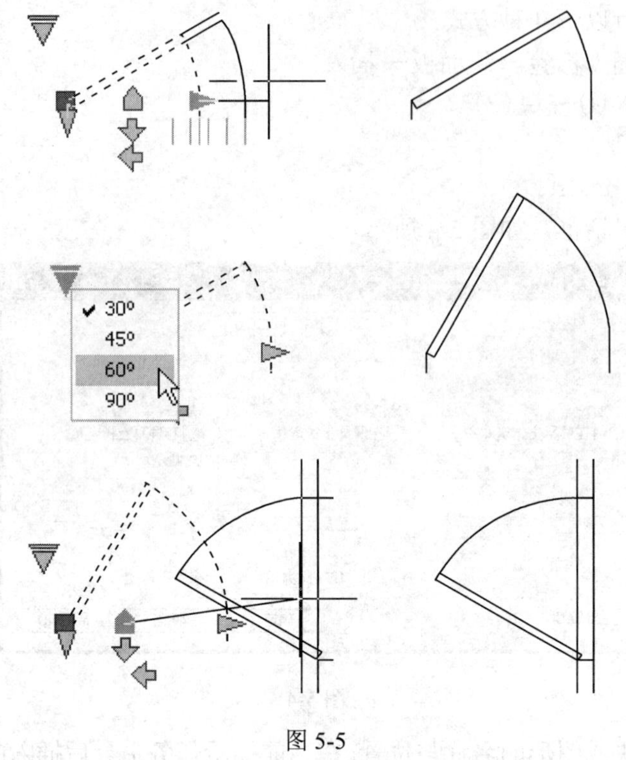

图 5-5

表 5-1　　　　自 定 义 夹 点

夹 点 类 型	样 式	夹点在图形中的操作方式
标准	■	平面内的任意方向
线性	▶	按规定方向或沿某一条轴往返移动
旋转	●	围绕某一条轴
翻转	⇨	单击以翻转动态块参照
对齐	▷	平面内的任意方向；如果在某个对象上移动，则使块参照与该对象对齐
查寻	▽	单击以显示项目列表

在图形中操作某个动态块后，可以重置该块。如果重置了某个块参照，该块将改回到在块定义中指定的默认值。如果分解或按非统一缩放某个动态块参照，它就会丢失其动态特性。可以将该块重置为默认值，从而使其重新成为动态的。

某些动态块被定义为只能将块中的几何图形编辑为在块定义中指定的特定大小。使用夹点编辑块参照时，标记将显示在该块参照的有效值位置。如果将块特性值改为不同于块定义中的值，那么参数将会调整为最接近的有效值。例如，块的长度被定义为 2、4、6。如果试图将距离值改为 10，将会导致其值变为 6，因为这是最接近的有效值。

5.1.5　创建块属性

创建用于在块中存储数据的属性定义。属性是所创建的包含在块定义中的对象。调用该命令有以下 4 种方式：

（1）功能区：常用标签→块面板→定义属性。

（2）菜单：绘图(D)→块(K)→定义属性(D)。

（3）工具栏：。

（4）命令条目：attdef。

打开“属性定义”对话框，定义属性模式、属性标记、属性提示、属性值、插入点和属性的文字设置，如图 5-6 所示。

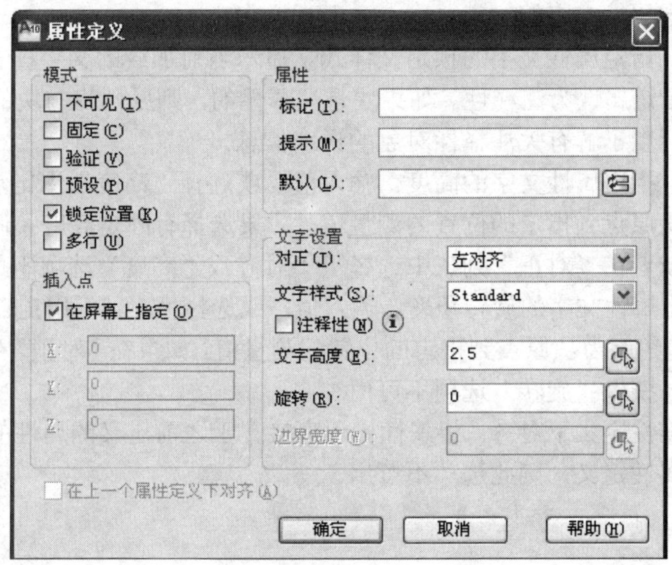

图 5-6

- 模式：在图形中插入块时，设置与块关联的属性值选项。默认值存储在 AFLAGS 系统变量中。更改 AFLAGS 设置将影响新属性定义的默认模式，但不会影响现有属性定义。
- 不可见：指定插入块时不显示或打印属性值。ATTDISP 替代不可见模式。
- 固定：在插入块时赋予属性固定值。
- 验证：插入块时提示验证属性值是否正确。
- 预设：插入包含预设属性值的块时，将属性设置为默认值。
- 锁定位置：锁定块参照中属性的位置。解锁后，属性可以相对于使用夹点编辑的块的其他部分移动，并且可以调整多行文字属性的大小。
- 多行：指定属性值可以包含多行文字。选定此选项后，可以指定属性的边界宽度。
- 属性：设置属性数据。
- 标记：标识图形中每次出现的属性。使用任何字符组合（空格除外）输入属性标记。小写字母会自动转换为大写字母。
- 提示：指定在插入包含该属性定义的块时显示的提示。如果不输入提示，属性标记将用作提示。如果在“模式”区域选择“常数”模式，“属性提示”选项将不可用。
- 默认：指定默认属性值。

- 插入点：指定属性位置。输入坐标值或者选择“在屏幕上指定”，并使用定点设备根据与属性关联的对象指定属性的位置。
- 在屏幕上指定：关闭对话框后将显示“起点”提示。使用定点设备相对于要与属性关联的对象指定属性的位置。X：指定属性插入点的 X 坐标；Y：指定属性插入点的 Y 坐标；Z：指定属性插入点的 Z 坐标。
- 文字设置：设置属性文字的对正、样式、高度和旋转。
- 对正：指定属性文字的对正。
- 文字样式：指定属性文字的预定义样式。显示当前加载的文字样式。
- 注释性：指定属性为注释性。如果块是注释性的，则属性将与块的方向相匹配。单击信息图标以了解有关注释性对象的详细信息。
- 文字高度：指定属性文字的高度。输入值，或选择“高度”用定点设备指定高度。此高度为从原点到指定的位置的测量值。如果选择有固定高度（任何非 0 值）的文字样式，或者在“对正”列表中选择了“对齐”，“高度”选项不可用。
- 旋转：指定属性文字的旋转角度。输入值，或选择“旋转”用定点设备指定旋转角度。此旋转角度为从原点到指定的位置的测量值。如果在“对正”列表中选择了“对齐”或“调整”，“旋转”选项不可用。
- 在上一个属性定义下对齐：将属性标记直接置于之前定义的属性的下面。如果之前没有创建属性定义，则此选项不可用。

5.1.6 附着属性

附着属性是指属性与某个特定的块联系起来，使之成为特定块的属性。在绘图区画一个 100×100 的正方形，执行“插入”→“属性”→“定义属性”命令，打开“属性定义”对话框，设置参数如图 5-7 所示。

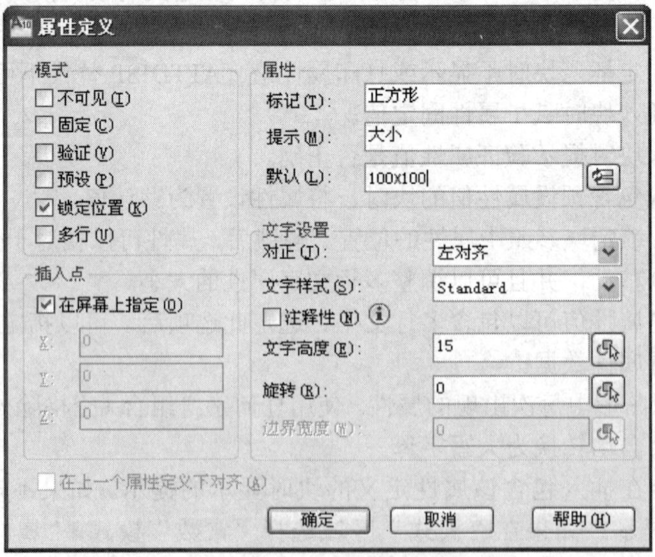

图 5-7

单击“确定”按钮，在图中插入文字，如图 5-8 所示。

单击“插入”→“属性”工具栏中的按钮，打开“块定义”对话框，选择对象为正方形和属性值，拾取正方形左下角作为插入基点，输入说明文字，如图 5-9 所示。

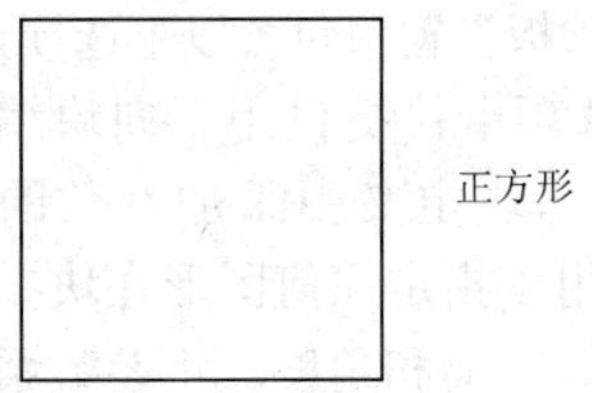

图 5-8

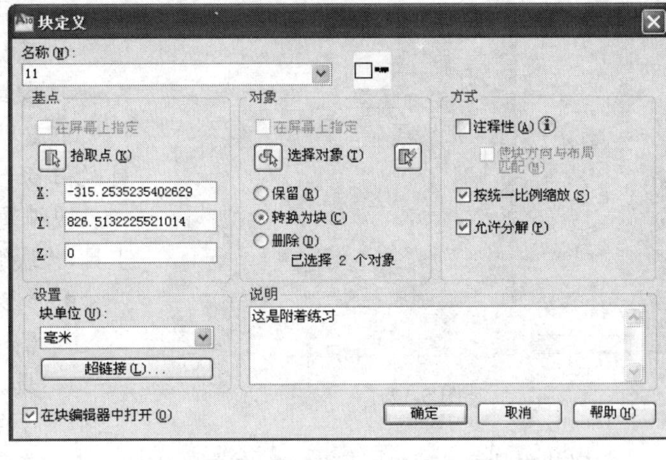

图 5-9

这样就完成了创建带有属性的块的工作，如图 5-10 所示。

5.1.7　块编辑

块编辑器是专门用于编辑块定义并添加动态块的编写区域。块编辑器包含一个绘图区域，在该区域中，可以像在程序的主绘图区域中一样绘制和编辑几何图形。调用该命令有以下 4 种方式：

（1）功能区：常用标签→块面板→单个。

（2）菜单：工具(T)→块编辑器(B)。

（3）工具栏：。

（4）命令条目：bedit。

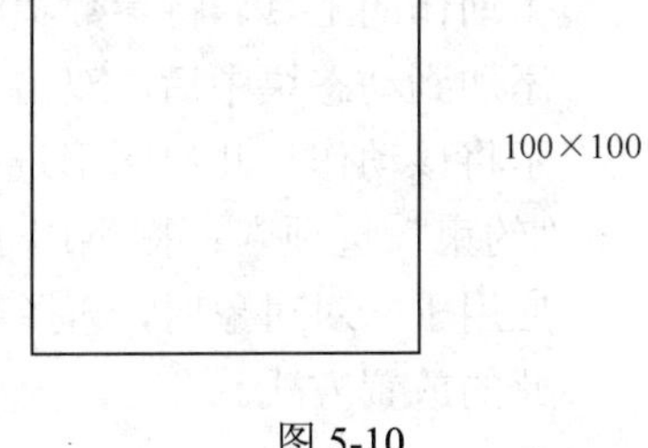

图 5-10

打开“编辑块定义”对话框，如图 5-11 所示。

如果选择图形中的块并在命令提示下输入 bedit，将会在块编辑器中打开选定的块。如果没有选择任何内容，将显示以下提示：输入块名或[?]：

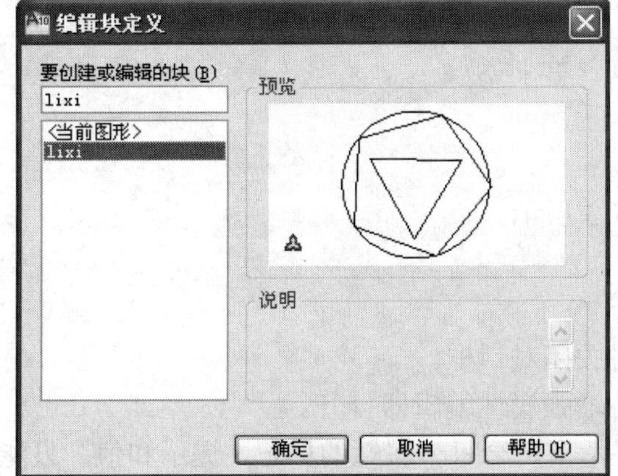

图 5-11

- 要创建或编辑的块：指定要在块编辑器中编辑或创建的块的名称。如果选择<当前图形>，当前图形将在块编辑器中打开。在图形中添加动态元素后，可以保存图形并将其作为动态块参照插入到另一个图形中。
- 预览：显示选定块定义的预览。如果显示闪电图标，则表示该块是动态块。
- 说明：显示块编辑器中的“特性”选

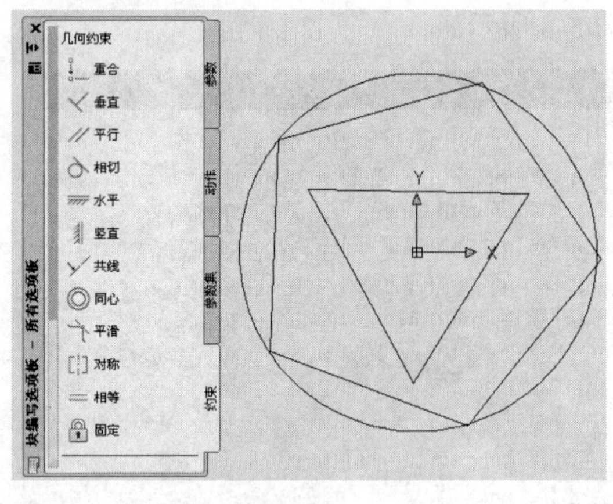

图 5-12

项板的“块”区域中所指定的块定义说明。

- 确定：在块编辑器中打开选定的块定义或新的块定义。

单击“确定”按钮，打开“块编辑器”工具栏和多个块编写选项板，如图 5-12 所示。

块编写选项板中包含用于创建动态块的工具。“块编写选项板”窗口包含以下选项卡：

- “参数”选项卡：提供用于向块编辑器中的动态块定义中添加参数的工具。参数用于指定几何图形在块参照中的位置、距离和角度。将参数添加到动态块定义中时，该参数将定义块的一个或多个自定义特性。
- “动作”选项卡：提供用于向块编辑器中的动态块定义中添加动作的工具。动作定义了在图形中操作块参照的自定义特性时，动态块参照的几何图形如何移动或变化。应将动作与参数相关联。
- “参数集”选项卡：提供用于在块编辑器中向动态块定义中添加一个参数和至少一个动作的工具。将参数集添加到动态块中时，动作将自动与参数相关联。将参数集添加到动态块中后，双击黄色警告图标（或使用 bactionset 命令），然后按照命令提示将该动作与几何图形选择集相关联。
- “约束”选项卡：提供用于将几何约束和约束参数应用于对象的工具。将几何约束应用于一对对象时，选择对象的顺序以及选择每个对象的点可能影响对象相对于彼此的放置方式。

5.1.8　增强属性编辑器

列出选定的块实例中的属性并显示每个属性的特性。可以更改属性特性和属性值。调用该命令有以下 4 种方式：

（1）功能区：常用标签→块面板→编辑。

（2）菜单：修改(M)→对象(O)→属性(A)→单个(S)。

（3）工具栏：。

（4）命令条目：eattedit。

打开“增强属性编辑器”对话框，如图 5-13 所示。

- 块：编辑其属性的块的名称。
- 标记：标识属性的标记。
- 选择块：在使用定点设备选择块时临时关闭对话框。
- 应用：更新已更改属性的图形，并保持增强属性编辑器打开。
- “属性”选项卡（增强属性编辑器）：显示指定给每个属性的标记、提示和值。只能更改属性值。

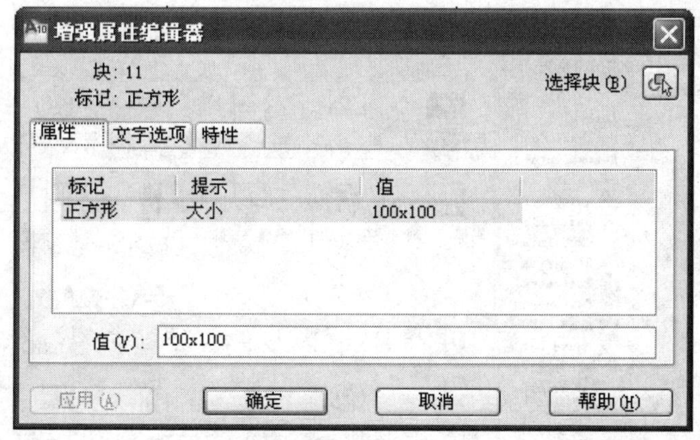

图 5-13

- “文字选项”选项卡（增强属性编辑器）：设置用于定义属性文字在图形中的显示方式的特性。在“特性”选项卡上修改属性文字的颜色。
- “特性”选项卡（增强属性编辑器）：定义属性所在的图层以及属性文字的线宽、线型和颜色。如果图形使用打印样式，可以使用“特性”选项卡为属性指定打印样式。

5.2 设计中心

1. 设计中心的主要功能

AutoCAD 2010 提供的设计中心是一个设计资源的集成管理工具。熟练使用这些工具可以大大提高图形设计的效率。设计中心提供的主要功能如下：

（1）浏览用户计算机、网络驱动器和 Web 页上的图形内容（如图形或符号库）。

（2）在定义表中查看图形文件中命令对象（如块和图层）的定义，然后将定义插入、附着、复制、粘贴到当前图形中。

（3）更新（重定义）块定义。

（4）创建指向常用图形、文件夹 Internet 网址的快捷方式。

（5）向图形中添加内容（如外部参照、块和填充）。

（6）在新窗口中打开图形文件。

（7）将图形、块和填充拖动到工具选项板上已便于访问。

2. 设计中心的使用

调用该命令有以下 4 种方式：

（1）功能区：插入标签→内容面板→设计中心。

（2）菜单：工具(T)→设计中心(D)。

（3）工具栏：。

（4）命令条目：adcenter。

打开“设计中心”对话框，如图 5-14 所示。“设计中心”对话框由标题栏、工具栏、选项卡、状态栏、树状图和内容显示区域组成，其中设计中心窗口的左边为树状图，而内容显示区域则用来显示树状图中当前选定资源的内容。

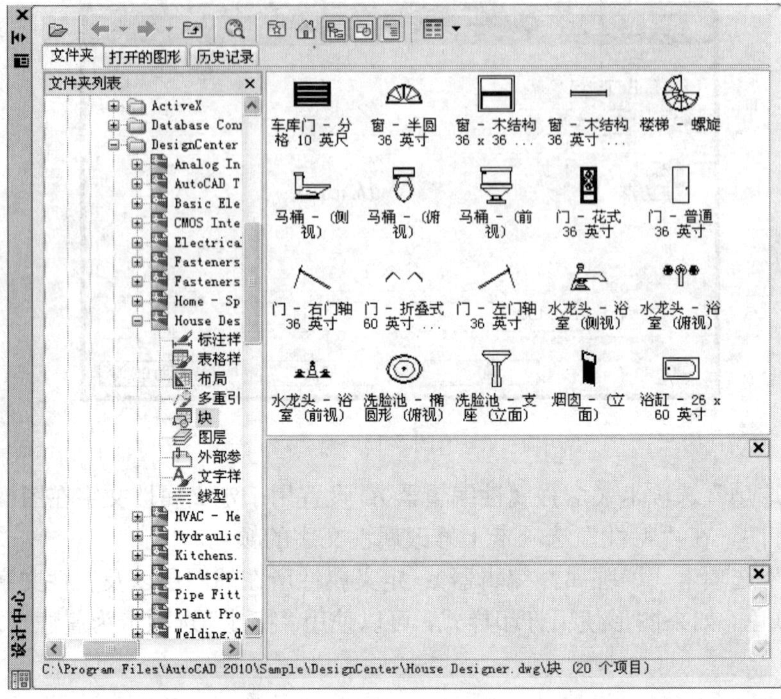

图 5-14

在“设计中心”对话框标题栏中单击（自动隐藏）按钮，可以自动隐藏设计中心的主窗口，只保留设计中心的标题栏。若将光标放置在设计中心标题栏中出现的（自动显示）按钮处，则可临时显示设计中心的主窗口。若单击（自动显示）按钮，则再次打开设计中心的主窗口。

- “文件夹”选项卡：单击“文件夹”选项卡，在选项卡上显示了计算机或网络驱动器（包括我的电脑和网络邻居）中的文件夹和文件夹的层次结构，如图 5-15 所示。

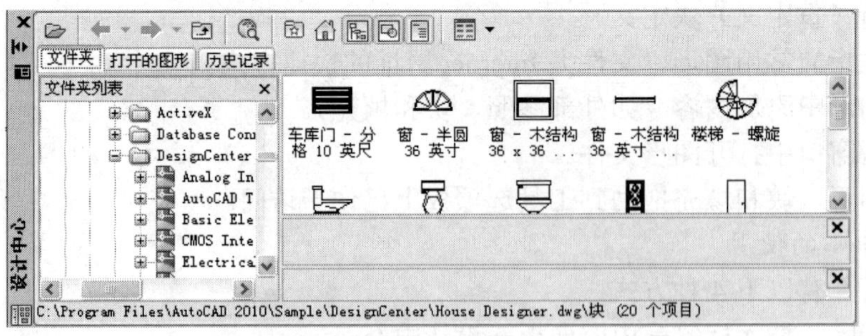

图 5-15

- “打开的图形”选项卡：单击“打开的图形”选项卡，该选项卡中显示在当前环境中打开得所有图形、包括最小化的图形。当选择某个图形时，则显示出该图形的有关位置，如标注样式、表格样式、布局、图层、块、外部参照、文件样式等，如选择其中某个设置时，可在右边的内容显示驱动区域中显示出该设置样式的具体内容。图 5-16 显示的是选择了“块”设置后的窗口。

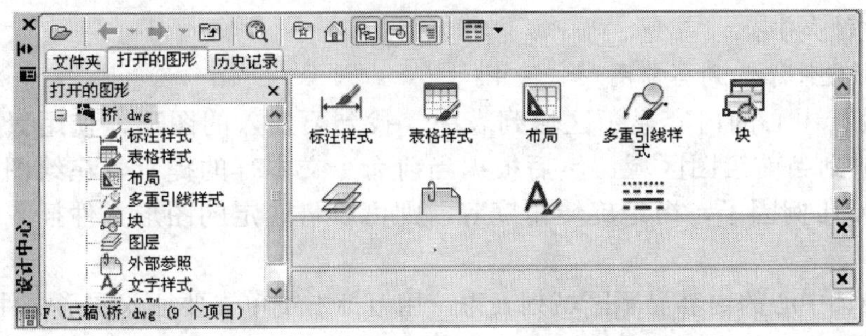

图 5-16

- “历史记录”选项卡：该选项卡显示最近在设计中心打开的文件的列表。显示历史记录后，在一个文件夹上单击鼠标右键，显示此文件信息或从“历史记录”列表中删除此文件。

另外，还有一个“联机设计中心”选项卡。注意在默认情况下，联机设计中心（“联机设计中心”选项卡）处于禁用状态，可以从 CAD 管理员控制实用程序启用联机设计中心。

“联机设计中心”窗口中会显示左右两个窗格。右窗格称为内容区，显示在左窗格中选中的选项卡或文件夹。左窗格可以显示有多种试图样式。如果用户的计算机建立了网络连接，则可以利用该选项卡访问联机设计中心网页。通过联机设计中心可以访问数以千计的符号、制造商的产品信息以及内容收集者的网站。

5.2.1 利用设计中心打开图形文件

利用设计中心，可以很方便地打开所选图形文件。操作步骤很简单，只要从内容显示区域的列表中找到欲打开的图形文件夹的图形，然后使用左键拖动图标到 AutoCAD 的主窗口中除绘图区域以外的任何地方，即可打开该文件。或者在内容显示区域的列表中右键单击欲打开的图形文件，然后从选择快捷菜单中选择“在应用程序窗口中打开”选项，如图 5-17 所示。

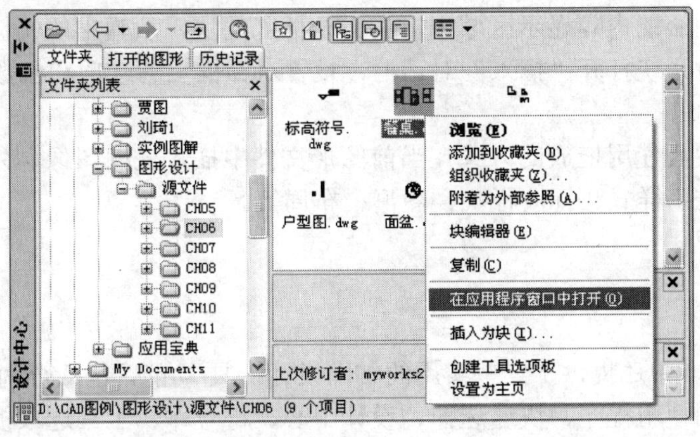

图 5-17

5.2.2 利用设计中心添加对象

利用设计中心可以将需要的对象（如图形、图层、标注样式、块、文字样式等）添加

到当前图形文件夹中。

1. 将图形文件添加到当前图形文件中

（1）在设计中心的内容显示区域列表中，找到要插入的图形，使用鼠标左键将该图形文件拖放到当前绘图区域，然后根据当前命令文本行的提示，在绘图区域选择插入点，输入 X 比例因子、指定旋转角度等，则可以将选定的图形文件插入到当前图形文件中。

（2）在设计中心的内容显示区域列表中，用鼠标右键单击要插入图形文件，在弹出的快捷菜单中选择“插入为块”系统打开如图 5-18 所示“插入”对话框。利用该对话框可以在屏幕上指定插入点的位置，设定缩放比例，定义旋转角度等，确定后即可将图形文件夹作为块插入到当前图形文件中。

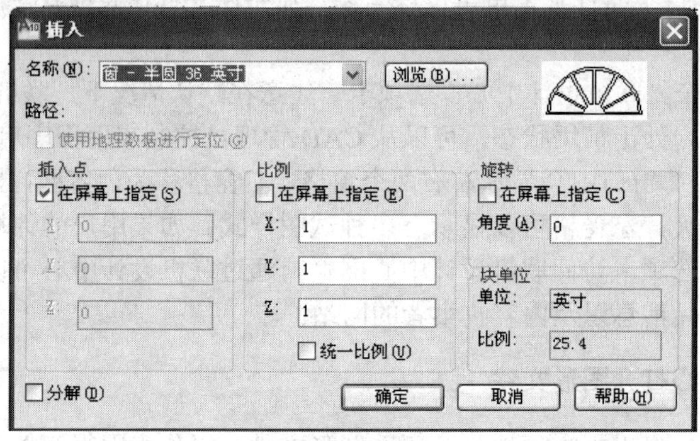

图 5-18

2. 插入块

（1）在设计中心的内容显示区域列表中，找到要插入到图形文件中的块，用鼠标左键将其拖放到绘图区域即可。

（2）在设计中心的内容显示区域中，右击要插入的块，从弹出的快捷菜单中选择“插入块”选项，此时系统打开“插入”对话框，设置对话框上的选项和参数即可。

3. 插入其他

可以在设计中心使用拖放的方式在当前图形文件中插入光栅图像、外部参照等内容，或者复制图层、文字样式、标注样式、图形、布局等。

5.3 查询

AutoCAD 2010 中还提供了一些实用的辅助设计工具/功能，包括查询、修改图形特性、快速计算器、绘图使用程序、快速选择、设计中心、符号库、工具选项板、打印设置等。灵活地使用这些实用辅助工具/功能，可以使设计工作变得更加轻松自如，甚至达到事半功倍的效果。

使用 AutoCAD 2010 中查询工具/功能，可以查询两点之间的距离、直线度的长度、圆弧半径、区域的面积、面域/质量特性、点坐标、图形编辑的时间、编辑状态等。

5.3.1 查询距离

利用该命令可以查询屏幕上两点的距离、在 XY 平面中的倾角、与 XY 平面的夹角、X 增量、Y 增量和 Z 增量。调用该命令有以下 4 种方式。

（1）功能区：常用标签→实用工具面板→测量→距离。

（2）菜单：工具(T)→查询(Q)→距离(D)。

（3）工具栏：。

（4）命令条目：measuregeom。

输入选项[距离(D)/半径(R)/角度(A)/面积(A)/体积(V)]：d

指定第一点：

指定第二个点或[多个点(M)]：

打开菜单如图 5-19 所示。

【实例】 查询如图 5-20 所示的 1,2 两点之间的距离，其具体操作过程如下：

命令：measuregeom

输入选项[距离(D)/半径（R）/角度(A)/面积(AR)/体积(V)]<距离>：d

指定第一点：屏幕指定 1 点

指定第二个点或[多个点(M)]：屏幕指定 2 点

距离=1524.0000，XY 平面中的倾角=0，与 XY 平面的夹角=0

X 增量=1524.0000，Y 增量=0.0000，Z 增量=0.0000

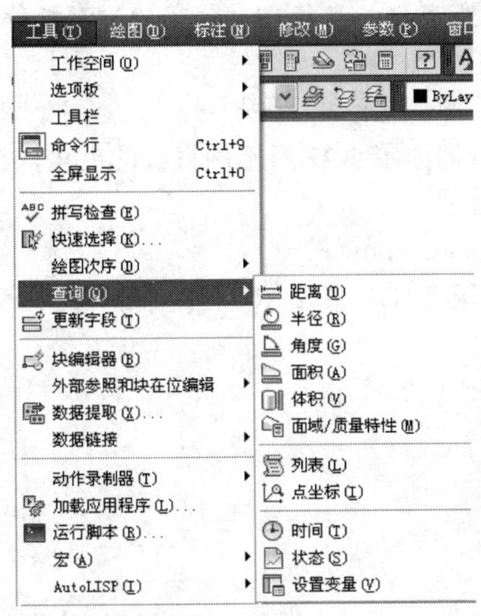

图 5-19

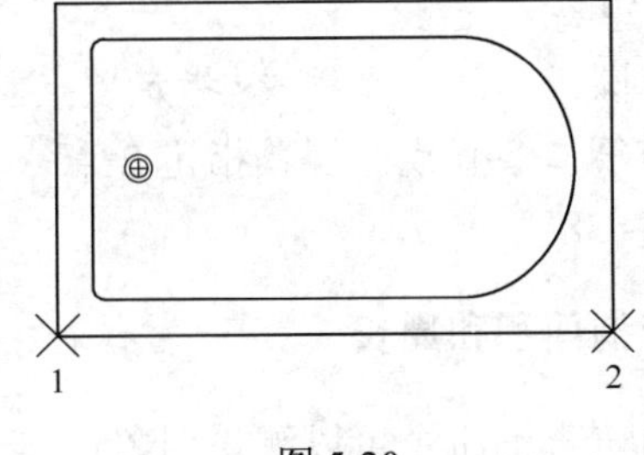

图 5-20

5.3.2 查询半径/直径

利用该命令可以查询圆和圆弧的半径/直径。调用该命令有以下 4 种方式：

（1）功能区：常用标签→实用工具面板→半径。

（2）菜单：工具(T)→查询(Q)→半径(R)。

（3）工具栏：。

（4）命令条目：measuregeom。

输入选项[距离(D)/半径(R)/角度(A)/面积(AR)/体积(V)]<距离>：r

选择圆弧或圆：

输入选项[距离(D)/半径(R)/角度(A)/面积(AR)/体积(V)/退出(X)]<半径>:

【实例】查询如图 5-21 所示的圆的半径，具体操作过程如下：

命令：measuregeom

输入选项[距离(D)/半径(R)/角度(A)/面积(AR)/体积(V)]<距离>：r

选择圆弧或圆：选择待测圆

半径=63.2544

直径=126.5089

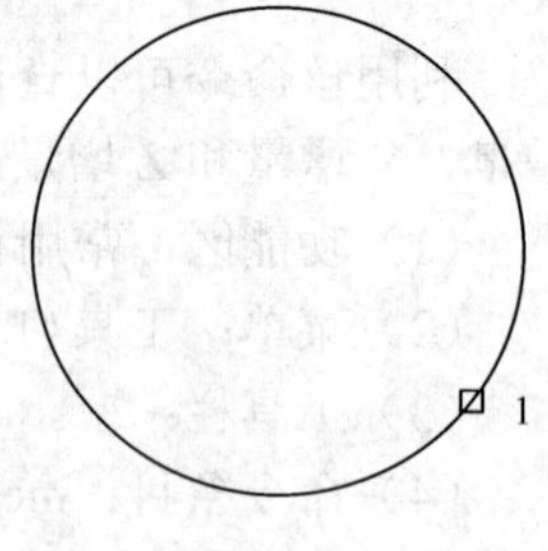

图 5-21

5.3.3　查询角度

利用该命令可以测量指定圆弧、圆、直线或顶角间的角度。调用该命令有以下 4 种方式：

（1）功能区：常用标签→实用工具面板→角度。

（2）菜单：工具(T)→查询(Q)→角度(G)。

（3）工具栏：📐。

（4）命令条目：measuregeom。

输入选项[距离(D)/半径(R)/角度(A)/面积(AR)/体积(V)]<距离>：a

指定圆弧、圆、直线或<顶点>:

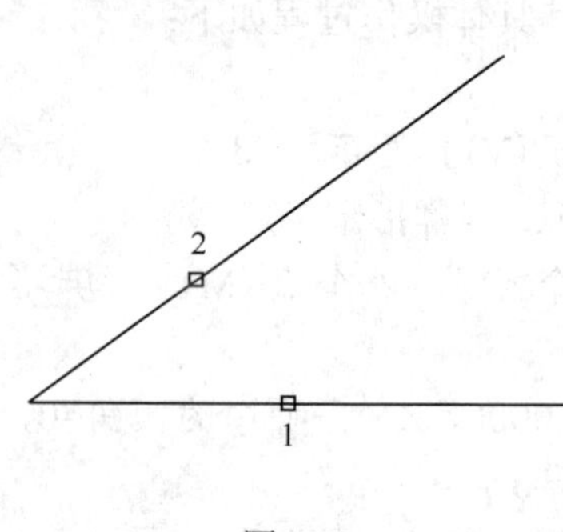

图 5-22

【实例】查询如图 5-22 所示两直线的夹角，具体操作过程如下：

命令：measuregeom

输入选项[距离(D)/半径(R)/角度(A)/面积(AR)/体积(V)]<距离>：a

选择圆弧、圆、直线或<指定顶点>：屏幕指定 1 点

选择第二条直线：屏幕指定 2 点

角度=38°

5.3.4　查询面积和周长

利用该查询命令可以测量对象或定义区域的面积和周长，而指定对象或定义区域的面积和周长显示在命令和工具提示中。调用该命令有以下 4 种方式：

（1）功能区：常用标签→实用工具面板→面积。

（2）菜单：工具(T)→查询(Q)→面积(A)。

（3）工具栏：📐。

（4）命令条目：measuregeom。

输入选项[距离(D)/半径(R)/角度(A)/面积(AR)/体积(V)]<距离>：ar

指定第一个角点或[对象(O)/增加面积(A)/减少面积(S)/退出(X)]<对象>:

- 指定第一个角点：指定需要计算面积的第一个角点，接着指定其他角点，按 Enter 键后，系统自动封闭指定的角点并且计算其封闭区域的面积和周长。

- 对象(O)：选择一个封闭对象来计算其封闭区域的面积和周长。如果封闭区域由多个图形对象组成，那么在查询面积和周长之前，可以先把这些组成封闭区域的多个图形对象生成一个面域。
- 增加面积(A)：选择两个以上的对象，查询的总面积为其相加数。选择此选项时，可以测量的内容包括各个定义区域和对象的面积、各个定义区域和对象的周长、所有定义区域和对象的总面积、所有定义区域和对象的总周长。
- 减少面积(S)：选择两个以上的对象，查询的总面积为其相减数。
- 退出(X)：退出查询命令。

【实例】 查询图 5-23 所示封闭区域的面积。

其具体操作过程如下：

命令: measuregeom

输入选项[距离(D)/半径（R）/角度(A)/面积(AR)/体积(V)]<距离>: a

指定第一个角点或[对象(O)/增加面积(A)/减少面积(S)/退出(X)]<对象(O)>: 屏幕指定 1 点

指定下一个点或[圆弧(A)/长度(L)/放弃(U)]: 屏幕指定 2 点

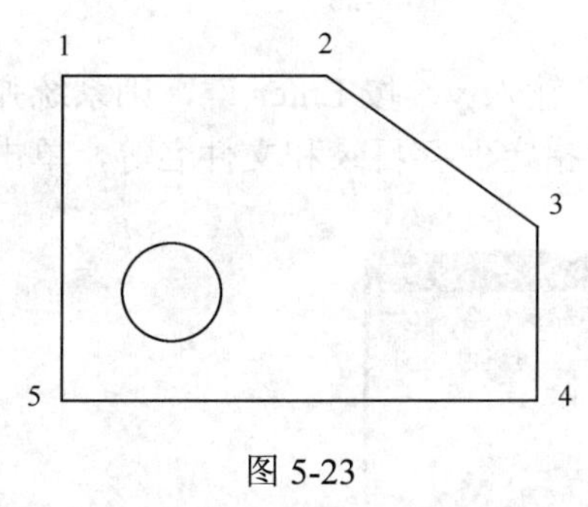

图 5-23

指定下一个点或[圆弧(A)/长度(L)/放弃(U)]: 屏幕指定 3 点

指定下一个点或[圆弧(A)/长度(L)/放弃(U)/总计(T)]<总计>: 屏幕指定 4 点

指定下一个点或[圆弧(A)/长度(L)/放弃(U)/总计(T)]<总计>: 屏幕指定 5 点

指定下一个点或[圆弧(A)/长度(L)/放弃(U)/总计(T)]<总计>:

面积=731024.4376，周长=3441.7032

5.3.5 查询面域/质量特性

利用该命令可以计算面域或三维实体的质量特性。如果选择多个面域，则只接受与第一个选定面域共面的面域。需要注意的是，查询结果所显示的特性取决于选定的对象是面域（以及选定的面域是否与当前坐标系的 X 平面共面）还是实体。调用该命令有以下 3 种方式：

（1）菜单：工具(T)→查询(Q)→面积。

（2）工具栏：。

（3）命令条目：massprop。

选择对象:

是否将分析结果写入文件？<否>:

【实例】 查询图 5-24 所示面域/质量特性。

其具体操作过程如下：

命令: massprop

选择对象: 屏幕指定面域 1

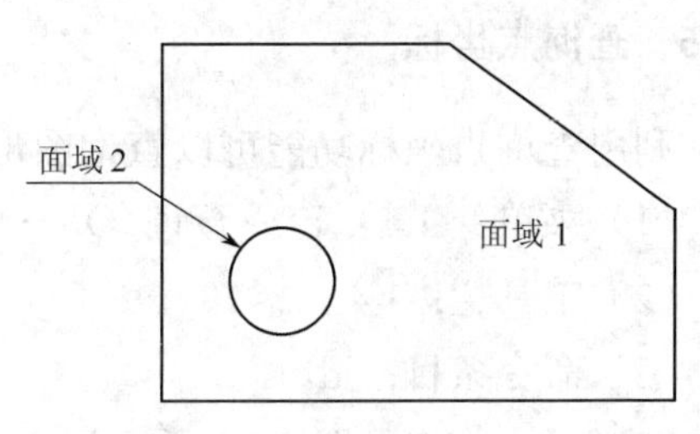

图 5-24

选择对象：屏幕指定面域 2

选择对象：

在执行查询面域/质量特性的命令过程中，系统会在文本窗口中提示特性，并询问是否将分析结果写入文本文件，若在“是否将分析记过写入文件？<否>”提示下输入 Y，则系统将提示用户输入文件名（文件的默认扩展名为.mpr，该文件是可以用任何文本编辑器打开的文本文件）。提示信息如图 5-25 和图 5-26 所示。

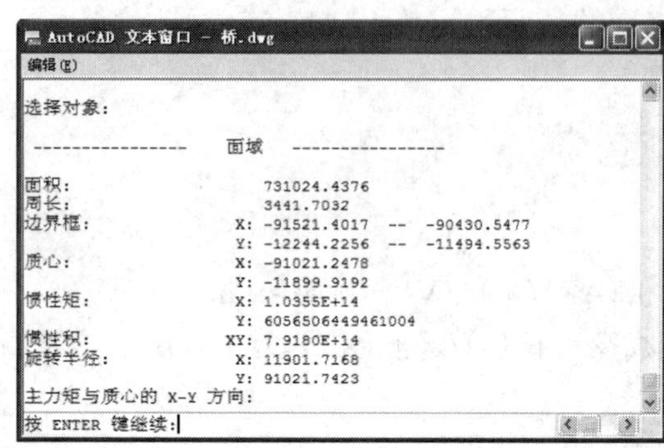

图 5-25

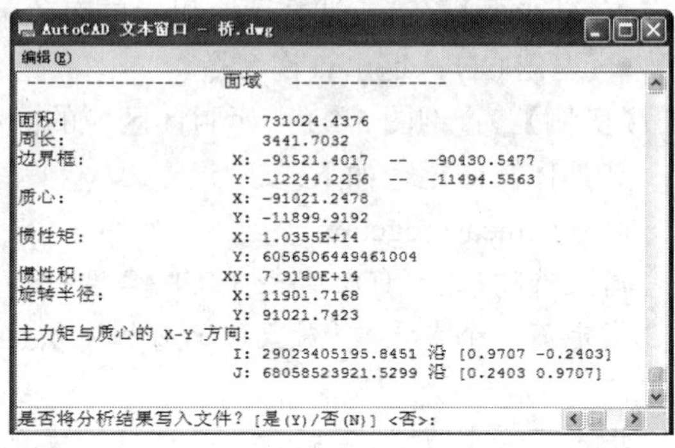

图 5-26

如输入 n，按 Enter 键，则不将分析结果写入文件：若输入 y，按 Enter 键，则系统弹出如图 5-27 所示的“创建质量与面积特性文件”对话框，指定保存目录和文件名等，单击“保存”按钮。

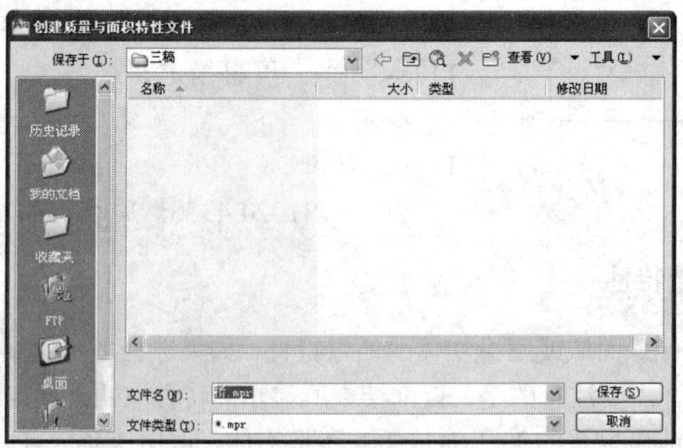

图 5-27

5.3.6　查询点坐标

利用查询点坐标功能可以查询图形中某点的坐标。调用该命令有以下 3 种方式：

（1）菜单：工具(T)→查询(Q)→点坐标(I)。

（2）工具栏：。

（3）命令条目：id。

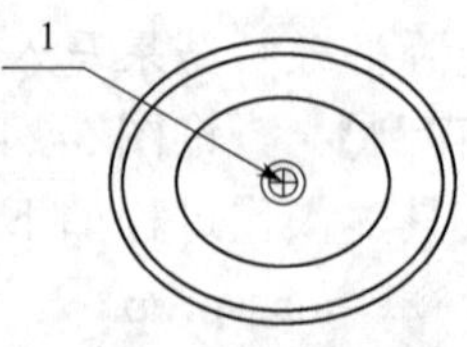

图 5-28

【实例】 查询如图 5-28 所示的点 1 坐标。

命令：id

指定点：X=–91196.5829 Y = –12704.1673 Z = 0.0000

5.3.7 列表显示

在 AutoCAD 2010 中，如果要查询图形对象的类型、所在图层、模型空间、形状大小、所在位置等特性时，可以选择以列表显示的方式来进行。调用该命令有以下 4 种方式：

（1）功能区：常用标签→特性面板→列表。

（2）菜单：工具(T)→查询(Q)→列表(L)。

（3）工具栏：。

（4）命令条目：list。

【实例】 查询如图 5-29 所示的角钢截面图形（多线段）特性的列表。

具体步骤如下：

命令：list

选择对象：指定对角点：找到 6 个

选择对象：

屏幕显示信息如图 5-30 所示。

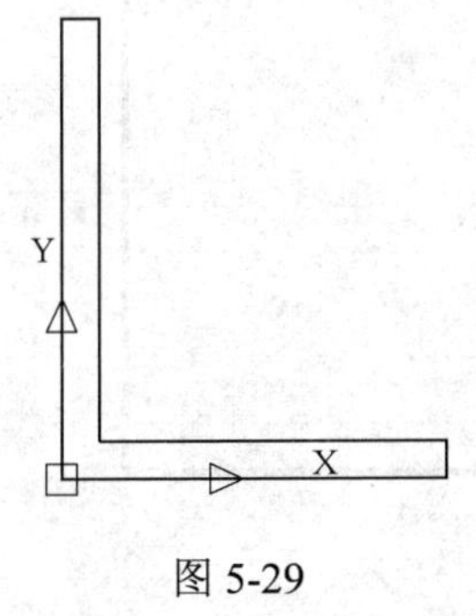

图 5-29

AutoCAD 文本窗口 - 桥.dwg
编辑(E)
: 指定对角点：找到 6 个
:
直线 图层：1
空间：模型空间
句柄 = 2ef
自 点， X=180627.8399 Y=33114.9769 Z= 0.0000
到 点， X=179627.8399 Y=33114.9769 Z= 0.0000
长度 =1000.0000，在 XY 平面中的角度 = 180
增量 X =-1000.0000，增量 Y = 0.0000，增量 Z = 0.0
直线 图层：1
空间：模型空间
句柄 = 2ee
自 点， X=190033.9918 Y=21538.4163 Z= 0.0000
到 点， X=190033.9918 Y=20538.4163 Z= 0.0000
长度 =1000.0000，在 XY 平面中的角度 = 270
按 ENTER 键继续：

图 5-30

5.3.8 查询时间

在 AutoCAD 2010 中，可以查询当前时间、图形创建时间、上次更新时间、累积编辑时间、消耗时间计时器状态等。调用该命令有以下 3 种方式：

（1）菜单：工具(T)→查询(Q)→时间(T)。

（2）工具栏：。

（3）命令条目：time。

输入选项[显示(D)/开(ON)/关(OFF)/重置(R)]:

在当前命令文本行中输入 time 并按 Enter 键，系统自动打开文本窗口来显示查询结果，如图 5-31 所示。

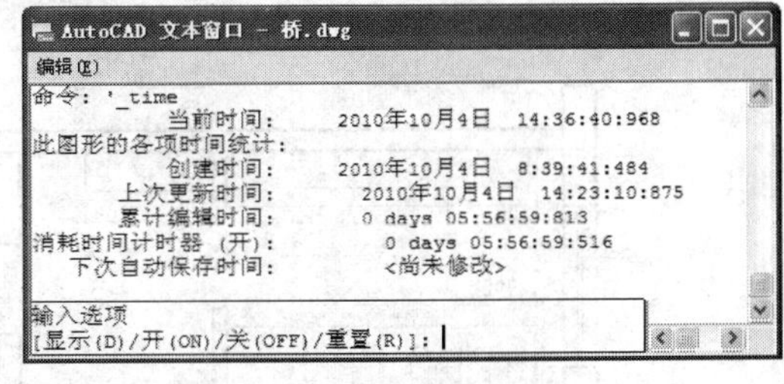

图 5-31

此时，当前命令文本行中有 4 个选项，各选项的含义如下：

- 显示（D）：重复显示更新的时间。
- 开（ON）：启动关闭的用户消耗时间计数器。

- 关（OFF）：停止用户消耗时间计数器。
- 重置（R）：将计数器的参数进行初始化，重新设置。

5.3.9　查询状态

在 AutoCAD 2010 中，可以查询当前空间、布局、图层、颜色、材质及标高等。调用该命令有以下 3 种方式：

（1）菜单：工具(T)→查询(Q)→状态(S)。

（2）工具栏：。

（3）命令条目：status。

可以查询显示图形的统计信息、模式和范围等许多信息。如图 5-32 所示为某图形文件的查询结果。

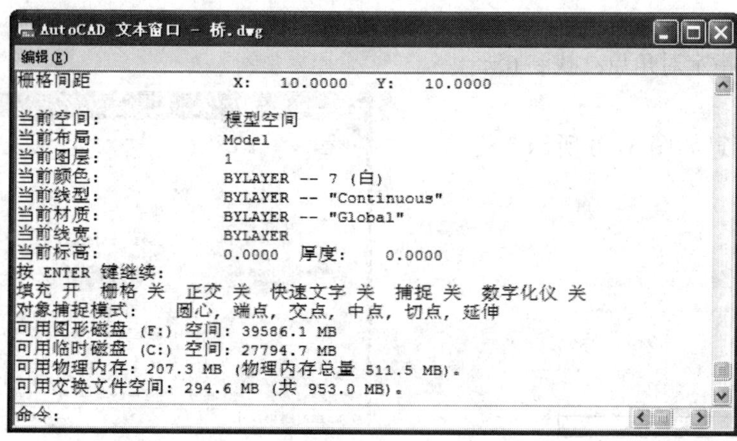

图 5-32

5.4　模型空间与图纸空间

在 AutoCAD 2010 中有两种截然不同的环境（或空间），从中可以创建图形中的对象。这两种环境分别为模型空间和图纸空间（布局）。

通常，由几何对象组成的模型是在模型空间的三维空间中创建的。

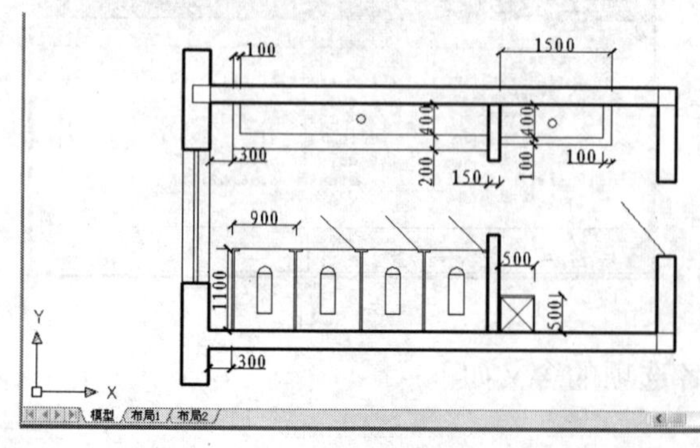

图 5-33

在模型空间中，可以按 1∶1 的比例绘制模型，在这个空间绘图，只需要考虑图形是否正确，而不必担心图纸够不够大。在“模型”选项卡上，可以查看并编辑空间对象，十字光标在整个绘图区域都处于激活状态，如图 5-33 所示。

而包含模型特定视图和注释的最终布局则位于图纸空间，图纸空间用于创建最后的打印布局，侧重于图纸的布局工作，将模型中的图形加以文

字注释，构成一个完整的图形。

在图纸空间中，一个单位表示打印图纸上的图纸距离。根据绘图仪的打印设置，单位可以是毫米（mm）或者英寸（in）。在布局选项卡上，可以查询和编辑图纸空间对象，例如布局视口和标题栏。也可以将对象（如引线或标题栏）从模型空间移到图纸空间（反之亦然）。十字光标在整个布局区域都处于激活状态，如图 5-34 所示。

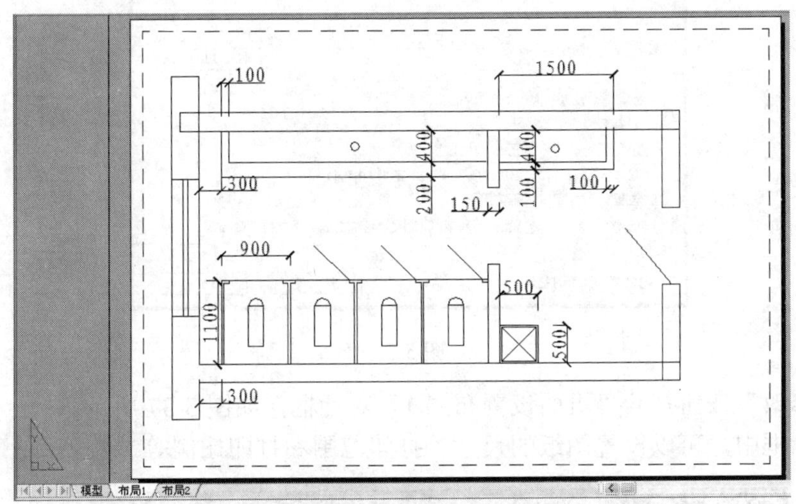

图 5-34

在模型空间和图纸空间中，都可以使用多个视图。

在 AutoCAD 2010 中，要在模型空间和图纸空间中进行切换，可以单击绘图区下方的切换标签来实现，单击“模型”标签可以进入模型空间，单击“布局”标签可以进行图纸空间，如图 5-35 所示。

图 5-35

有时需要对图纸布局进行一些设置，可以在“布局 1”标签上单击右键，在弹出的快捷菜单中选择“页面设置管理器”菜单项，打开“页面设置管理器”对话框，如图 5-36 所示。

页面设置管理器
当前布局：布局2
了解页面设置管理器
页面设置(P)
当前页面设置：〈无〉
布局1
布局2
置为当前(S)
新建(N)...
修改(M)...
输入(I)...
选定页面设置的详细信息
设备名：无
绘图仪：无
打印大小：210.00 x 297.00 毫米 (横向)
位置：不可用
说明：在选择新的绘图仪配置名称之前，不能打印该布局。
创建新布局时显示
关闭(C)
帮助(H)

图 5-36

单击“修改”按钮打开“页面设置布局 1”对话框，如图 5-37 所示。在该对话框中，可以设置图纸的尺寸、打印范围和打印比例等参数。

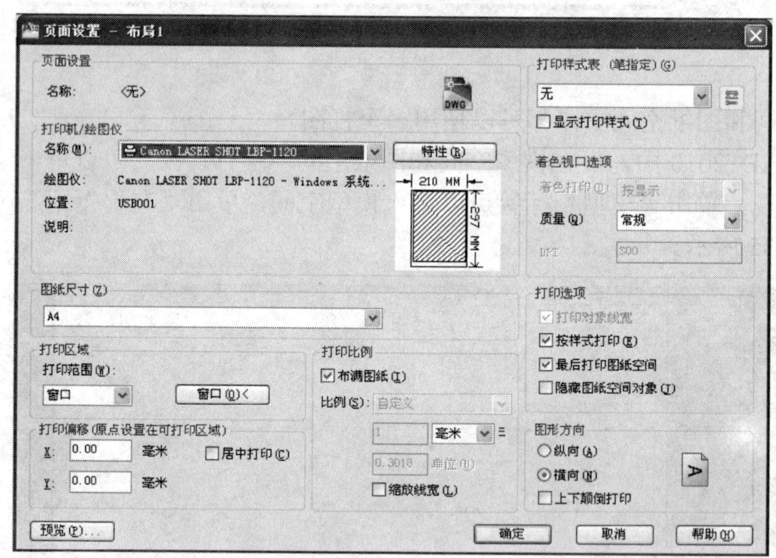

图 5-37

5.5　打印

图形设计完成后，可以采用打印输出的方式来进行技术存档、交流或生产等。

5.5.1　打印设置

在一般情况下，使用系统默认的打印环境配置即可满足图形输出要求，但是在某些设

计条件下，用户可能需要修改该默认的打印环境设置。方法是选择“工具”→“选项”命令，打开“选项”对话框，选择“打印和发布”选项卡，如图 5-38 所示。在该选项卡中，可以指定新图形的默认打印设置、基本打印选项、打印到文件的默认位置、后台处理选项和打印样式等设置。

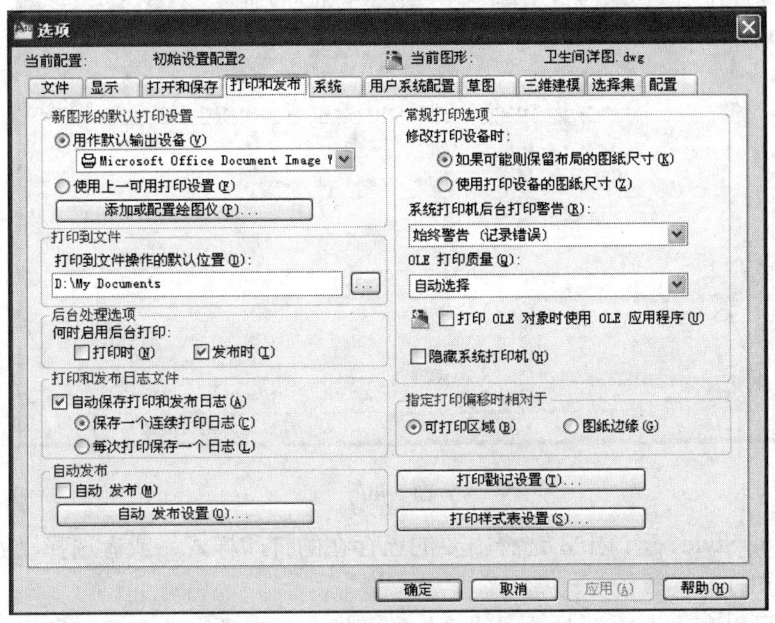

图 5-38

如果单击“添加或配置绘图仪”按钮，将打开如图 5-39 所示的窗口。在该窗口中，可以通过单击“添加绘图仪向导”来添加绘图仪（包括普通打印机）。

图 5-39

打印样式可以控制打印输出的结果。在 AutoCAD 2010 中，系统提供了许多预先设定好的打印样式，在输出时可以直接选用，也可以由用户根据实际情况设定自己的打印样式。

设置打印样式的方法和步骤如下：

（1）选择菜单“文件”→“打印样式管理器”命令，打开如图 5-40 所示的 Plot Styles 窗口。在该窗口中，显示了 AutoCAD 2010 提供的打印样式。

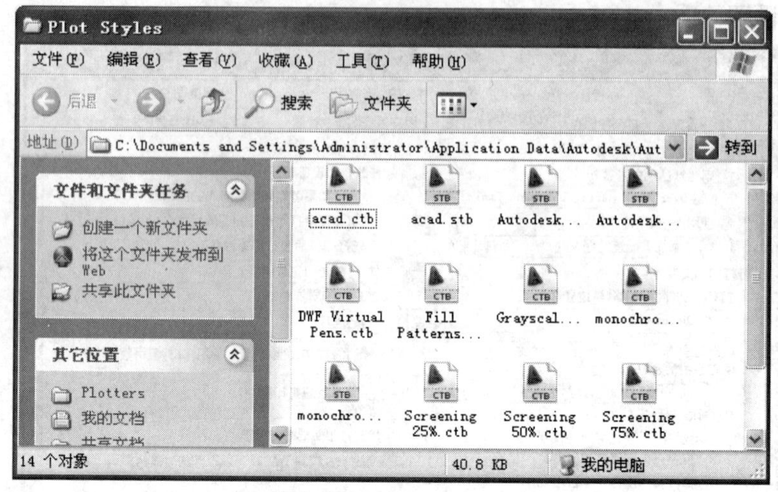

图 5-40

（2）在 Plot Styles 窗口中，选择需要的已存在的打印样式，或者选择“添加打印样式表向导”来添加打印样式。

说明：也可以在“选项”对话框的“打印和发布”选项卡单击“打印样式表设置”按钮，打开 Plot Styles 窗口。

5.5.2　打印输出

在 AutoCAD 2010 中，模型空间输出和布局输出是两个常用的打印输出方式。

1. 模型空间输出

在模型空间环境中，选择菜单“文件”→“打印”命令，系统弹出“打印-模型”对话框，如图 5-41 所示。在该对话框中，可以设置页面，指定打印机/绘图仪，设置图纸尺寸、打印区域、打印比例以及打印偏移等。

例如，要打印一张模型空间的普通竖向 A4 建筑图，具体的操作如下：

（1）选择菜单“文件”→“打印”命令，弹出“打印-模型”对话框。

（2）在“打印机/绘图仪”选项组中，从“名称”下拉列表框中选择打印机。

（3）在“图纸尺寸”选项组中选择适合的图纸，如 ISO full bleed A4（210.00×297.00，单位为 mm）。

（4）在“打印区域”选项组的“打印范围”下拉列表中选择“窗口”选项，切换到绘图区域，选择细实线显示的外图框的两个对角点。

（5）在“打印偏移”选项组中，设置 X、Y 的偏移值。例如，将 X、Y 的偏移值都设置为 0。

（6）在“打印比例”选项组中，选中“布满图纸”复选框，在“图形方向”选项组中选择“纵向”单选按钮。

图 5-41

（7）单击“预览”按钮，如图 5-42 所示。

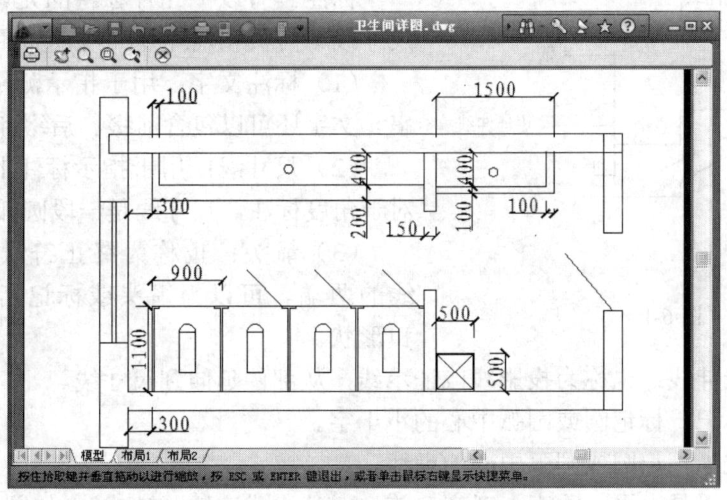

图 5-42

（8）在打印预览窗口中右击，选择“打印”选项卡进行最终的打印输出，或者选择“退出”选项退出打印预览状态，然后在“打印-模型”对话框中单击“确定”按钮。

2. 布局输出

如果要输出多个视图及标题栏，则可以选择在布局中进行。方法与模型空间输出图形方法类似，不同之处一个是在布局（图纸空间）中进行，一个是在模型空间进行的。

第6章　尺　寸　标　注

本章要点

- 尺寸标注规则
- 创建尺寸标注样式
- 创建和编辑尺寸标注

6.1　尺寸标注规则

标注是向图形中添加测量注释的过程。可以为各种对象沿各个方向创建标注。基本的标注类型包括：线性、径向（半径、直径和折弯）、角度、坐标、弧长。

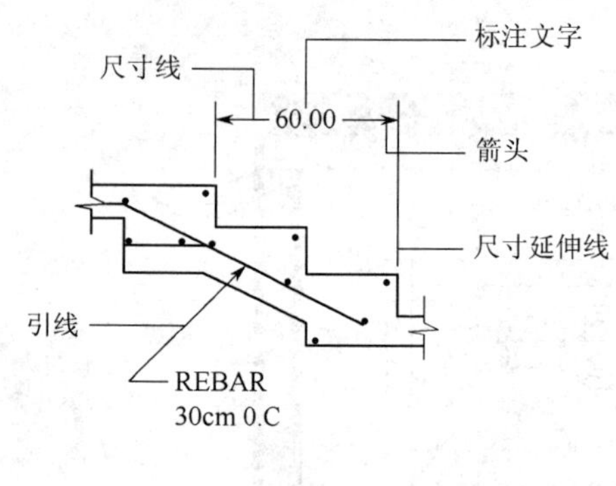

图 6-1

1. 标注元素

标注具有以下几种独特的元素：标注文字、尺寸线、箭头和尺寸延伸线，如图 6-1 所示。

（1）标注文字：用于指示测量值的文本字符串。文字还可以包含前缀、后缀和公差。

（2）尺寸线：用于指示标注的方向和范围。对于角度标注，尺寸线是一段圆弧。

（3）箭头：也称为终止符号，显示在尺寸线的两端。可以为箭头或标记指定不同的尺寸和形状。

（4）尺寸延伸线：也称为投影线或证示线，从部件延伸到尺寸线。

（5）中心标记：标记圆或圆弧中心的小十字。

（6）中心线：标记圆或圆弧中心的虚线。

线性标注可以是水平、垂直、对齐、旋转、基线或连续（链式），如图 6-2 所示。

2. 标注规则

在对图形进行尺寸标注时，应遵循以下规则：

（1）图形中尺寸以毫米（mm）为单位时，不需要标注计量单位的代号或名称。如果采用的是其他单位，如厘米（cm）、米（m）等，则必须注明相应计算单位的代码或名称。

（2）对象的真实大小应以图样上所标注的尺寸数值为依据，与图形的大小及绘图的准确度无关。

（3）图形中标注的尺寸为该图形所表示的对象的最后完工尺寸，否则需要另加说明。

（4）对象的每一个尺寸一般情况下只标注一次，并标注在最后反映该对象最清晰的图形上。

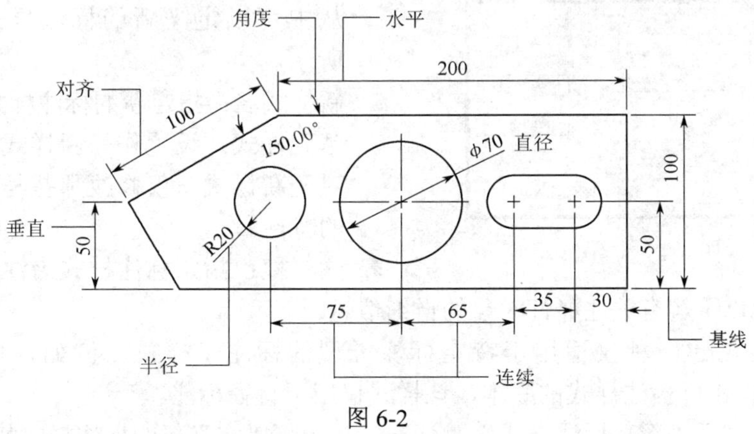

图 6-2

6.2 创建尺寸标注样式

标注样式是标注的命令集合，可用来控制标注的外观，如箭头、文字位置和尺寸公差等。用户可以创建标注样式，以快速指定的格式，并确保标注符合行业或项目标准。

创建新样式、设置当前样式、修改样式、设置当前样式的替代以及比较样式。调用该命令有以下 4 种方式：

（1）功能区：注释标签→标注面板→标注样式。

（2）菜单：格式(O)→标注样式(D)。

（3）工具栏：。

（4）命令条目：dimstyle。

打开“标注样式管理器”对话框，如图 6-3 所示。

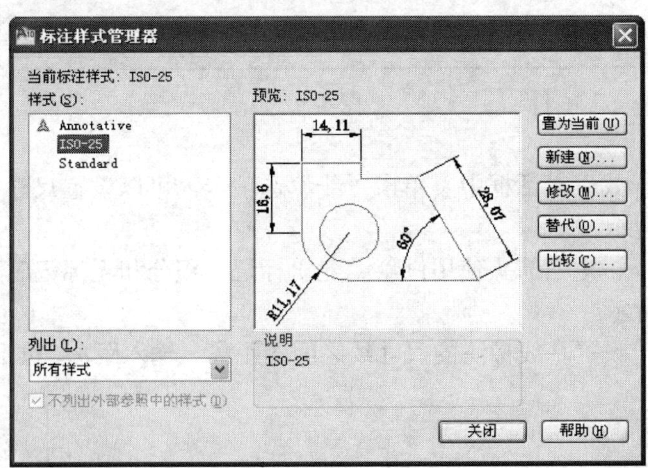

图 6-3

- 置为当前：将在“样式”下选定的标注样式设置为当前标注样式。当前样式将应用于所创建的标注。

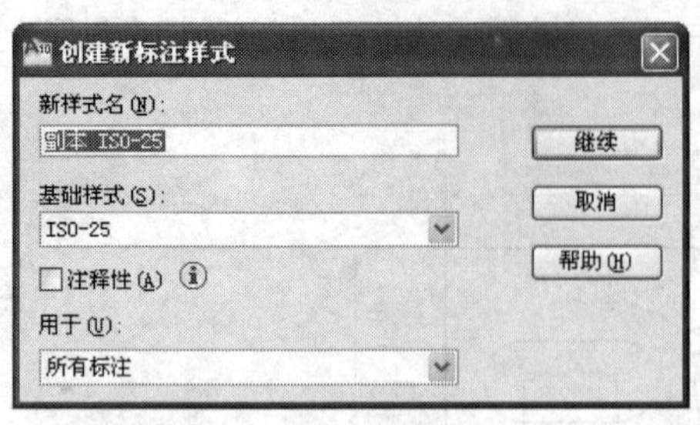

图 6-4

- 新建：显示“创建新标注样式”对话框，从中可以定义新的标注样式，如图 6-4 所示。
- 新样式名：指定新的标注样式名。
- 基础样式：设置作为新样式的基础样式。对于新样式，仅修改那些与基础特性不同的特性。
- 注释性：指定标注样式为注释性。单击信息图标以了解有关注释性对象的详细信息。
- 用于：创建一种仅适用于特定标注类型的标注子样式。例如，可以创建一个 STANDARD 标注样式的版本，该样式仅用于直径标注。
- 继续：显示“新建标注样式”对话框，从中可以定义新的标注样式特性，如图 6-5 所示。

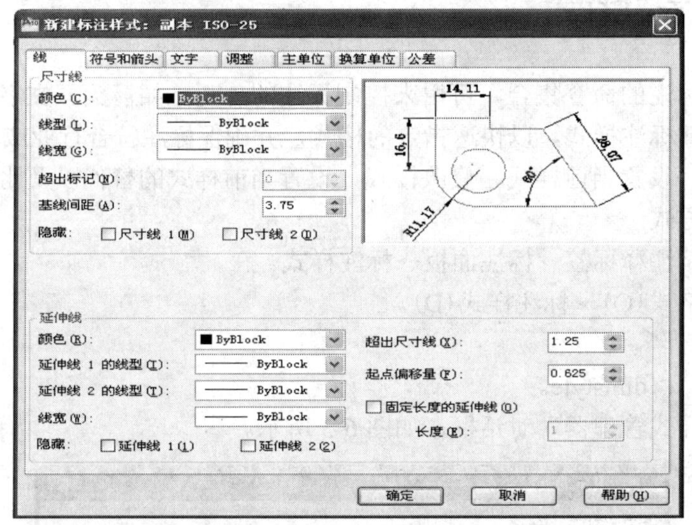

图 6-5

1. 设置线

在“新建标注样式”对话框中，单击“线”选项卡，可以设置尺寸标注的尺寸线和尺寸界线，如图 6-5 所示。

（1）超出标记：指定当箭头使用倾斜、建筑标记、积分和无标记时尺寸线超过延伸线的距离，如图 6-6 所示。

（2）基线间距：设置基线标注的尺寸线之间的距离。输入距离，如图 6-7 所示。

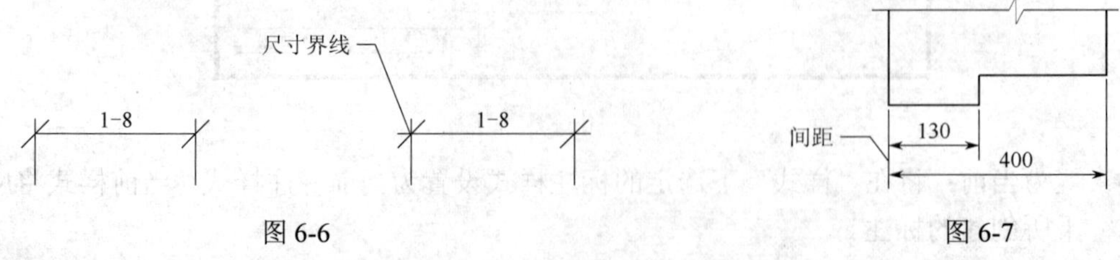

图 6-6　　图 6-7

（3）设置尺寸界线：指定延伸线超出尺寸线的距离，如图 6-8 所示。

（4）起点偏移量：设置自图形中定义标注的点到延伸线的偏移距离，如图 6-9 所示。

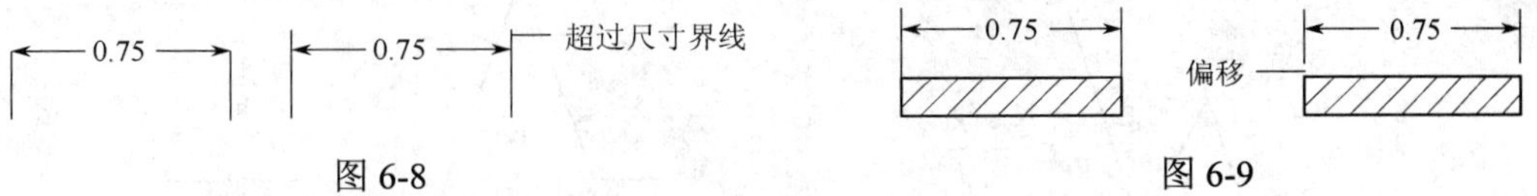

图 6-8　　　　图 6-9

（5）固定长度的延伸线：启用固定长度的延伸线。

（6）长度：设置延伸线的总长度，起始于尺寸线，直到标注原点，如图 6-10 所示。

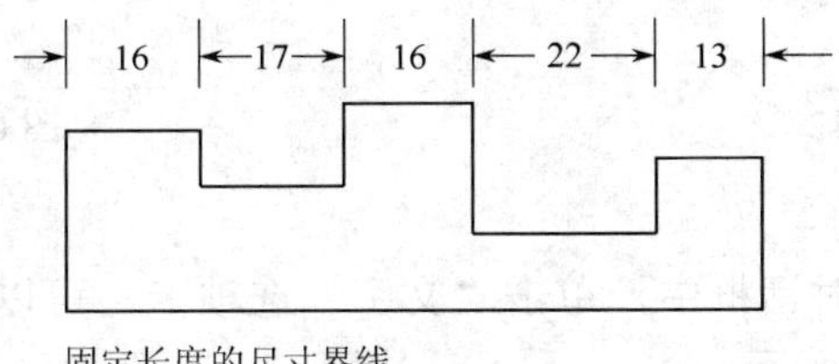

图 6-10

2. 设置符号和箭头

在“新建标注样式”对话框中，单击“符号和箭头”选项卡，可以设置箭头、圆心标记、弧长符号、折断、折弯标注，如图 6-11 所示。

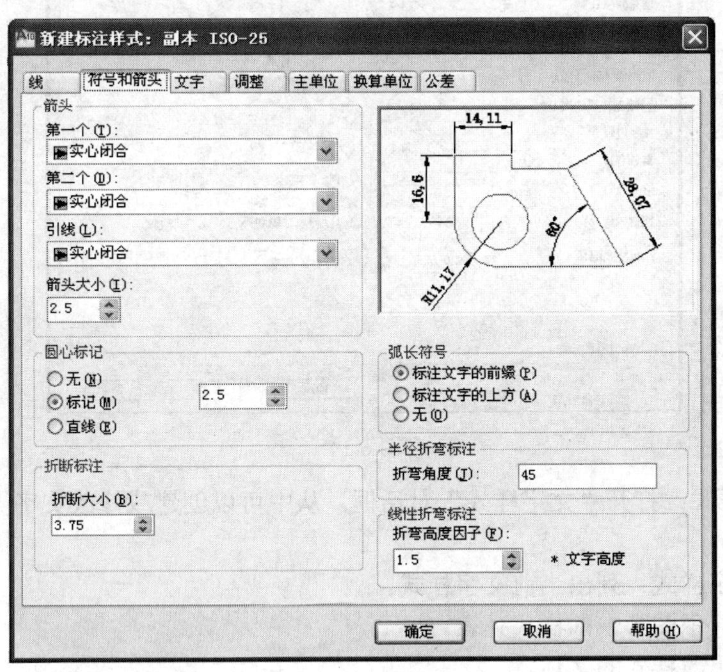

图 6-11

（1）半径折弯标注：控制折弯（Z 形）半径标注的显示。折弯半径标注通常在圆或圆弧的圆心位于页面外部时创建，如图 6-12 所示。

（2）线性折弯标注：控制线性标注折弯的显示。当标注不能精确表示实际尺寸时，通

常将折弯线添加到线性标注中，如图6-13所示。

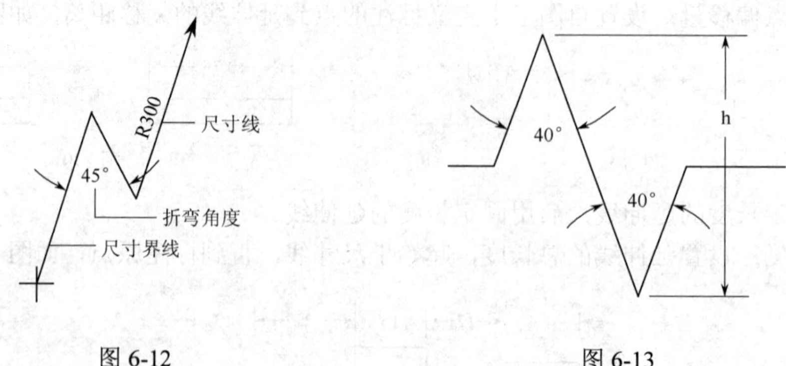

图6-12　　　　图6-13

3. 设置文字

在“新建标注样式”对话框中，单击“文字”选项卡，可以设置标注文字的样式、位置和对齐方式，如图6-14所示。

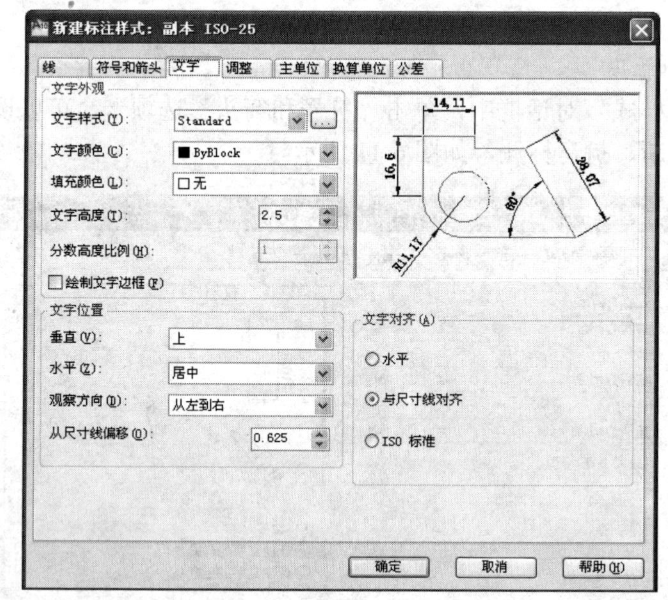

图6-14

（1）文字样式：打开“文字样式”对话框，从中可以创建或修改文字样式，如图6-15所示。

- 当前文字样式：列出当前文字样式。
- 样式：显示图形中的样式列表。
- 字体：更改样式的字体。
- 大小：更改文字的大小。
- 效果：修改字体的特性，例如高度、宽度因子、倾斜角以及是否颠倒显示、反向或垂直对齐。
- 置为当前：将在“样式”下选定的样式设置为当前。

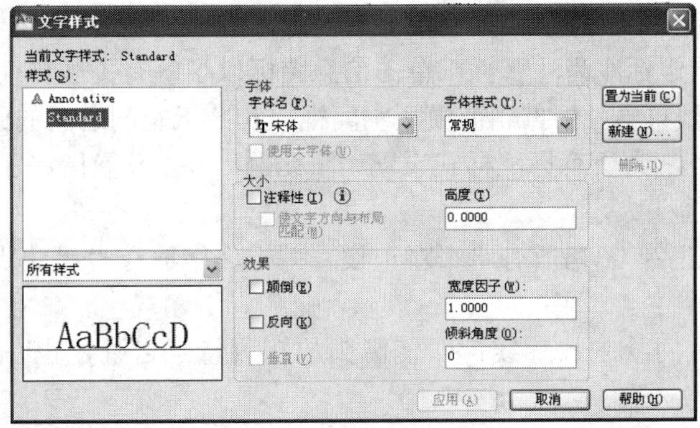

图 6-15

- 新建：单击新建(N)...按钮，打开“新建文字样式”对话框并自动为当前设置提供名称“样式 n”（其中 n 为所提供样式的编号）。

（2）文字颜色：设置标注文字的颜色。

（3）填充颜色：设置标注中文字背景的颜色。

（4）文字高度：设置当前标注文字样式的高度。

（5）分数高度比例：设置相对于标注文字的分数比例。

（6）绘制文字边框：如果选择此选项，将在标注文字周围绘制一个边框。

（7）文字位置：控制标注文字的位置。

（8）文字对齐：控制标注文字放在延伸线外边或里边时的方向是保持水平还是与延伸线平行。

4. 设置调整

在“新建标注样式”对话框中，单击“调整”选项卡，控制标注文字、箭头、引线和尺寸线的放置，如图 6-16 所示。

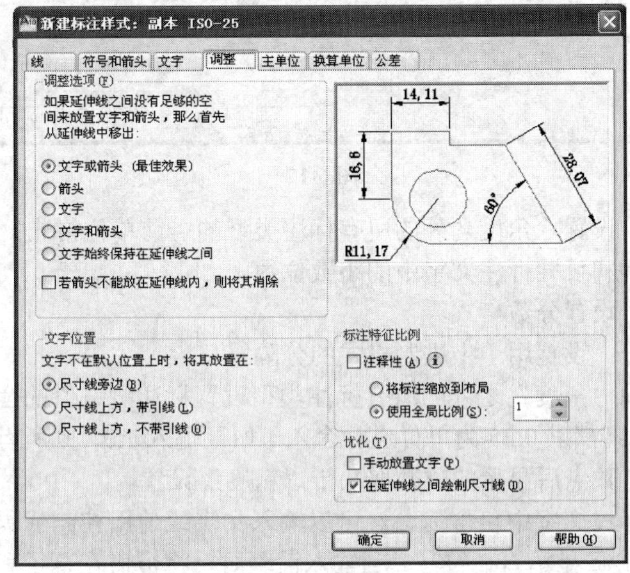

图 6-16

这里调整选项和文字位置可根据绘图要求而定。

（1）注释性：指定标注为注释性。单击信息图标以了解有关注释性对象的详细信息。

- 将标注缩放到布局：根据当前模型空间视口和图纸空间之间的比例确定比例因子。
- 使用全局比例：为所有标注样式设置一个比例，这些设置指定了大小、距离或间距，包括文字和箭头大小。

（2）手动放置文字：忽略所有水平对正设置并把文字放在“尺寸线位置”提示下指定的位置。

（3）在延伸线之间绘制尺寸线：即使箭头放在测量点之外，也在测量点之间绘制尺寸线。

5. 设置主单位

在“新建标注样式”对话框中，单击“主单位”选项卡，设置主标注单位的格式和精度，并设置标注文字的前缀和后缀，如图6-17所示。

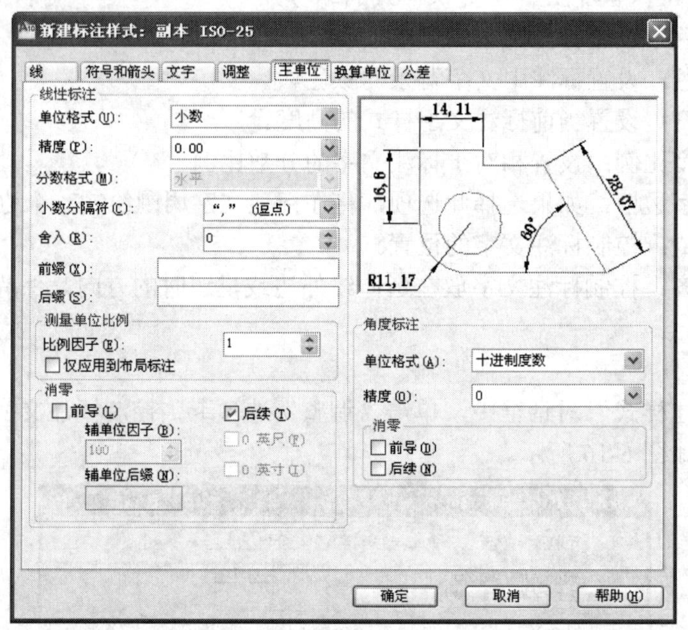

图6-17

（1）单位格式：设置除角度之外的所有标注类型的当前单位格式。

（2）精度：显示和设置标注文字中的小数位数。

（3）分数格式：设置分数格式。

（4）小数分隔符：设置用于十进制格式的分隔符。

（5）舍入：为除“角度”之外的所有标注类型设置标注测量值的舍入规则。如果输入0.25，则所有标注距离都以0.25为单位进行舍入。如果输入1.0，则所有标注距离都将舍入为最接近的整数。小数点后显示的位数取决于“精度”设置。

（6）前缀：在标注文字中包含前缀。可以输入文字或使用控制代码显示特殊符号。例如，输入控制代码%%c显示直径符号。当输入前缀时，将覆盖在直径和半径等标注中使用的任何默认前缀。

（7）后缀：在标注文字中包含后缀。可以输入文字或使用控制代码显示特殊符号。例如，在标注文字中输入 mm 的结果如图例所示。输入的后缀将替代所有默认后缀。

（8）比例因子：设置线性标注测量值的比例因子。建议不要更改此值的默认值 1.00。例如，如果输入 2，则 1 英寸直线的尺寸将显示为 2 英寸。该值不应用到角度标注，也不应用到舍入值或者正负公差值。

（9）前导：不输出所有十进制标注中的前导零。例如，0.5000 变为.5000。选择前导以启用。

（10）后续：不输出所有十进制标注中的后续零。例如，12.5000 变成 12.5，30.0000 变成 30。

（11）角度单位格式：设置角度单位格式。

（12）角度精度：设置角度标注的小数位数。

6. 设置换算单位

在“新建标注样式”对话框中，单击“换算单位”选项卡，设置标注测量值中换算单位的显示并设置其格式和精度，如图 6-18 所示。

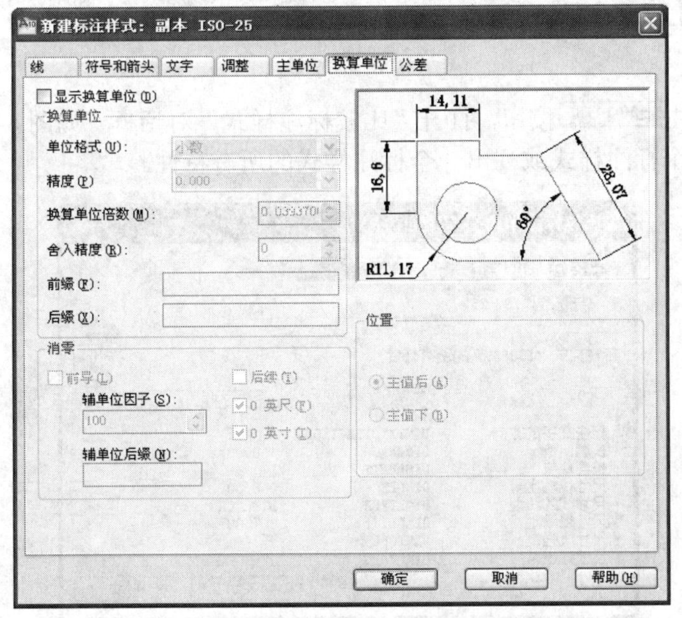

图 6-18

7. 设置公差

在“新建标注样式”对话框中，单击“公差”选项卡，设置标注文字中公差的格式及显示，如图 6-19 所示。

- 修改：单击修改(M)...按钮，打开“修改标注样式”对话框，从中可以修改标注样式。对话框选项与“新建标注样式”对话框中的选项相同。
- 替代：单击替代(O)...按钮，打开“替代当前样式”对话框，从中可以设置标注样式的临时替代值。对话框选项与“新建标注样式”对话框中的选项相同。替代将作为未保存的更改结果显示在“样式”列表中的标注样式下。

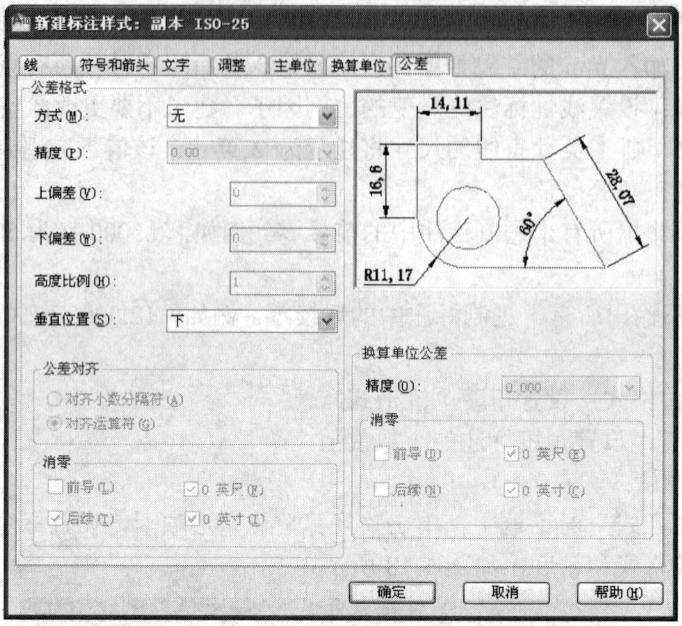

图 6-19

- 比较：单击比较(C)...按钮，打开“比较标注样式”对话框，如图 6-20 所示。从中可以比较两个标注样式或列出一个标注样式的所有特性。

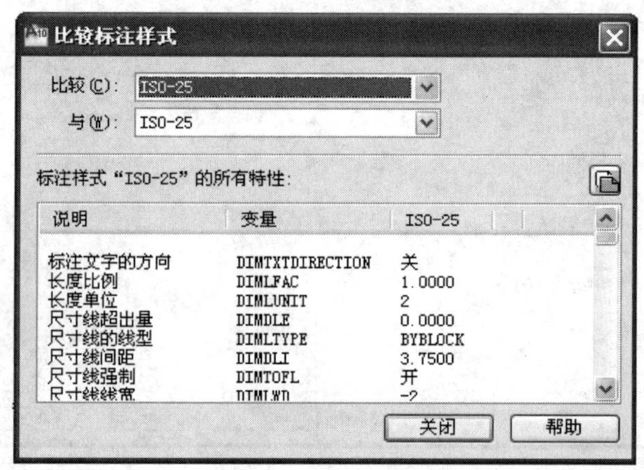

图 6-20

6.3 创建尺寸标注

主要内容包括：水平标注、垂直标注、对齐标注、基线（或平行）和连续（或链）、转角标注和尺寸延伸线倾斜的标注。

6.3.1 水平和垂直标注

可以仅使用指定的位置或对象的水平或垂直部分来创建标注。调用该命令有以下 4 种

方式：

（1）功能区：常用标签→注释面板→线性。

（2）菜单：标注(N)→线性(L)。

（3）工具栏：。

（4）命令条目：dimlinear。

指定第一条延伸线原点或<选择对象>:

指定第二条延伸线原点:

指定尺寸线位置或[多行文字(M)/文字(T)/角度(A)/水平(H)/垂直(V)/旋转(R)]:

- 尺寸线位置：AutoCAD 使用指定点定位尺寸线并且确定绘制延伸线的方向。指定位置之后，将绘制标注。
- 多行文字(M)：显示在位文字编辑器，可用它来编辑标注文字。
- 文字(T)：在命令提示下，自定义标注文字。生成的标注测量值显示在尖括号中。
- 角度(A)：修改标注文字的角度。
- 水平(H)：创建水平线性标注。
- 垂直(V)：创建垂直线性标注。
- 旋转(R)：创建旋转线性标注。

【实例】 对直角三角形的两条直角边进行尺寸标注。

命令：dimlinear

指定第一条延伸线原点或<选择对象>: 捕捉 1 点

指定第二条延伸线原点: 捕捉 2 点

指定尺寸线位置或[多行文字(M)/文字(T)/角度(A)/水平(H)/垂直(V)/旋转(R)]:

标注文字=55.6

命令：dimlinear

指定第一条延伸线原点或<选择对象>: 捕捉 1 点

指定第二条延伸线原点: 捕捉 3 点

指定尺寸线位置或[多行文字(M)/文字(T)/角度(A)/水平(H)/垂直(V)/旋转(R)]:

标注文字=47.61

完成后如图 6-21 所示。

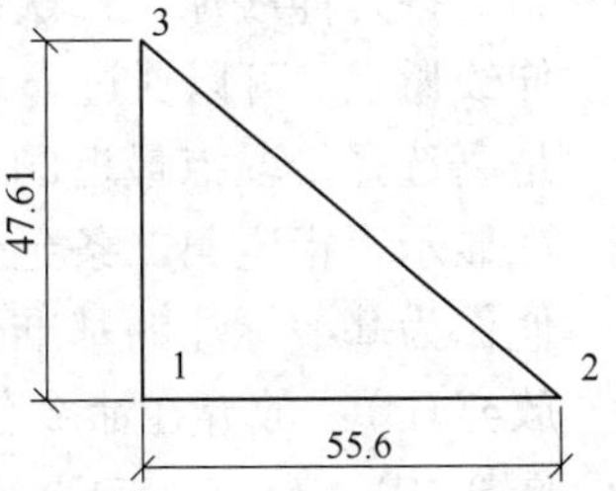

图 6-21

6.3.2 对齐标注

可以创建与指定位置或对象平行的标注。调用该命令有以下 4 种方式：

（1）功能区：常用标签→注释面板→对齐。

（2）菜单：标注(N)→对齐(G)。

（3）工具栏：。

（4）命令条目：dimaligned。

指定第一条延伸线原点或<选择对象>:

指定第二条延伸线原点:

指定尺寸线位置或[多行文字(M)/文字(T)/角度(A)]:

- 尺寸线位置：AutoCAD 使用指定点定位尺寸线并且确定绘制延伸线的方向。指定位置之后，将绘制标注。
- 多行文字(M)：显示在位文字编辑器，可用它来编辑标注文字。
- 文字(T)：在命令提示下，自定义标注文字。生成的标注测量值显示在尖括号中。
- 角度(A)：修改标注文字的角度。

【实例】 对直角三角形的斜边进行尺寸标注。

命令：dimaligned

指定第一条延伸线原点或<选择对象>：捕捉 3 点

指定第二条延伸线原点：捕捉 2 点

指定尺寸线位置或[多行文字(M)/文字(T)/角度(A)]:

标注文字=73.2

完成后如图 6-22 所示。

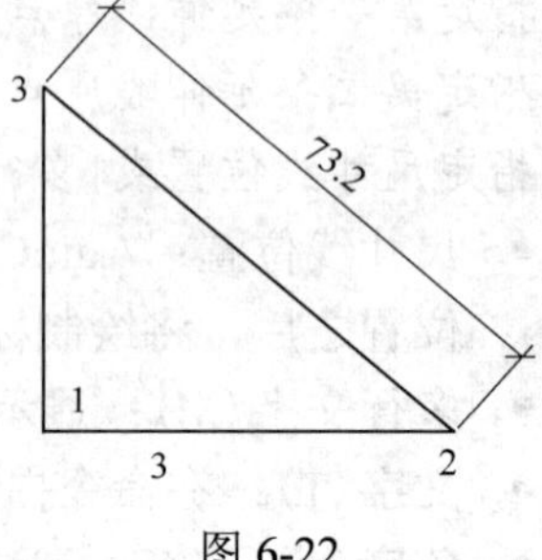

图 6-22

6.3.3 基线标注

基线标注是自同一基线处测量的多个标注。调用该命令有以下 4 种方式：

（1）功能区：常用标签→注释面板→基线。

（2）菜单：标注(N)→基线(B)。

（3）工具栏：⊟。

（4）命令条目：dimbaseline。

指定第二条延伸线原点或[放弃(U)/选择(S)]<选择>:

- 第二条延伸线原点：默认情况下，使用基准标注的第一条延伸线作为基线标注的延伸线原点。可以通过显示的选择基准标注来替换默认情况，这时作为基准的延伸线是离选择拾取点最近的基准标注的延伸线。选择第二点之后，将绘制基线标注并再次显示"指定第二条延伸线原点"提示。要结束此命令，请按 ESC 键。要选择其他作为基线标注的基准使用的线性标注、坐标标注或角度标注，请按 ENTER 键。
- 放弃(U)：放弃在命令任务期间上一次输入的基线标注。
- 选择(S)：AutoCAD 提示选择一个线性标注、坐标标注或角度标注作为基线标注的基准。选择基准标注之后，将再次显示"指定第二条延伸线原点"或"指定点坐标"提示。

【实例】 对楼梯进行基线尺寸标注。

命令：dimbaseline

指定第二条延伸线原点或[放弃(U)/选择(S)]<选择>：捕捉 1 点

标注文字=26.73

指定第二条延伸线原点或[放弃(U)/选择(S)]<选择>：捕捉 2 点

标注文字=40.09

指定第二条延伸线原点或[放弃(U)/选择(S)]<选择>：捕捉 3 点

标注文字=53.45

指定第二条延伸线原点或[放弃(U)/选择(S)]<选择>：捕捉 4 点

标注文字=66.82

指定第二条延伸线原点或[放弃(U)/选择(S)]<选择>：捕捉 5 点

完成后如图 6-23 所示。

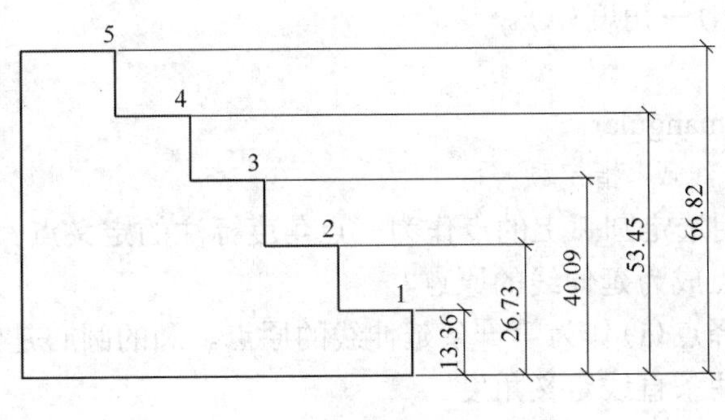

图 6-23

6.3.4 连续标注

连续标注是首尾相连的多个标注，调用该命令有以下 4 种方式：

（1）功能区：常用标签→注释面板→连续。

（2）菜单：标注(N)→连续(C)。

（3）工具栏：⊢⊤⊤|。

（4）命令条目：dimcontinue。

指定第二条延伸线原点或[放弃(U)/选择(S)]<选择>：

- 第二条延伸线原点：使用连续标注的第二条延伸线原点作为下一个标注的第一条延伸线原点。当前标注样式决定文字的外观。

【实例】 对楼梯进行连续尺寸标注。

命令：dimcontinue

指定第二条延伸线原点或[放弃(U)/选择(S)]<选择>：捕捉 1 点

标注文字=15.05

指定第二条延伸线原点或[放弃(U)/选择(S)]<选择>：捕捉 2 点

标注文字=15.05

指定第二条延伸线原点或[放弃(U)/选择(S)]<选择>：捕捉 3 点

标注文字=15.05

指定第二条延伸线原点或[放弃(U)/选择(S)]<选择>：捕捉 4 点

标注文字=15.05

指定第二条延伸线原点或[放弃(U)/选择(S)]<选择>：捕捉 5 点

完成后如图 6-24 所示。

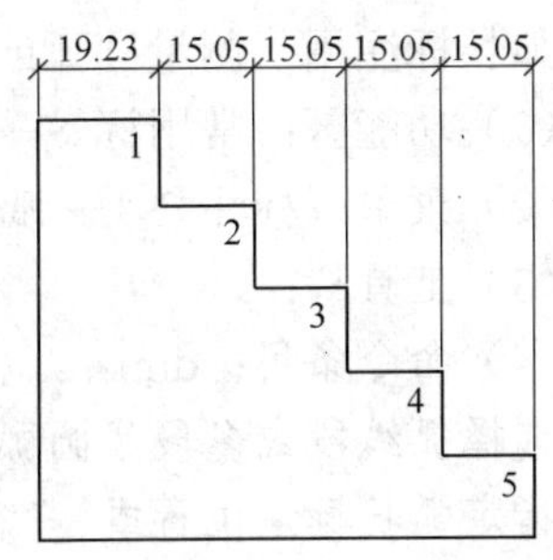

图 6-24

6.3.5　角度标注

角度标注测量两条直线或三个点之间的角度。调用该命令有以下 4 种方式：

（1）功能区：常用标签→注释面板→角度。

（2）菜单：标注(N)→角度(A)。

（3）工具栏：△。

（4）命令条目：dimangular。

选择圆弧、圆、直线或<指定顶点>:

- 选择圆弧：使用选定圆弧上的点作为三点角度标注的定义点。圆弧的圆心是角度的顶点。圆弧端点成为延伸线的原点。
- 选择圆：将选择点(1)作为第一条延伸线的原点。圆的圆心是角度的顶点。
- 选择直线：用两条直线定义角度。

指定标注弧线位置或[多行文字(M)/文字(T)/角度(A)/象限点(Q)]:

- 指定顶点：创建基于指定三点的标注。
- 标注弧线位置：指定尺寸线的位置并确定绘制延伸线的方向。
- 多行文字(M)：显示在位文字编辑器，可用它来编辑标注文字。
- 文字(T)：在命令提示下，自定义标注文字。生成的标注测量值显示在尖括号中。
- 角度(A)：修改标注文字的角度。
- 象限点(Q)：指定标注应锁定到的象限。打开象限行为后，将标注文字放置在角度标注外时，尺寸线会延伸超过延伸线。

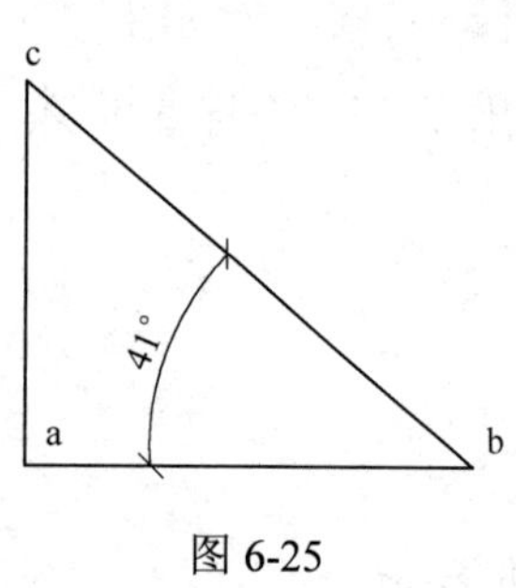

图 6-25

【实例】 完成三角形内角的角度标注。

命令：dimangular

选择圆弧、圆、直线或<指定顶点>: 选择 ab 直线

选择第二条直线：选择 bc 直线

指定标注弧线位置或[多行文字(M)/文字(T)/角度(A)/象限点(Q)]:

标注文字=41

完成后如图 6-25 所示。

6.3.6　弧长标注

弧长标注用于测量圆弧或多段线圆弧段上的距离。调用该命令有以下 4 种方式：

（1）功能区：常用标签→注释面板→弧长。

（2）菜单：标注(N)→弧长(H)。

（3）工具栏：◜。

（4）命令条目：dimarc。

选择弧线段或多段线圆弧段:

指定弧长标注位置或[多行文字(M)/文字(T)/角度(A)/部分(P)/引线(L)]:

- 弧长标注位置：指定尺寸线的位置并确定延伸线的方向。

- 多行文字(M)：显示在位文字编辑器，可用它来编辑标注文字。
- 文字(T)：在命令提示下，自定义标注文字。生成的标注测量值显示在尖括号中。
- 角度(A)：修改标注文字的角度。
- 部分(P)：缩短弧长标注的长度。
- 引线(L)：添加引线对象。仅当圆弧（或圆弧段）大于 90°时才会显示此选项。引线是按径向绘制的，指向所标注圆弧的圆心。

【实例】 对门的开启范围进行弧长标注。

命令: dimarc

选择弧线段或多段线圆弧段: 选择圆弧

指定弧长标注位置或[多行文字(M)/文字(T)/角度(A)/部分(P)/引线(L)]:

标注文字=45.47

完成后如图 6-26 所示。

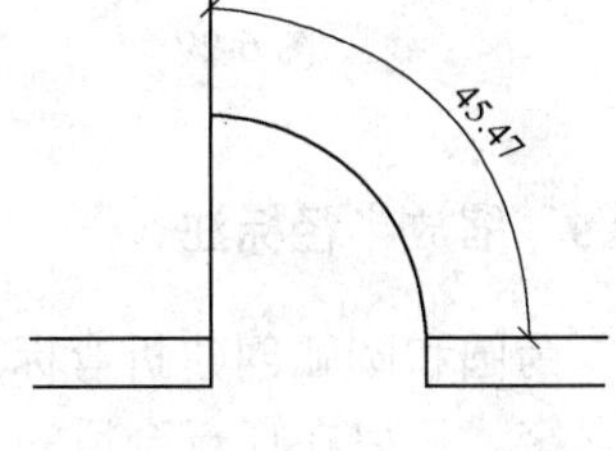

图 6-26

6.3.7 半径标注

半径标注使用可选的中心线或中心标记测量圆弧和圆的半径。调用该命令有以下 4 种方式：

（1）功能区：常用标签→注释面板→半径。

（2）菜单：标注(N)→半径(R)。

（3）工具栏：○。

（4）命令条目：dimradius。

选择圆弧或圆:

指定尺寸线位置或[多行文字(M)/文字(T)/角度(A)]:

- 尺寸线位置：确定尺寸线的角度和标注文字的位置。如果由于未将标注放置在圆弧上而导致标注指向圆弧外，则 AutoCAD 会自动绘制圆弧延伸线。
- 多行文字(M)：显示在位文字编辑器，可用它来编辑标注文字。
- 文字(T)：在命令提示下，自定义标注文字。生成的标注测量值显示在尖括号中。
- 角度(A)：修改标注文字的角度。

6.3.8 折弯标注

标注中的折弯线表示所标注的对象中的折断，标注值表示实际距离，而不是图形中测量的距离。调用该命令可以有以下 4 种方式：

（1）功能区：常用标签→注释面板→折弯。

（2）菜单：标注(N)→折弯线性(J)。

（3）工具栏：⩘。

（4）命令条目：dimjogline。

选择要添加折弯的标注或[删除(R)]:

- 添加折弯：指定要向其添加折弯的线性标注或对齐标注。系统将提示用户指定折弯

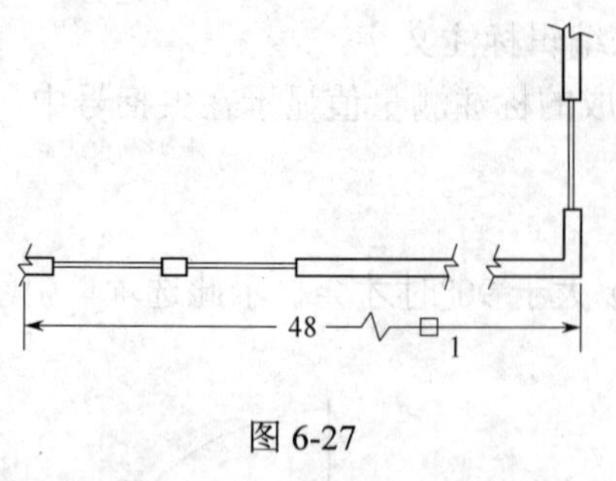

图 6-27

的位置。

- 删除：指定要从中删除折弯的线性标注或对齐标注。

【实例】 标注断裂墙体的折弯标注。

命令：dimjogline

选择要添加折弯的标注或[删除(R)]：在线性尺寸上指定 1 点

完成后如图 6-27 所示。

6.3.9 缩放半径标注

为圆和圆弧创建折弯标注，测量选定对象的半径，并显示前面带有一个半径符号的标注文字。可以在任意合适的位置指定尺寸线的原点。调用该命令有以下 4 种方式：

（1）功能区：常用标签→注释面板→折弯。

（2）菜单：标注(N)→折弯(J)。

（3）工具栏：。

（4）命令条目：dimjogged。

选择圆弧或圆：选择一个圆弧、圆或多段线圆弧段。

指定图示中心位置：

指定尺寸线位置或[多行文字(M)/文字(T)/角度(A)]：

【实例】 标注钢结构的缩放半径标注。

命令：dimjogged

选择圆弧或圆：捕捉圆弧上的 1 点

指定图示中心位置：捕捉中心线上的 2 点

标注文字=250

指定尺寸线位置或[多行文字(M)/文字(T)/角度(A)]：指定屏幕上 3 点

指定折弯位置：指定屏幕上 4 点

完成后如图 6-28 所示。

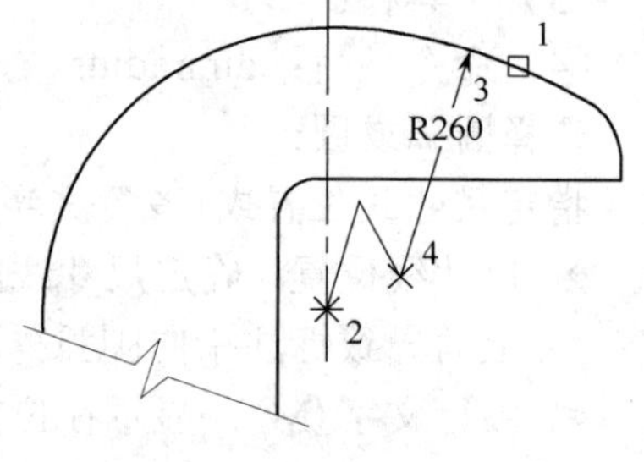

图 6-28

接受折弯半径标注的新圆心，以用于替代圆弧或圆的实际圆心。当圆弧或圆的中心位于布局之外并且无法在其实际位置显示时，将创建折弯半径标注。可以在更方便的位置指定标注的原点，这称为中心位置替代。

6.3.10 坐标标注

坐标标注用于测量从原点（称为基准）到要素（例如墙体上的一个孔）的水平或垂直距离。这种标注保持特征点与基准点的精确偏移量，从而避免增大误差。调用该命令有以下 4 种方式：

（1）功能区：常用标签→注释面板→坐标。

（2）菜单：标注(N)→坐标(O)。

（3）工具栏：![]。
（4）命令条目：dimordinate。
指定点坐标：指定点或捕捉对象
指定引线端点或[X 基准(X)/Y 基准(Y)/多行文字(M)/文字(T)/角度(A)]:

- 指定引线端点：使用点坐标和引线端点的坐标差可确定它是 X 坐标标注还是 Y 坐标标注。如果 Y 坐标的坐标差较大，标注就测量 X 坐标。否则就测量 Y 坐标。
- X 基准(X)：测量 X 坐标并确定引线和标注文字的方向。将显示“引线端点”提示，从中可以指定端点。
- Y 基准(Y)：测量 Y 坐标并确定引线和标注文字的方向。
- 多行文字(M)：显示在位文字编辑器，可用它来编辑标注文字。
- 文字(T)：在命令提示下，自定义标注文字。生成的标注测量值显示在尖括号中。
- 角度(A)：修改标注文字的角度。

6.4 形位公差标注

形位公差表示特征的形状、轮廓、方向、位置和跳动的允许偏差。可以通过特征控制框来添加形位公差，这些框中包含单个标注的所有公差信息。可以创建带有或不带引线的形位公差，这取决于创建公差时使用的是 TOLERANCE 还是 LEADER。

特征控制框至少由两个组件组成。第一个特征控制框包含一个几何特征符号，表示应用公差的几何特征，例如位置、轮廓、形状、方向或跳动。形状公差控制直线度、平面度、圆度和圆柱度；轮廓控制直线和表面，如图 6-29 所示。

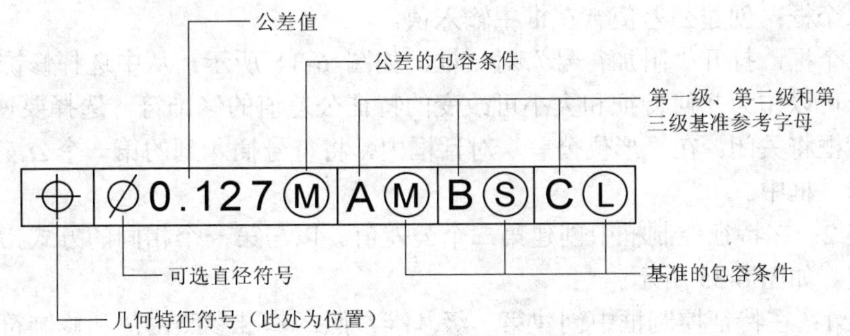

图 6-29

创建包含在特征控制框中的形位公差。调用该命令可以有以下 4 种方式：
（1）功能区：注释标签→标注面板→公差。
（2）菜单：标注(N)→公差(T)。
（3）工具栏：![]。
（4）命令条目：tolerance。
打开“形位公差”对话框，如图 6-30 所示。

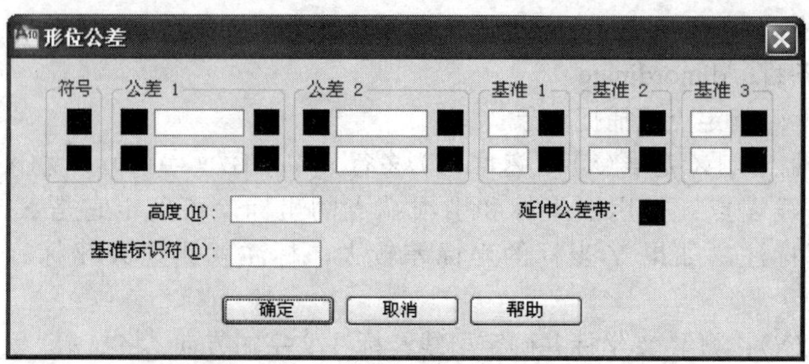

图 6-30

- 符号：单击“符号”选项区中的■按钮，打开“特征符号”面板，如图 6-31 所示。从中选择的几何特征符号，选择一个“符号”框时，显示如图 6-32 所示对话框。
- 公差 1：创建特征控制框中的第一个公差值。公差值指明了几何特征相对于精确形状的允许偏差量。可在公差值前插入直径符号，在其后插入包容条件符号。如图 6-33 所示。

图 6-31

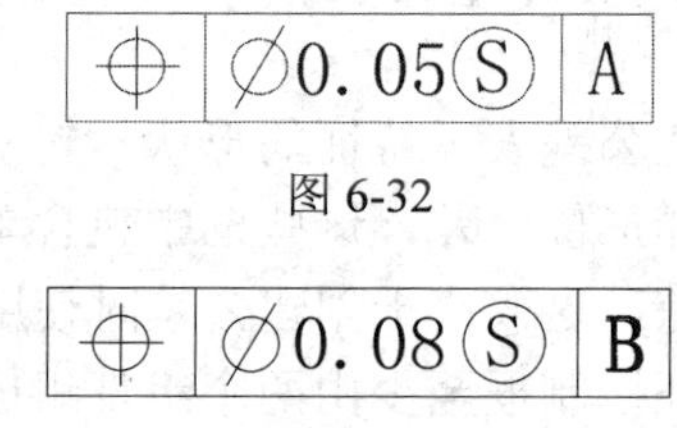

图 6-32

图 6-33

- 第一个框：在公差值前面插入直径符号。单击该框插入直径符号。
- 第二个框：创建公差值。在框中输入值。
- 第三个框：打开“附加符号”对话框，如图 6-34 所示，从中选择修饰符号。这些符号可以作为几何特征和大小可改变的特征公差值的修饰符。选择要使用的符号。对话框将关闭。在“形位公差”对话框中，将符号插入到的第一个公差值的“附加符号”框中。
- 公差 2：在特征控制框中创建第二个公差值。以与第一个相同的方式指定第二个公差值。如图 6-35 所示。
- 基准 1：在特征控制框中创建第一级基准参照。基准参照由值和修饰符号组成。基准是理论上精确的几何参照，用于建立特征的公差带，如图 6-36 所示。

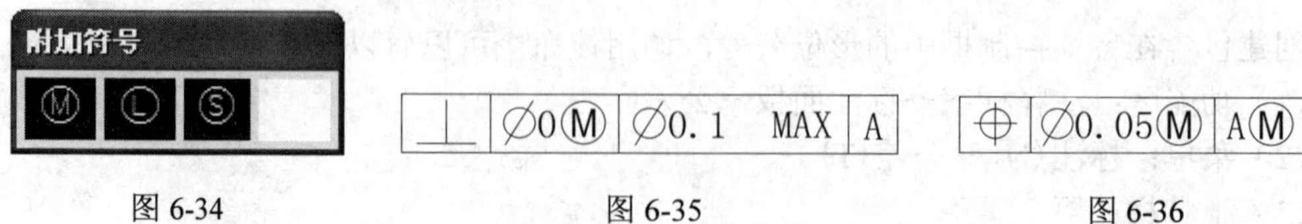

图 6-34　　图 6-35　　图 6-36

第一个框：创建基准参照值。在框中输入值。

第二个框：显示“附加符号”对话框，从中选择修饰符号。这些符号可以作为基准参

照的修饰符。选择要使用的符号，对话框将关闭。在“形位公差”对话框中，将符号插入到第一级基准参照的“附加符号”框中。

- 基准 2：在特征控制框中创建第二级基准参照，方式与创建第一级基准参照相同，如图 6-37 所示。
- 基准 3：在特征控制框中创建第三级基准参照，方式与创建第一级基准参照相同，如图 6-38 所示。

图 6-37　　图 6-38

- 高度：创建特征控制框中的投影公差零值。投影公差带控制固定垂直部分延伸区的高度变化，并以位置公差控制公差精度。在框中输入值，如图 6-39 所示。
- 延伸公差带：在延伸公差带值的后面插入延伸公差带符号。如图 6-40 所示。
- 基准标识符：创建由参照字母组成的基准标识符。基准是理论上精确的几何参照，用于建立其他特征的位置和公差带。点、直线、平面、圆柱或者其他几何图形都能作为基准。在该框中输入字母，如图 6-41 所示。

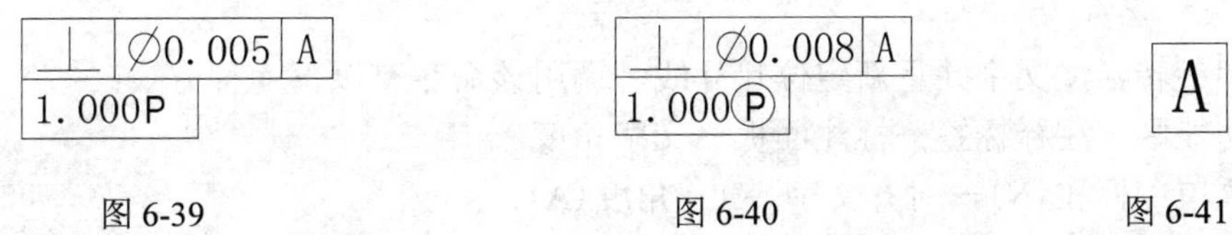

图 6-39　　图 6-40　　图 6-41

混合公差为某个特征相同几何特征或为有不同基准需求的特征指定两个公差。一个公差与特征组相关，另一个公差与组中的每个特征相关。单个特征公差比特征组公差具有更多的限制。混合公差可以指定孔组的分布直径和每个单独孔的直径。如图 6-42 所示，基准 A 和 B 相交的点称为基准轴，从这个点开始计算图案的位置。

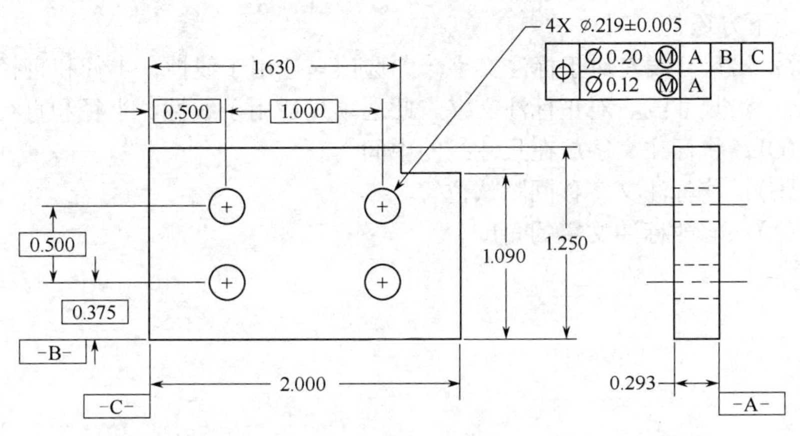

图 6-42

把混合公差添加到图形中时，首先指定特征控制框的第一行，然后为第二行选择相同的几何特征符号。几何符号框格将被延伸覆盖每行，然后可以创建第二行公差符号。

6.5　编辑尺寸标注

6.5.1　编辑标注

修改现有标注文字的位置和方向或者替换为新文字。调用该命令有以下4种方式：

（1）功能区：注释标签→标注面板→倾斜。

（2）菜单：标注(N)→倾斜(Q)。

（3）工具栏：。

（4）命令条目：dimedit。

输入标注编辑类型[默认(H)/新建(N)/旋转(R)/倾斜(O)]<默认>:

- 默认(H)：将旋转标注文字移回默认位置。
- 新建(N)：使用在位文字编辑器更改标注文字。
- 旋转(R)：旋转标注文字。
- 倾斜(O)：调整线性标注延伸线的倾斜角度。

6.5.2　编辑标注文字

移动和旋转标注文字并重新定位尺寸线。调用该命令有以下4种方式：

（1）功能区：注释标签→标注面板→文字角度。

（2）菜单：标注(N)→对齐文字(X)→角度(A)。

（3）工具栏：。

（4）命令条目：dimtedit。

选择标注:

指定标注文字的新位置或[左(L)/右(R)/中心(C)/默认(H)/角度(A)]:

- 标注文字的新位置：拖拽时动态更新标注文字的位置。要确定文字显示在尺寸线的上方、下方还是中间。
- 左(L)：沿尺寸线左对正标注文字。此选项只适用于线性、半径和直径标注。
- 右(R)：沿尺寸线右对正标注文字。此选项只适用于线性、半径和直径标注。
- 中心(C)：将标注文字放在尺寸线的中间。
- 默认(H)：将标注文字移回默认位置。
- 角度(A)：修改标注文字的角度。

第 7 章　绘制建筑工程图

本章要点

- 建筑图样板文件的创立和调用
- 建筑总平面图、平面图、立面图、剖面图、详图的绘制
- 给排水施工图的绘制
- 采暖施工图的绘制
- 建筑电气施工图的绘制
- 桥梁工程图的绘制

7.1　建筑工程图样板文件

工程图样必须按照国家制图标准的规定绘制打印输出。由于 AutoCAD 是一个通用产品，它的缺省设置和自带的“样板文件”有许多方面不符合我国《房屋建筑制图统一标准》（GB/T 50001—2001）、《建筑制图标准》（GB/T 50104—2001）的要求，每次开始一幅新图的绘制时，都要进行一些准备工作，如设置图形界限和单位、设置图层、定义各种样式等。这样既浪费时间，又容易出错。虽然利用 AutoCAD 设计中心可以省去这些雷同的操作，但需要通过拖放或其他操作来复制图层、文字样式、尺寸样式等。使用样板文件可以避免这些重复操作，从而提高效率和统一整套图纸的风格。

样板文件是指提取整套图纸中相同的部分（如绘制单位、图形界限、文字样式、标注样式、多线样式等），建立的空白图形文件（又称模板文件）。AutoCAD 本身所带的样板文件往往不符合某一特定用户的具体要求，为此 AutoCAD 允许用户建立个性化的样板文件。

样板文件包括的内容有：绘制单位类型与精度设置、图层设置、中英文样式设置、标准样式设置、多线样式设置等，如果有必要还可以绘制图形界限、图框与标题框等。

7.1.1　样板文件的创立

下面以创建建筑施工图样板文件为例，说明样板文件的创建过程（工作空间：模型空间，绘图比例 1∶1。在模型空间打印输出，出图比例 1∶100）。

1. 新建文件

建立新的 AutoCAD 图形文件（也可以打开已有图形文件，在其基础上进行修改）。

2. 设置绘图环境

（1）设置绘图窗口背景色为白色，将对象捕捉框改为蓝色，定义显示精度、显示性能、

屏幕十字光标的大小，设置图形的布局等。单击屏幕左上角的按钮，打开“快速访问工具栏”。单击选项按钮，打开“选项”对话框，如图 7-1 所示。

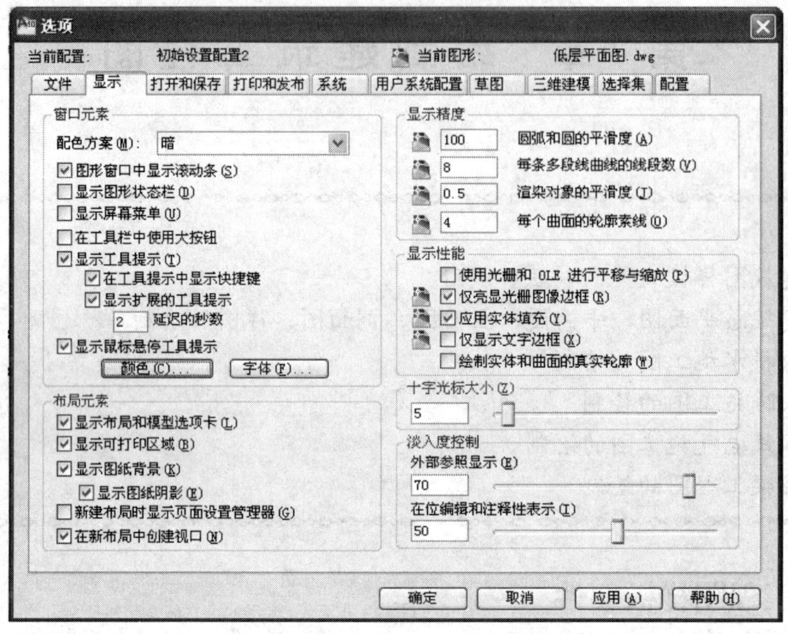

图 7-1

（2）设置绘图单位：单击屏幕左上角的按钮，打开“快速访问工具栏”。执行“图形实用工具”命令，打开“图形单位”对话框，如图 7-2 所示。数字类型采用“小数”，角度类型采用“十进制度数”，单位精度设置为“0”。

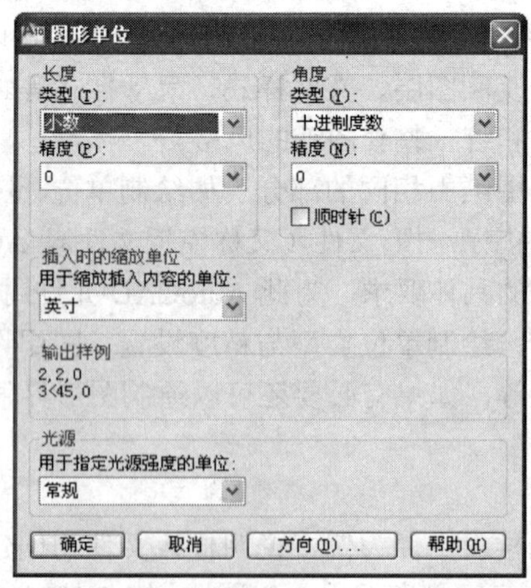

图 7-2

（3）设置图形界限：执行“格式”→“图形界限”命令，设定左下角坐标（0,0），右上角坐标（59400,42000）。界限范围比所画图形略大，设置图形界限后，再执行进行“全部缩放”（ZOOM-ALL）命令，如图 7-3 所示。

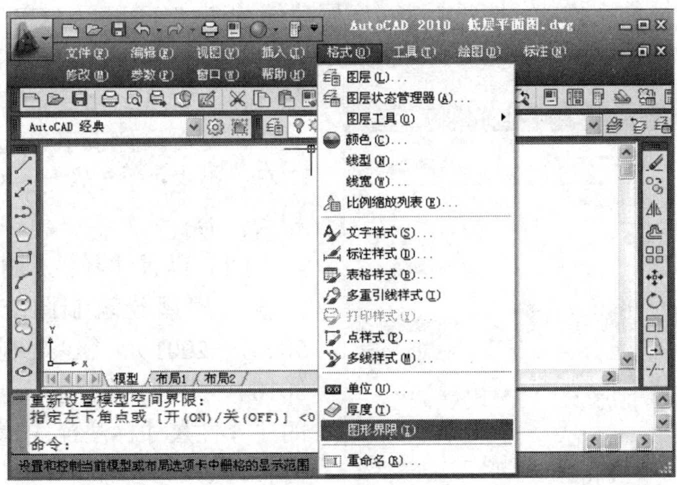

图 7-3

（4）设置如表 7-1 所示图层。

表 7-1 **图 层 设 置 表**

图层名称	颜 色	线 型	线 宽	图层名称	颜 色	线 型	线 宽
0	白色	Continuous	默认	文字	绿色	Continuous	默认
粗实线	白色	Continuous	0.5	填充	蓝色	Continuous	默认
细实线	白色	Continuous	0.3	墙线	白色	Continuous	默认
轴线	红色	Center	默认	门窗	品红	Continuous	默认
粗虚线	白色	Hidden	0.5	其他	白色	Continuous	默认
细虚线	白色	Hidden	0.3	图框	白色	Continuous	默认
尺寸	绿色	Continuous	默认				

（5）设置“端点”、“中点”、“圆心”、“交点”为永久捕捉模式。

（6）在“线型管理器”中，设置“全局比例因子”为 50 左右，如图 7-4 所示。

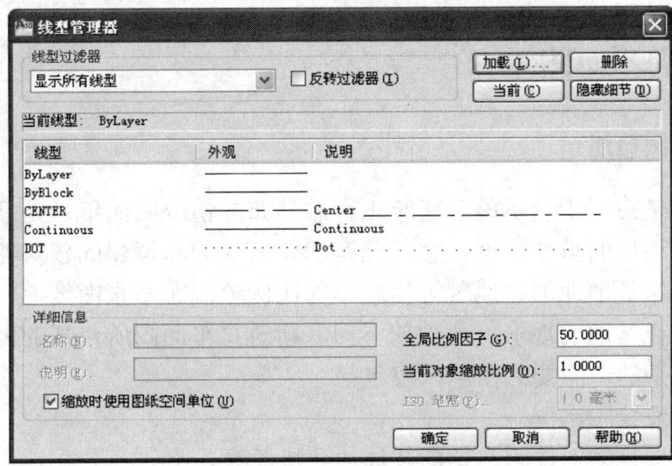

图 7-4

（7）设置注释性文字样式：按照国家《房屋建筑制图统一标准》（GB/T 50001—2001）、《建筑制图标准》（GB/T 50104—2001）的要求，汉字选用“仿宋_GB2312”字体，宽度系数 0.7。如 3.5 号字的字体命名为“仿宋 3.5”；英文、拉丁字母选用“gbeitc.shx”字体，命名为：“英文 2.5”。参见 4.2 节的相关内容。

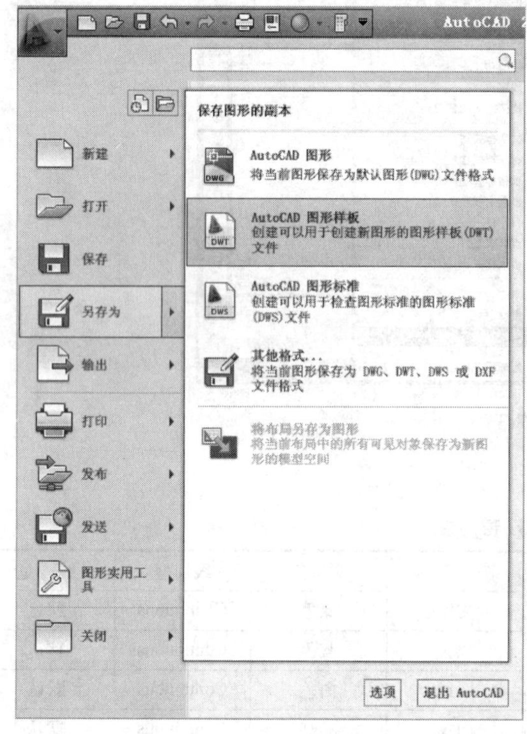

图 7-5

（8）设置注释性尺寸标注样式：按照国家《房屋建筑制图统一标准》（GB/T 50001—2001）、《建筑制图标准》（GB/T 50104—2001）的要求，定义名称为“建筑”的注释性尺寸标注样式。参见 6.5 节的相关内容。

（9）设置多线样式。参见 3.22 节的相关内容。

3. 保存样板文件

单击屏幕左上角的按钮，打开“快速访问工具栏”。执行“另存为”命令，选择“AutoCAD 图形样板”，将文件名指定为“建筑施工图模板.dwt”样板文件，记住文件的存放路径，以便于随时调用。如图 7-5 所示。

7.1.2 样板文件的调用

（1）打开原存盘的样板文件“建筑施工图模板.dwt”。

（2）更改文件类型和文件名存盘。另存为×××.dwg 文件（更改文件类型），并更改文件名（如底层平面图等）。

7.2 绘制建筑总平面图

7.2.1 建筑总平面图概述

建筑总平面图是指用于表示整个建筑工程总体布局情况的图纸，是新建筑物定位、施工放线、布置施工现场的重要依据。它将已有的、新建的和拟建的建筑物、构筑物、道路以及绿化等结合建筑基地地形、地貌等用较小的比例绘制在一张图纸上。根据建设工程的性质、规模以及所在基地的地形、地貌的不同，建筑总平面图所包括的内容会有所不同，有简单的，也有复杂的。主要的图示内容包括：

（1）总图图名及绘图比例。

（2）建筑物及构筑物的位置、朝向及周边环境关系。

（3）新建区、扩建区和改建区的总体布置。

（4）建筑物首层室内地面、室外整平地面的绝对标高。

（5）指北针和风玫瑰图。

（6）水、暖、电等管线及绿化布置情况。

7.2.2 建筑总平面图的绘制方法

建筑总平面图是水平投影图，绘制时按照一定的比例，在图纸上画出建筑的轮廓及其他设施的水平投影的可见线，以表示建筑物和周围设计在一定范围内的总体布置情况。一般新建建筑物用粗实线表示，待拆建筑物或原有建筑物用细实线表示，拟建建筑物用粗虚线表示。

打开 7.1 节中创建的样板文件“建筑施工图模板.dwt”。另存为“D: \校园总平面图.dwg”（D 为盘符），如图 7-6 所示。

绘制步骤如下：

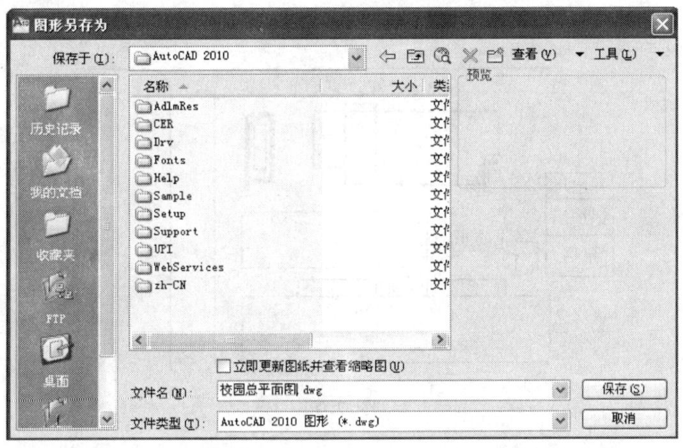

图 7-6

（1）将“其他”图层设置为当前层。选择“绘图”→“矩形”命令，绘制一个长 70，宽 30 的矩形，在矩形的左下角补画一条长 20 的直线；选择“修改”→“偏移”命令，将矩形和直线向内偏移 5；选择“修改”→“圆角”命令，把外矩形的圆角半径定为 10，内矩形的圆角半径定为 5，用多段线一次倒成；接着选择“修改”→“分解”、“延伸”、“修剪”等命令，将跑道绘制成如图 7-7 所示。最后在跑道内绘制一个大小合适的矩形，并用“修改”→“移动”命令，将其移动到合适的位置。

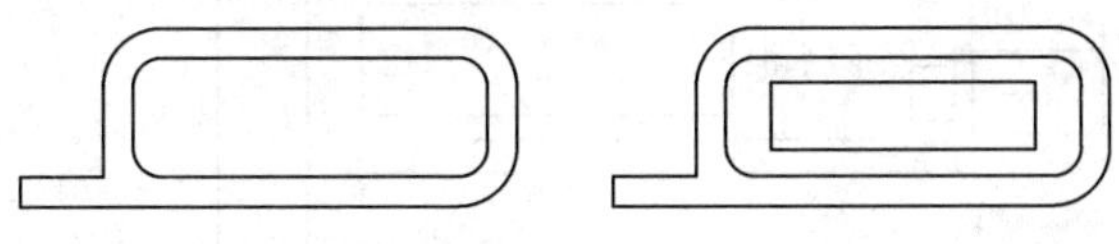

图 7-7

（2）将“建筑物”图层设置为当前层。选择“绘图”→“多线”绘制宽 120，长 1800 和 1200 的道路，并用“修改”→“圆角”命令，圆角半径为 100，见交叉路圆角。接着用“绘图”→“矩形”命令绘制已有建筑物，结果如图 7-8 所示。

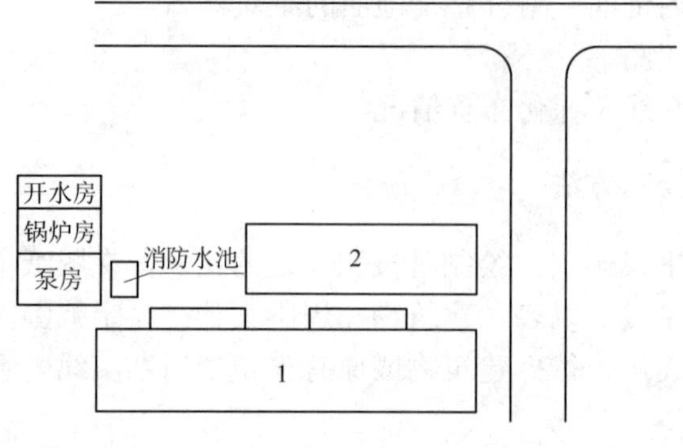

图 7-8

（3）将“其他建筑物”图层设置为当前层。选择“绘图”→“多段线”命令，绘制新建建筑物，并将前面已画好的跑道移动至适当位置，结果如图 7-9 所示。

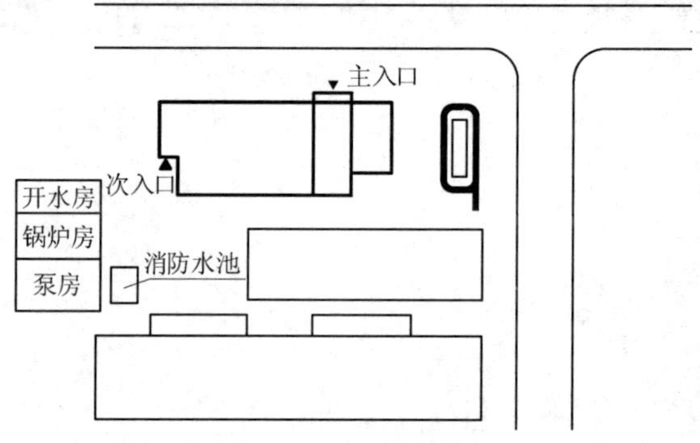

图 7-9

（4）将“填充”图层设置为当前层。首先在需要填充的区域外围，绘制一条封闭的曲线，作为填充边界，执行“绘图”→“填充”命令，选择所有物体，填充样式为“AR-SAND”，比例为 0.1。填充效果如图 7-10 所示。

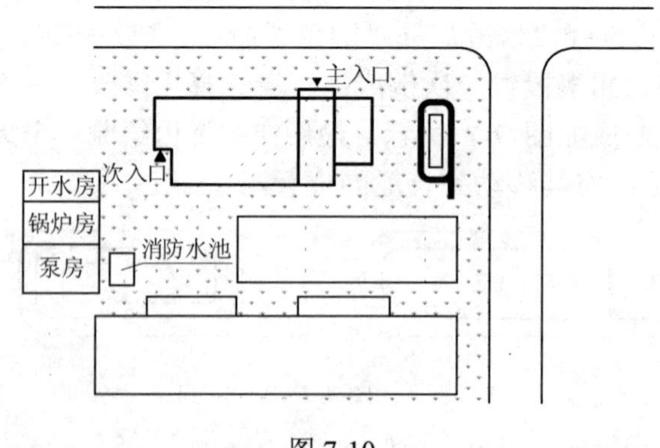

图 7-10

（5）将“绿化”图层设置为当前层。执行“绘图”→“圆”命令，绘制一个树形圆，再使用“绘图”→“射线”命令，从圆的中心绘制数条射线，然后使用“修改”→“修剪”

命令，以圆为边界修剪，将已画好的树形图复制到适当位置。结果如图 7-11 所示。

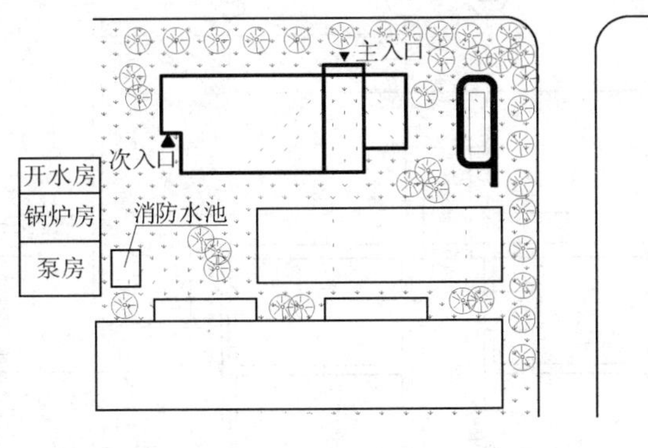

图 7-11

另外在建筑制图中，有一些常用的图例符号，如轴号、索引符号、指北针、风玫瑰等，图 7-12 列出了这些符号的图形。这些图例符号在 AutoCAD 中一般制作成图块，在需要时插入即可。

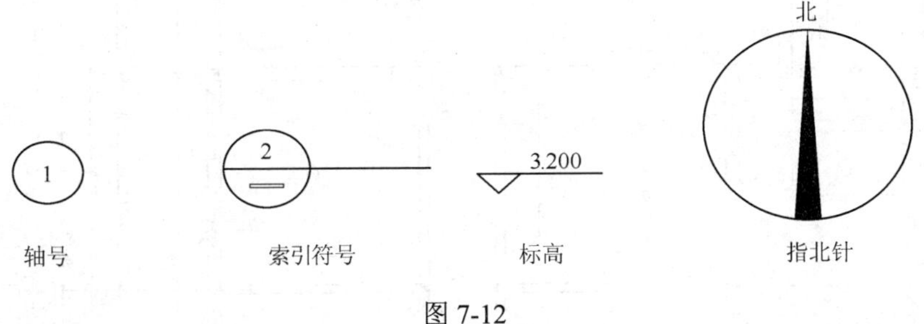

图 7-12

7.3 绘制建筑平面图

7.3.1 建筑平面图概述

建筑平面图是指假想用一个水平的剖切面沿门窗洞的位置将房屋剖开后，对剖切面以下的部分用正投影法得到的投影图。它是建筑施工图的主要样图之一。建筑平面图主要反映房屋的平面形状、尺寸、大小、房间的布置，墙、柱的位置、厚度和材料，门窗的类型和位置、楼梯布置等。建筑平面图主要分为底层平面图（主要表达室内的布局，室外可见的台阶、明沟或散水、花台或阳台等）、二层或标准层平面图（与底层平面图类似，因为室外部分底层平面图中已表达清楚，所以只需表达本层室内情况及下一层室外的雨篷、遮阳板等）、顶层平面图（主要表达屋顶的形状、屋面排水方向及坡度、天沟或檐沟的位置，还有女儿墙、屋脊线、雨水管、上人孔及水箱的位置）等。如图 7-13～图 7-16 所示，主要的图示内容包括：

（1）图名、比例。

（2）墙、柱、门、窗的位置和编号，房间的名称或者编号，轴线编号等。

（3）建筑物的尺寸，包括建筑物的总体尺寸以及各附件的定位尺寸等。

（4）建筑物的结构形式、主要建筑材料以及室内装潢的做法。

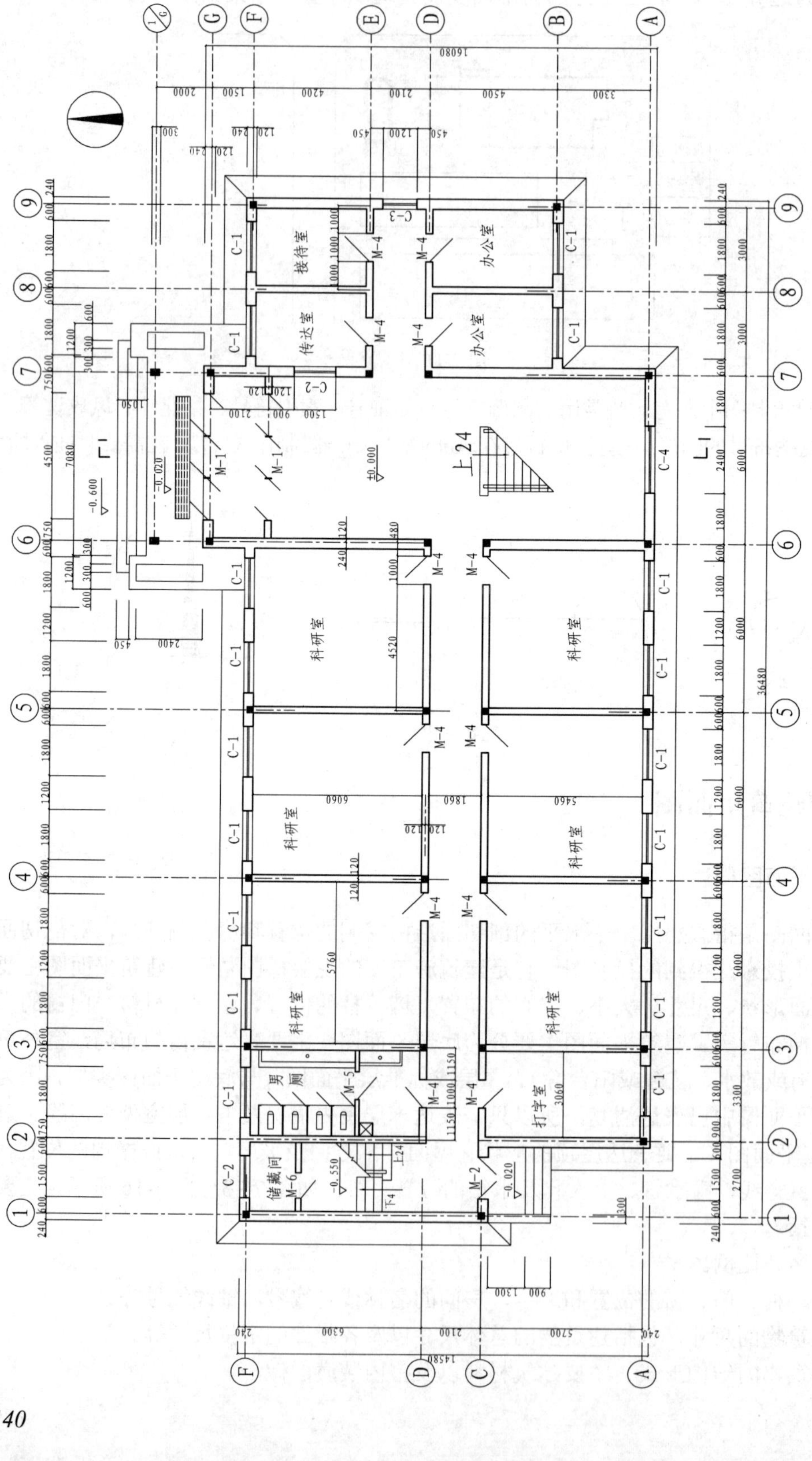

底层平面图 1：100

图 7-13

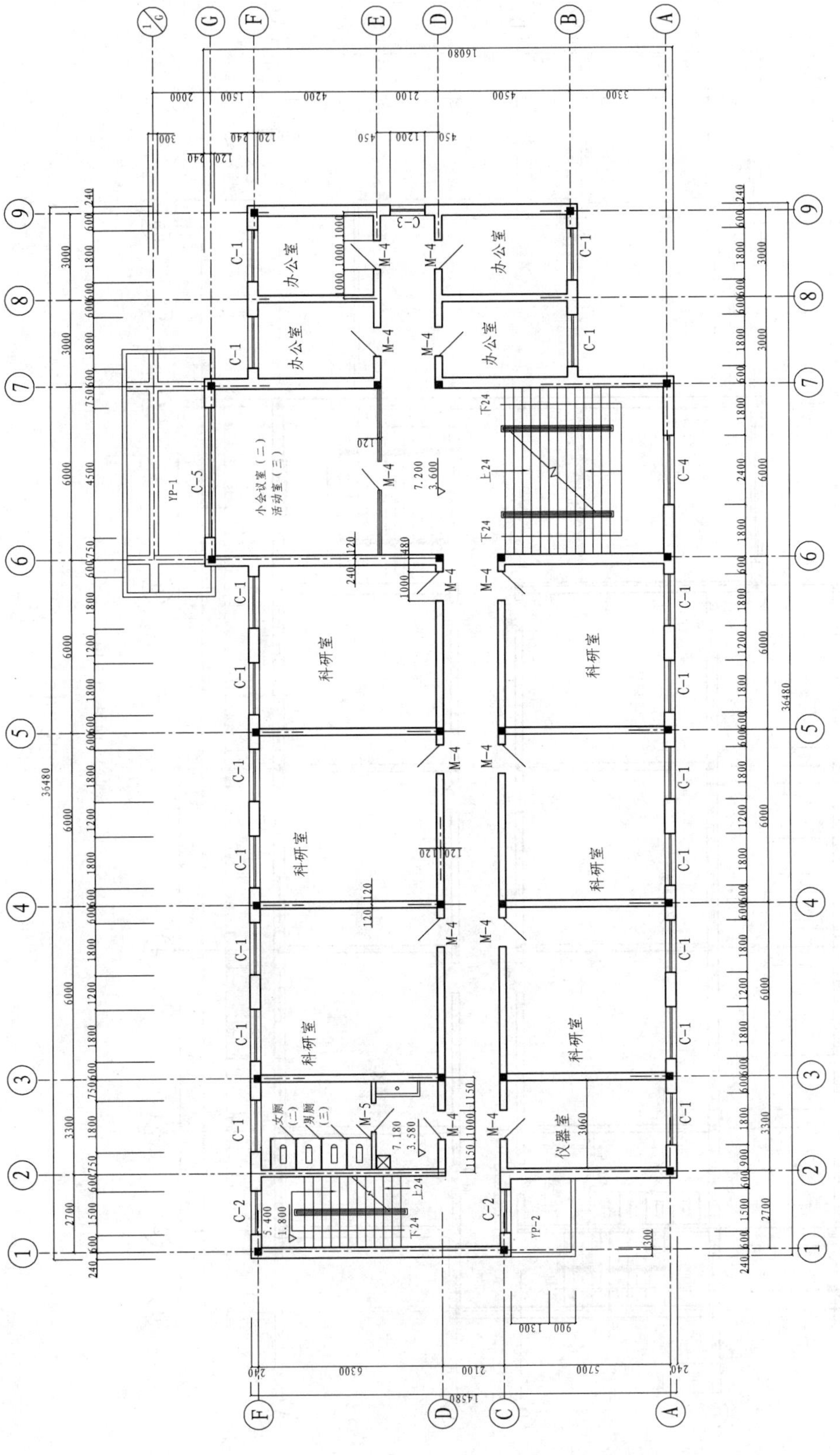

二、三层平面图　1:100

图 7-14

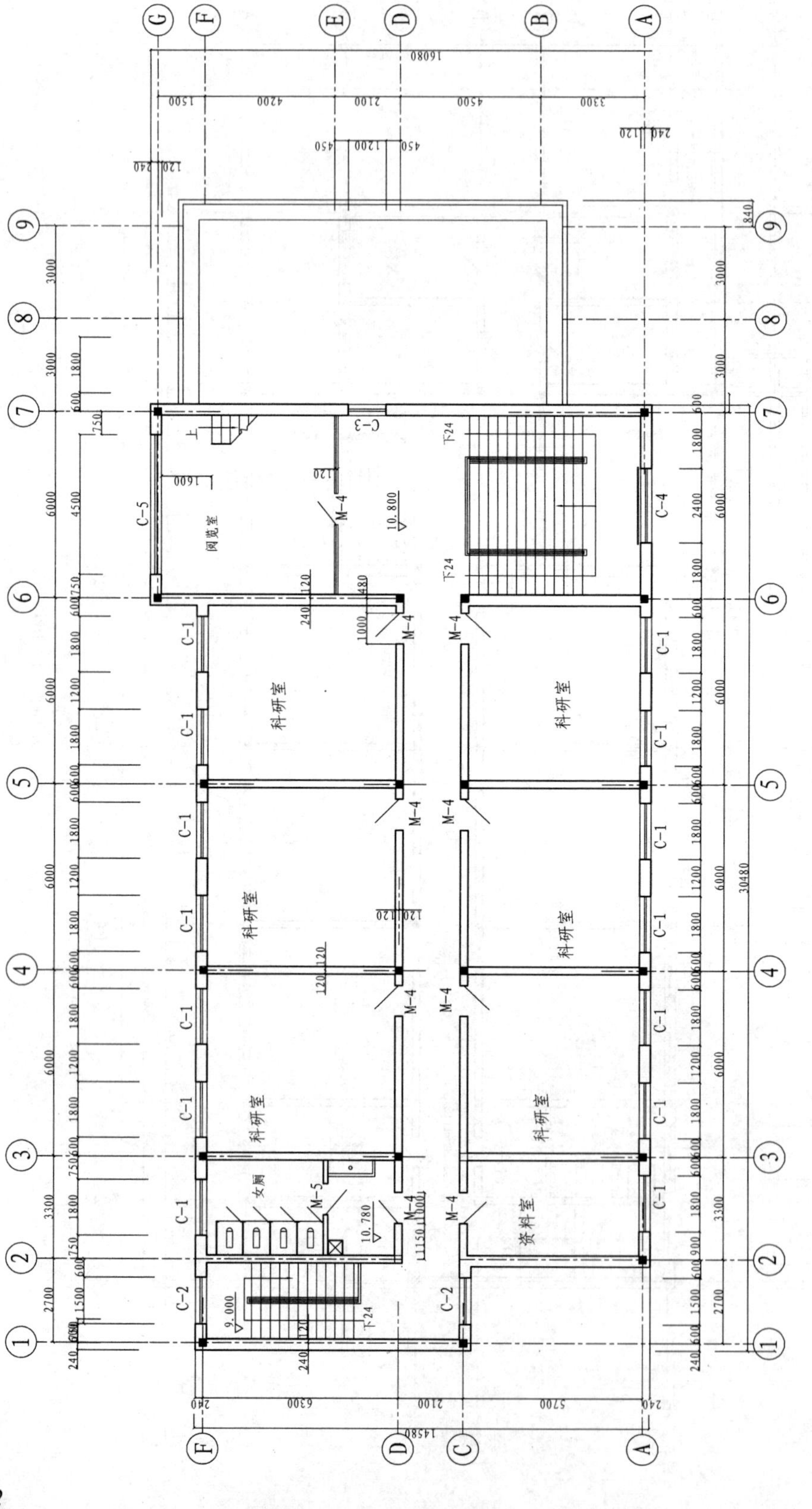

四层平面图 1:100

图 7-15

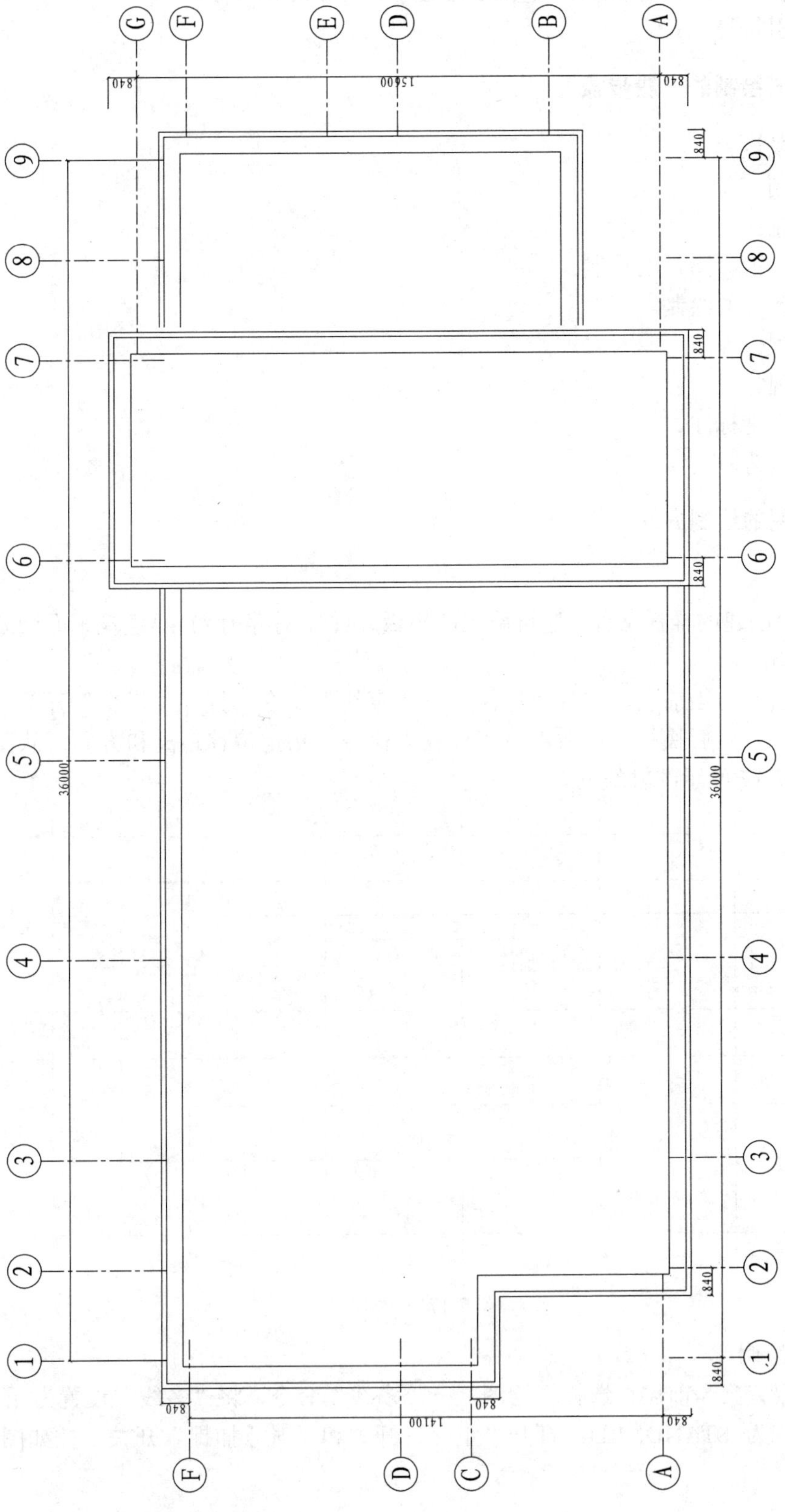

屋顶平面图 1∶100

图 7-16

（5）电梯、楼梯、阳台、斜坡、排水沟的位置等的方向和尺寸。

（6）详图索引符号。

7.3.2 建筑平面图绘制的一般步骤

（1）绘图环境设置。

（2）轴线绘制。

（3）墙线绘制。

（4）柱、门、窗、阳台的绘制。

（5）楼梯、台阶的绘制。

（6）室内布置。

（7）室外景观。

（8）尺寸、文字标注。

（9）详图索引符号。

7.3.3 底层平面图的绘制方法

1. 绘图准备

打开 7.1 节中创建的样板文件“建筑施工图模板.dwt”。另存为“D：\建筑平面图.dwg”。

2. 轴线的绘制

将“轴线”层置为当前层，选择“绘图”→“直线”命令，打开“正交”开关，绘制最左最上两条直线，然后执行“修改”→“偏移”命令，指定偏移距离和方向，从图纸中查找，绘制如图 7-17 所示的轴线网。

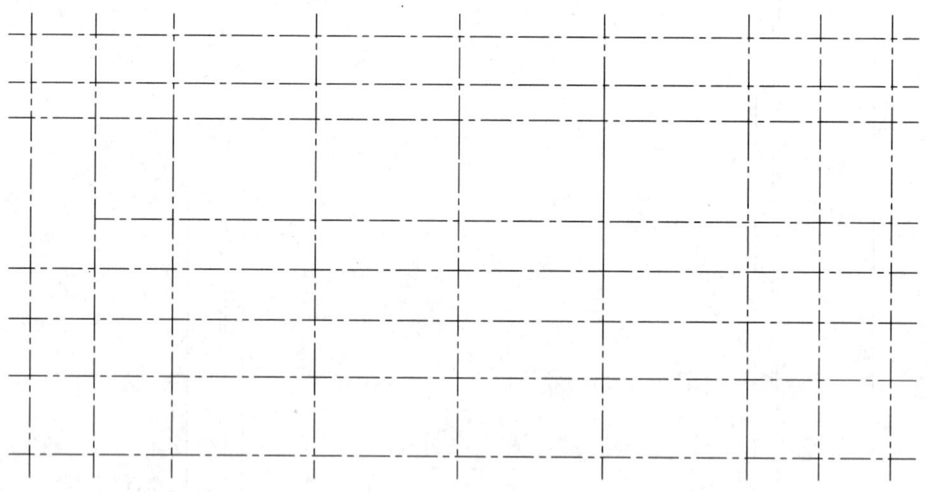

图 7-17

3. 外墙线的绘制

将“墙线”层置为当前层，选择“绘图”→“多线”命令，将“多线”设置为无对正，比例为 370，样式为 STANDARD；打开“正交”开关和“对象捕捉”开关，按如图 7-18 粗绘墙线。

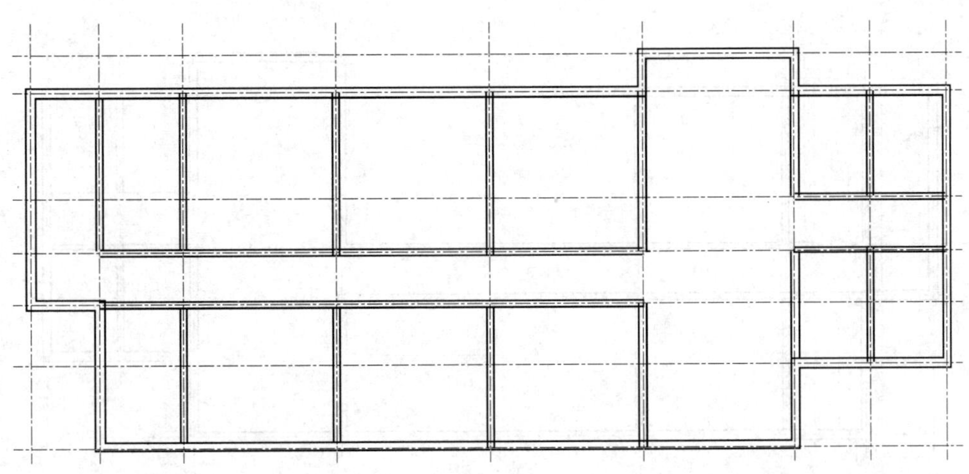

图 7-18

绘制完外墙先后，选择“修改”→“对象”→“多线”命令，打开“多线编辑工具”对话框，使用对话框中提供的交点编辑工具按图纸要求样式编辑外墙体，之后执行“修改”→“分解”命令，对细节部分进行“修剪”、“倒角”处理，使之连接正确，如图 7-19 所示。

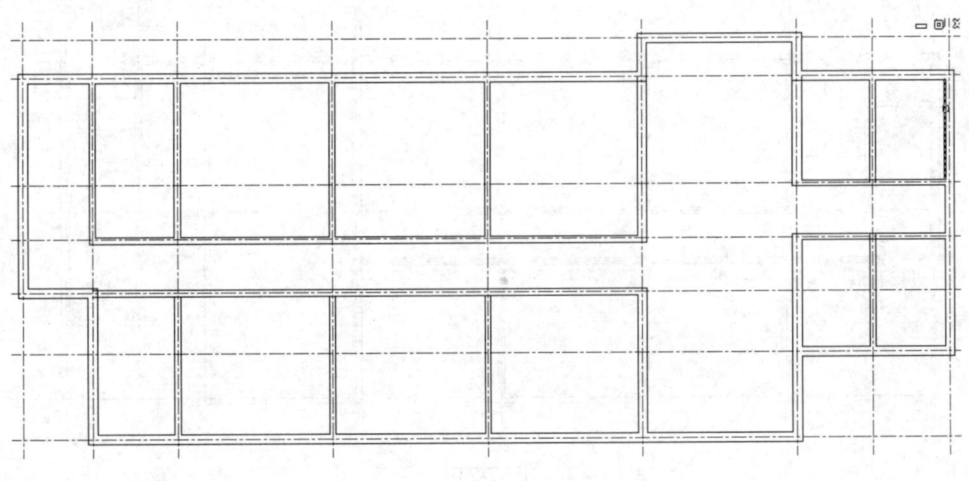

图 7-19

4. 门窗的绘制

外墙线上窗洞的定位：将最左侧的纵向轴线向右偏移 600，然后将该偏移轴线再向右偏移 1500；将最左侧的第二条纵向轴线向右偏移 750，接着将该偏移轴线向右再偏移 1800。使用“修改”→“修剪”命令，以刚刚偏移的四条轴线为修剪边界，将外墙体上 C-2、C-1 的窗洞修剪开，删除以上四条轴线，并在“门窗”层上将墙线的缺口补画上，外墙线上门洞的画法类似于窗洞，将最左侧的第二条纵向轴线向右偏移 1150，接着将该偏移轴线向右再偏移 1000。使用“修改”→“修剪”命令，将偏移后两轴线间的外墙线剪去，获得门 M-4 的孔。结果如图 7-20 所示。

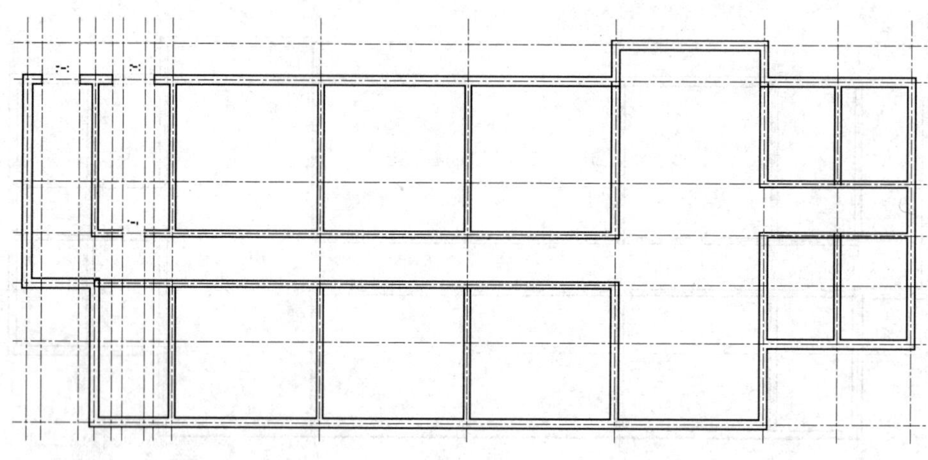

图 7-20

使用“复制”命令，将画好的 C-1、C-2 和 M-4 复制到其他房间。注意基点、插入点和要插入的图形之间的尺寸必须完全一致，复制修订完成之后，执行“修改”→“修剪”命令，以刚刚复制的门窗线为边界，将门和窗的洞修剪开，将辅助偏移的轴线删除，并对多余的线条进行修订。结果如图 7-21 所示。

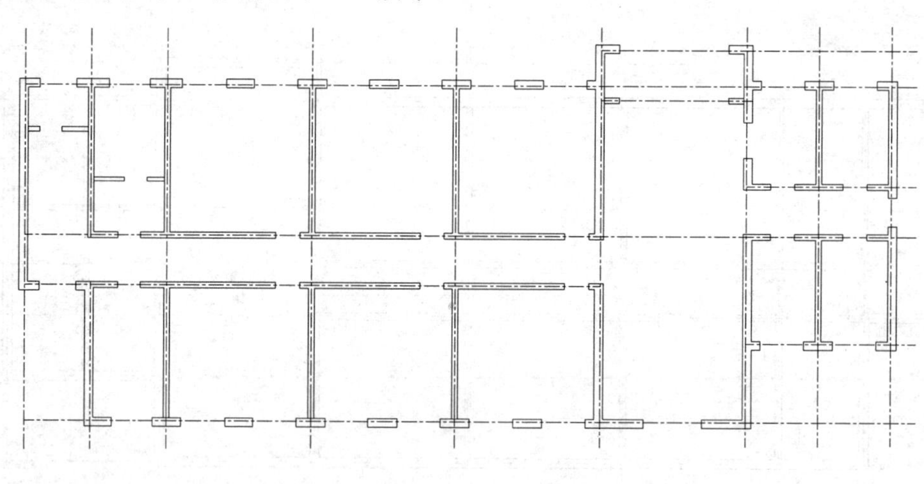

图 7-21

创建窗：按照《房屋建筑制图统一标准》（GB/T 50001—2001）、《建筑制图标准》（GB/T 50104—2001），窗的形式有 10 多种。本例中示意单层固定窗的画法：执行“绘图”→“矩形”命令，绘制 C-3 窗外形轮廓为 1200×370 的基本窗，然后执行“修改”→“分解”命令，并将矩形的两个长边向内偏移 120，结果如图 7-22 所示。

单击“常用”→“块”工具栏的按钮，定义所绘制的基本窗块，命名为“C370&1200”，插入基点取轮廓矩形左下角。单击“常用”→“块”工具栏的按钮，选择“C370&1200”块，指定缩放比例在 X 方向为 1.25，在 Y 方向为 1，旋转角度为 0，获得 C-2 窗外形轮廓为 1500×370，指定缩放比例在 X 方向为 1.5，在 Y 方向为 1，

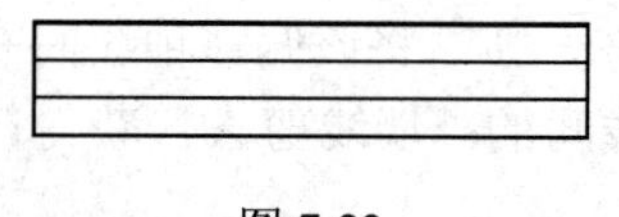

图 7-22

旋转角度为 0，获得 C-1 窗外形轮廓为 1800×370。门的绘制与窗类似，结果如图 7-23 所示。

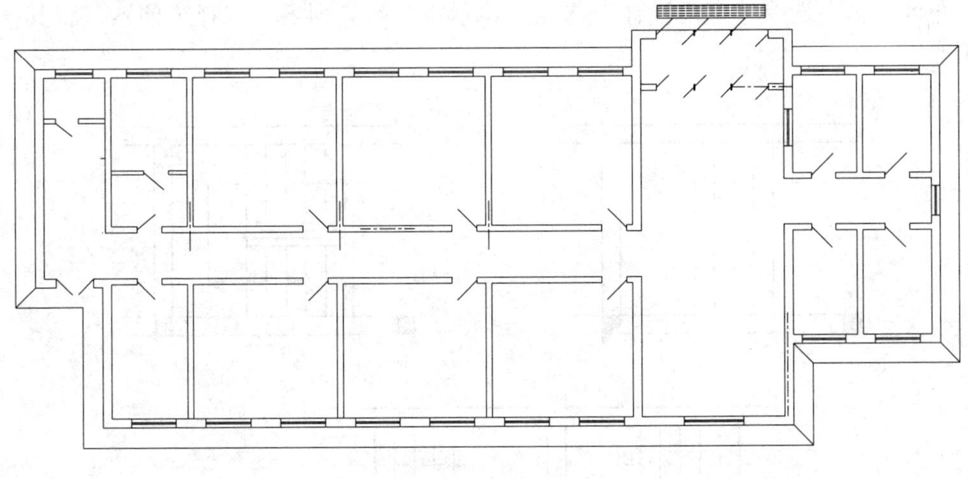

图 7-23

5. 散水、楼梯、卫生间等的绘制

在一般情况下，底层都要绘制出所设计的建筑物四周的散水情况，如果有台阶，还要绘制台阶。本例散水宽为 1200，可以直接将四周的轴线偏移 1200，在将所偏移的直线运用“格式刷”改换图层属性即可，结果如图 7-23 所示。

楼梯是建筑中常用的垂直交通设施，楼梯的数量、位置以及形式应满足使用方便和安全疏散的要求，并注重建筑环境空间的艺术效果。设计楼梯时，还应使其符合《建筑设计防火规范》（GB 50016—2006）和《建筑楼梯模数协调标准》（GBJ 101—87）等其他有关单项建筑设计规范的要求。

根据楼梯平面形式的不同，楼梯可以分为单跑直楼梯、双跑直楼梯、双跑平行楼梯、弧形楼梯等。本例中的楼梯有单跑直楼梯和双跑平行楼梯两种，绘制方法较为简单，可以使用相对点的方法定位，同时配合使用偏移、复制、阵列等命令来绘制踏步线。图 7-24 所示为底层楼梯的绘制，图 7-25 所示为标准层楼梯的绘制。

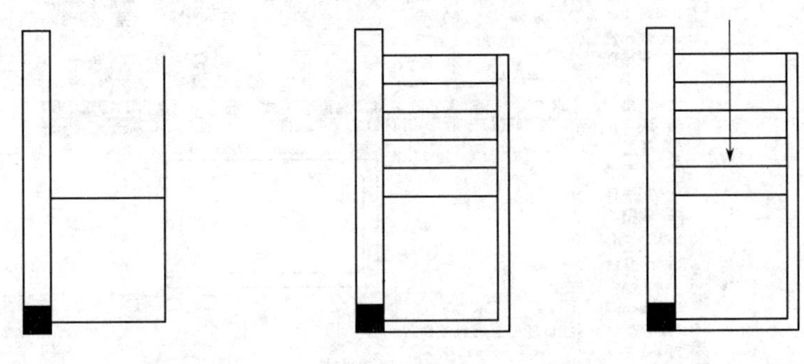

图 7-24

在建筑物的各个单元房间里，卫生间的设备构成相对较为稳定，一般包括坐便器、浴盆及洗手池等。本例为办公楼，设公共厕所，卫生器具为蹲便器，个数以建筑物空间而定，这里示意蹲便器的绘制。AutoCAD 2010 自身带有一些常用的设计素材，作为块存储在其设计中心。单击“视图”→“选项板”中的按钮，打开“设计中心”对话框，如图 7-26 所示。在列表框中选择“室内设计”选项，显示室内家具列表，选择蹲便器，将其插入到所绘图形中。

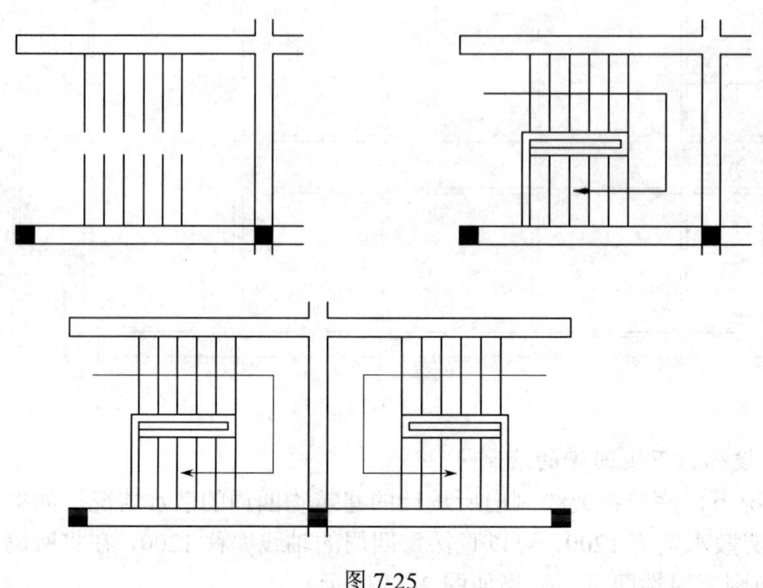

图 7-25

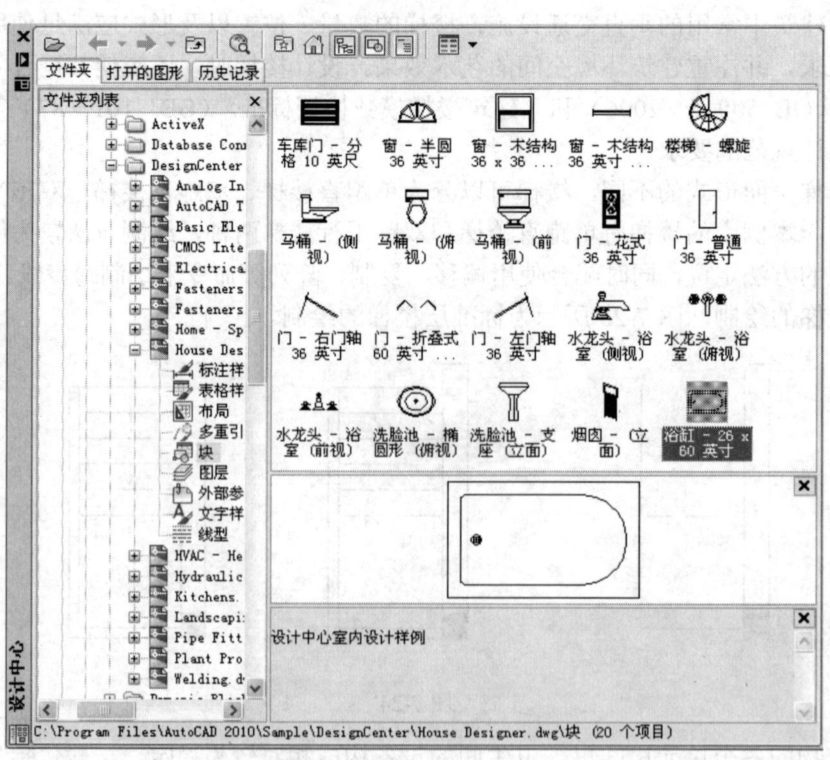

图 7-26

将“台阶”图层置为当前层。本例室内、外高差为 600，设置的台阶包括主入口和次入口的台阶，踏步高度为 150，宽度为 300，绘制方法同楼梯，结果如图 7-27 所示。

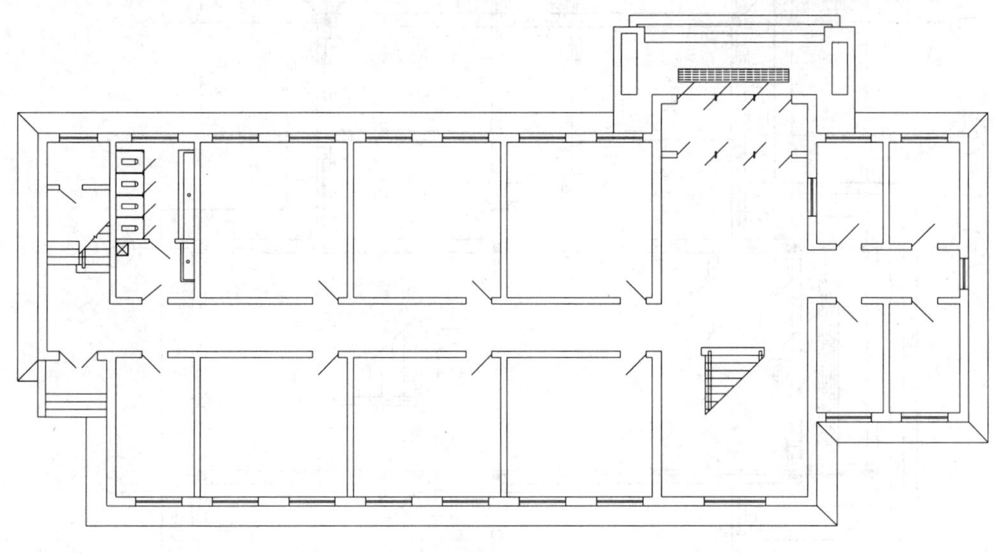

图 7-27

6. 添加标注

尺寸标注是施工图的重要部分，它是现场施工的主要依据。建筑施工图中，尺寸标注的内容包括总轴线尺寸、轴线（或墙体）尺寸和外墙门窗尺寸。

将“尺寸”图层置于当前图层，绘制轴线标注符号，其中末端的圆圈半径为 400，在圆圈内写上编号，然后用“复制”命令进行复制。双击轴线编号，直接从中修改轴线编号。结果如图 7-28 所示。

选择“格式”→“标注样式”命令，打开“标注样式管理器”对话框，单击“修改”按钮，打开“修改标注样式”对话框。在“直线和箭头”选项卡中，将箭头设为“建筑标记”，箭头大小设为 250；在“尺寸界线”选项卡中，将“超出尺寸线”设为 1.35，“起点偏移量”设为 0.625；在“尺寸线”选项卡中，将“基线间距”设为 3.75；在“文字”选项卡中，将“文字高度”设为 500；对水平和垂直的线性尺寸都可以使用“连续”超出标注的方法。

建筑施工图中有许多地方需要标注文字，以说明施工图设计信息，因此，文字标注是建筑制图中的又一个重要组成部分。一般来说，文字标注的内容包括图名和比例、房间功能划分、门窗符号、楼梯说明及其他有关文字说明等。在命令行输入“style”，打开“文字样式”对话框，设置字体为“仿宋_GB2312”，高度为 500，其他为默认设置。结果如图 7-29 所示。

7.3.4 二、三层平面图的绘制方法

二、三层平面图通过修改底层平面图来完成。首先将底层平面图复制到其正上方，作为二、三层平面图，依次按照不同房间区域进行修改，修改不同对象时，注意将相应的图层置为当前层。细节修改内容根据图纸而定，在此不再赘述。完成结果如图 7-14 所示。

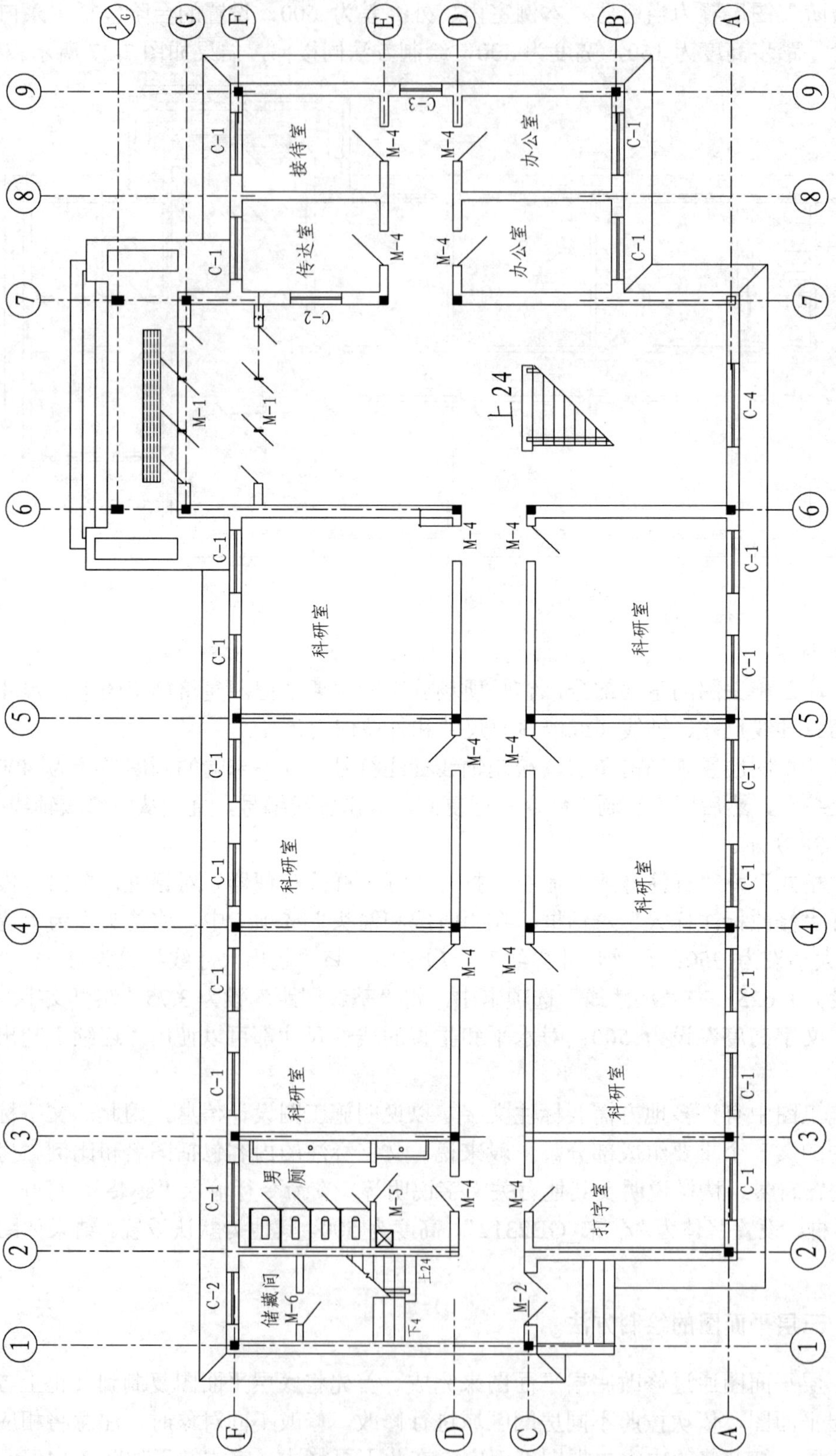

图 7-28

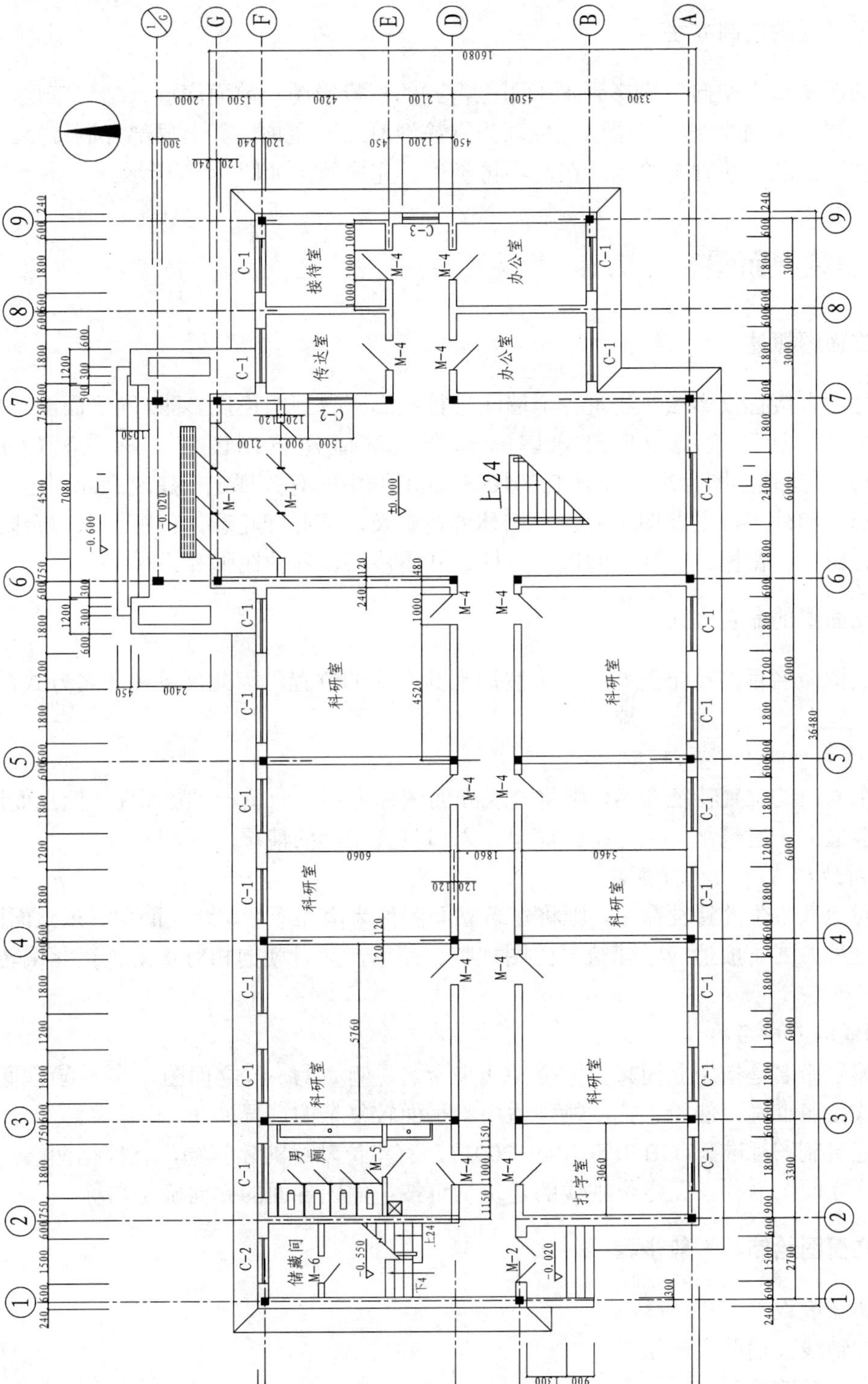

底层平面图 1：100

图 7-29

7.3.5　屋顶平面图的绘制方法

屋顶平面图是从上空向下投影到水平面上得到的正投影图。前面底层、二、三层平面图已完成局部屋顶图的绘制，三层以上屋顶为钢筋混凝土平屋顶，其上局部开洞镂空，其平面图在四层平面图的基础上绘制，在此不再赘述。完成结果如图7-16所示。

7.4　绘制建筑立面图

7.4.1　建筑立面图概述

立面图是用直接正投影法对建筑各个墙面进行投影所得到的正投影图。同平面图一样，建筑立面图的设计和绘制也应遵守国家标准《房屋建筑制图统一标准》（GB/T 50001—2001）、《建筑制图标准》（GB/T 50104—2001）中的有关规定。建筑立面图主要表现建筑物的形体和外貌，主要图示内容有墙体外轮廓及内部凸凹轮廓、门窗、入口台阶及坡道、雨篷、窗台、窗楣、壁柱、檐口、栏杆、外露楼梯、各种线脚等。

7.4.2　建筑立面图的命名方式

建筑立面图命名目的在于能够一目了然识别其立面的位置。因此，各种命名方式都是围绕“明确位置”这一主题来实施的。

1. 以相对主入口的位置特征命名

以相对主入口的位置特征命名，则将建筑立面图称为正立面图、背立面图、侧立面图。这种方式一般适应于建筑平面图方正、简单，入口位置明确的情况。

2. 以相对地理方位的特征命名

如以相对地理方位的特征命名，则将建筑立面图称为南立面图、北立面图、东立面图、西立面图。这种方式一般适应于建筑平面图规整、简单，而且朝向相对正南、正北偏转不大的情况。

3. 以轴线编号命名

以轴线编号命名是指用立面起止定位轴线来命名，例如①～⑤立面图、Ⓐ～Ⓕ立面图等。这种方式命名准确，便于查找，特别适用于平面较复杂的情况。

根据《建筑制图标准》（GB/T 50104—2001），有定位轴线的建筑物，宜根据两端定位轴线编号标注立面图名称。无定位轴线的建筑物可按平面图各面的朝向确定名称。

7.4.3　建筑立面图绘制的一般步骤

（1）绘图环境设置。

（2）定位轴线及辅助线的绘制。

（3）立面图样的绘制。

（4）配景，如车、人、植物等。

（5）尺寸、文字标注。

7.4.4 建筑立面图的绘制方法

1. 绘图准备

立面图可以在平面图所在的图形文件中绘制，也可以在另一个图形文件中绘制，当图形文件较大时，可选择后者。立面图绘图环境的基本设置（单位、图形界限等）与平面图相同，文字样式、标注样式则根据出图比例的大小来决定。

2. 定位轴线及辅助线的绘制

从底层平面图下引出定位轴线，将"立面"图层打开，在适当位置绘制一条地坪线，根据室内外高差、各层层高、屋面标高、女儿墙高度确定楼层定位辅助线，用"偏移"命令来完成。结果如图 7-30 所示。

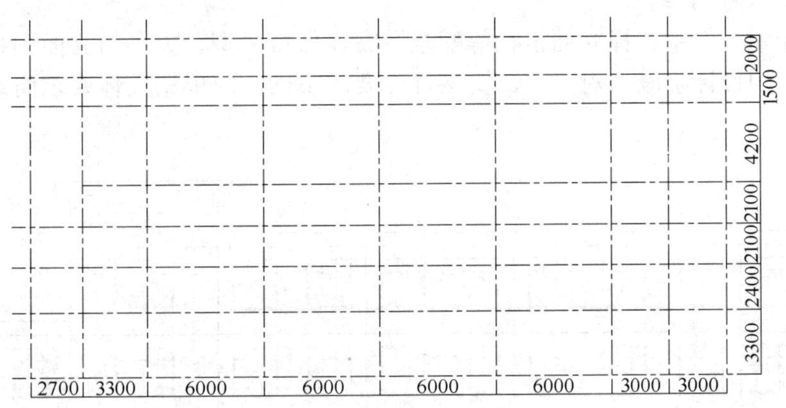

图 7-30

3. 立面图初步整理

在现有辅助线的基础上，综合应用"修剪"、"倒角"、"打断"等命令，将立面图的大致轮廓整理出来，结果如图 7-31 所示。

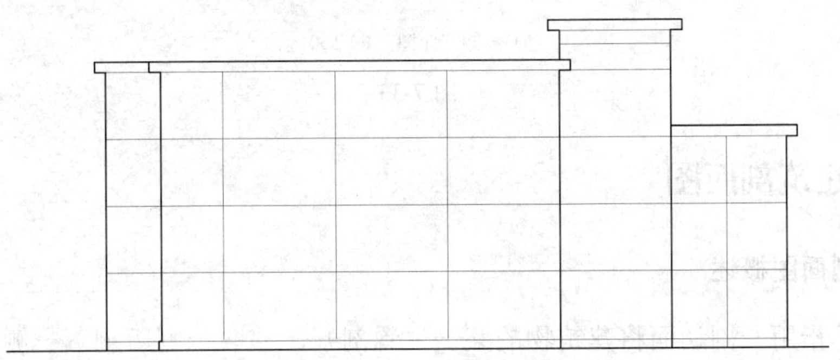

图 7-31

4. 入口台阶及门窗的绘制

将"门窗"图层置为当前层。使用"矩形"、"分解"、"定数等分"、"直线"、"移动"、"复制"和"镜像"等命令绘制门窗图形。结果如图 7-32 所示。

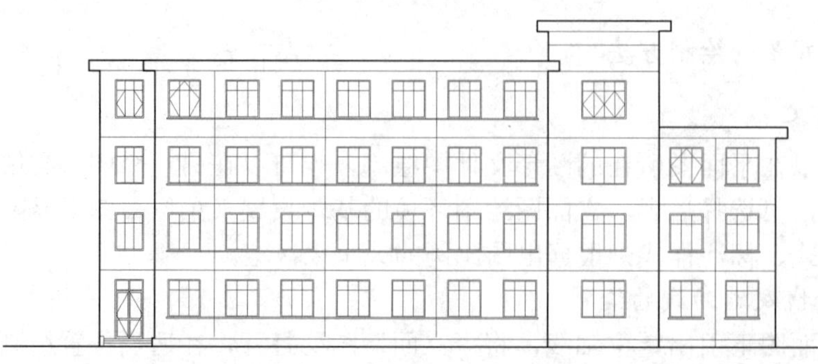

图 7-32

5. 尺寸、文字标注

从“设计中心”中选择立面植物等配景图案，保持树型、大小与立面图相协调。在立面图中，不同的设计阶段，对尺寸、文字标注要求不同，应根据具体要求而定。结果如图 7-33 所示。

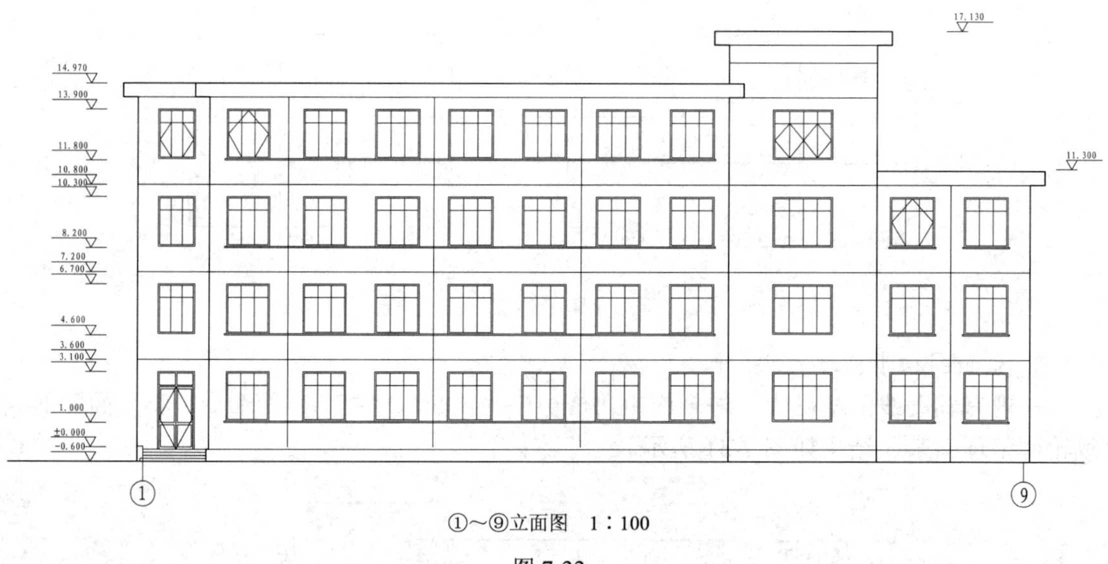

①～⑨立面图　1：100

图 7-33

7.5　绘制建筑剖面图

7.5.1　建筑剖面图概述

剖面图是指用一剖切面将建筑物的某一位置剖开，移取一侧后剩下一侧沿剖视方向的正投影图，用来表达建筑物内部空间关系、结构形式、楼层情况，以及门窗、楼层、墙体构造做法等。同平面图一样，建筑立面图的设计和绘制也应遵守国家标准《房屋建筑制图统一标准》（GB/T 50001—2001）、《建筑制图标准》（GB/T 50104—2001）中的有关规定。主要图示内容有剖切部位的空间关系、建筑层数、高度、室内外地坪标高、楼层标高、比例或比例尺等。

7.5.2 建筑剖面图绘制的一般步骤

（1）绘图环境设置。

（2）绘制建筑物的室内地平线和室外地平线、各个定位轴线以及各层的楼面、屋面，并根据轴线绘出所有的墙体断面轮廓以及尚未被剖切到的可见墙体轮廓。

（3）绘出剖面门窗洞口位置、楼梯平台、女儿墙、檐口以及其他所有的可见轮廓线。

（4）绘制各种梁（如门窗洞口上方的横向过梁、被剖切的承重梁、可见的未剖切的主次梁）的轮廓和具体的断面图形。

（5）绘出楼梯、室内的固定设备、室外的台阶、阳台以及其他可以看到的一切细节。

（6）标注必要的尺寸、文字及建筑物各个楼层地面、屋面、平台面的标高。

（7）绘制详细的索引符号。

7.5.3 建筑剖面图的绘制方法

以底层平面图 7-13 中的 1-1 剖切位置，绘制剖面图为例讲解剖面图绘制的基本方法。

1. 绘图环境

剖面图绘图环境的基本设置与平面图、立面图相同。文字与尺寸样式则根据出图比例的大小决定。图层的设置无统一标准，可根据绘图习惯而定，如用粗实线绘制剖切到的主要建筑构件轮廓线；用中实线绘制剖切到的次要建筑构件轮廓线和投影看到的构配件轮廓线；用细实线绘制材料图案、轴线、尺寸线、引线等。

2. 确定剖切位置和投影方向

根据建筑物的结构情况，选择门厅中部作为剖切位置，剖切方向向右。

3. 定位轴线及辅助线的绘制

在立面图同一地坪线位置上绘制 1-1 剖面图，采用侧面正投影绘制的方法，引出水平方向的墙、柱定位轴线和竖直方向上的楼层、屋顶定位辅助线，并绘制出剖切线。

4. 剖面图样及剖视图的绘制

借助辅助线绘制出剖面墙柱、门窗、楼板图形，结果如图 7-34 所示。

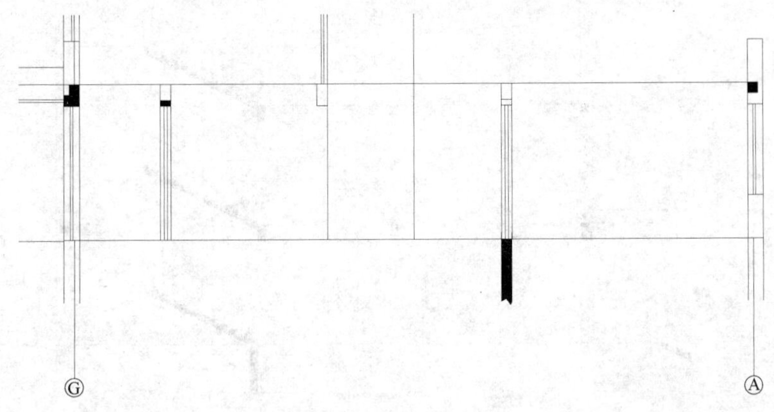

图 7-34

底层层高 3.6m，设 24 级，踏步高 150mm，宽 300mm，为跑步楼梯。首先绘制出平台、

梯段、踏步的定位辅助线，然后绘制平台、平台梁、梯段、踏步，最后绘制栏杆，如图 7-35 所示。

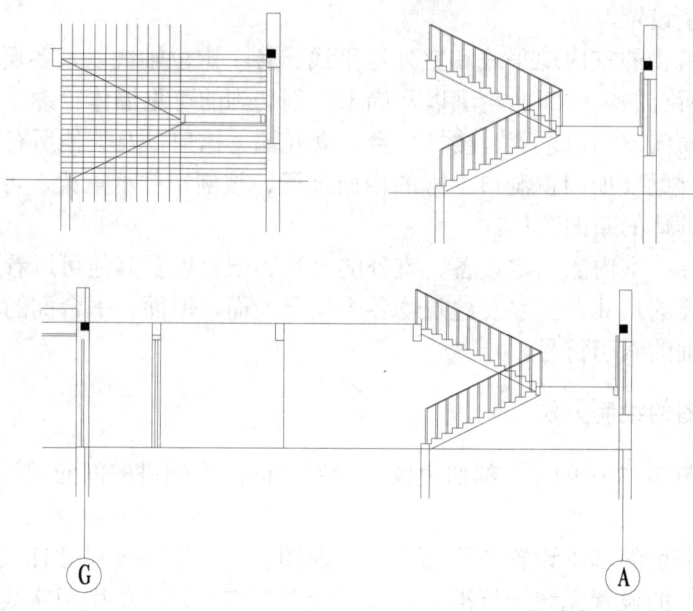

图 7-35

将前面绘制的内容做成图块，并向上复制到设计的楼层数，适当修改之后，补充绘制窗户、顶层护栏等，结果如图 7-36 所示。

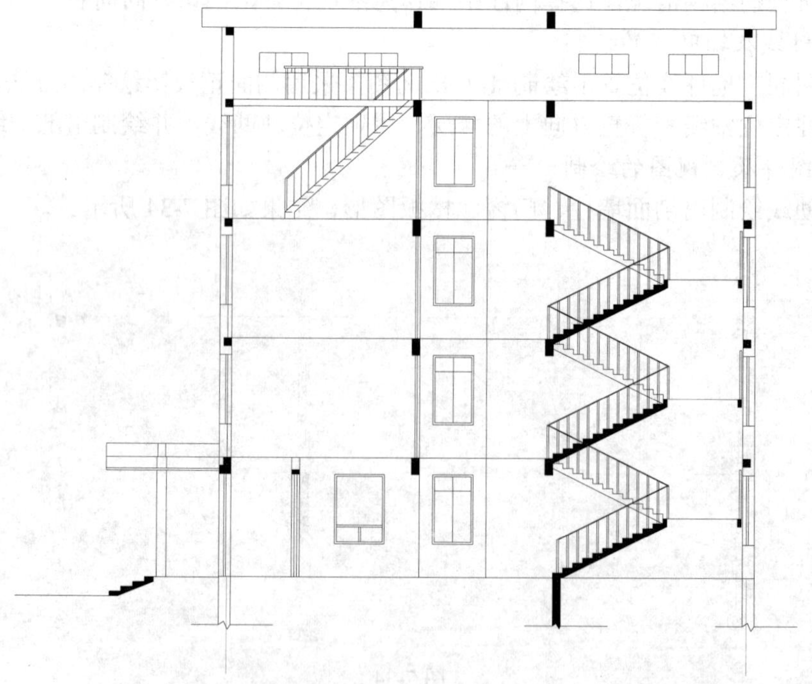

图 7-36

5. 尺寸、文字标注

将“尺寸标注”图层置为当前图层，完成文字及尺寸标注，结果如图 7-37 所示。

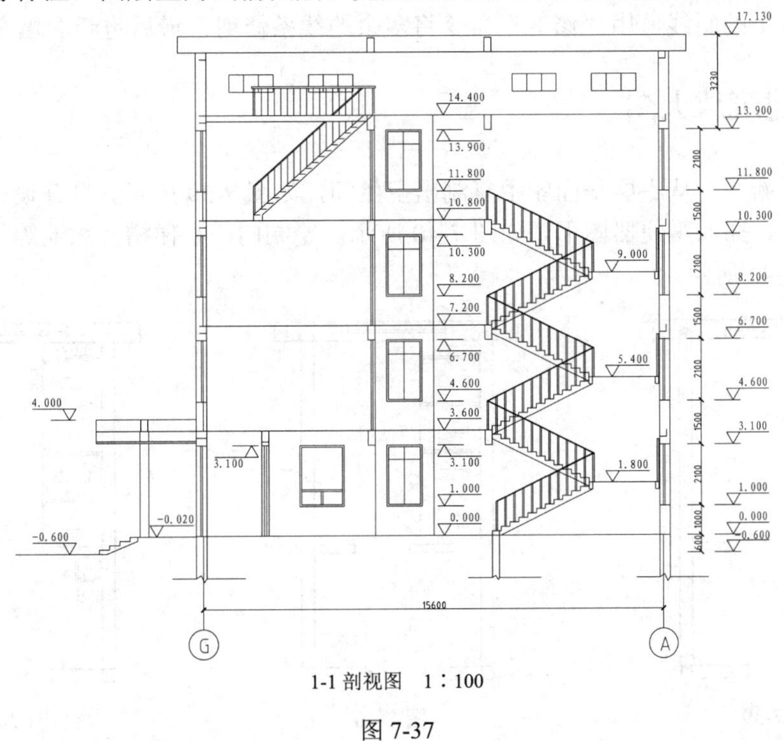

1-1 剖视图 1∶100

图 7-37

7.6 绘制建筑详图

前面介绍的平面图、立面图、剖面图均是全局性的图纸，由于比例的限制，不可能将一些复杂的细部或局部做法表示清楚。如采用钢筋混凝土梁承载式楼梯，其踏步的剖面详图包括踏步高、踏步宽、踏步数、材料、尺寸等，最终效果如图 7-38 所示。

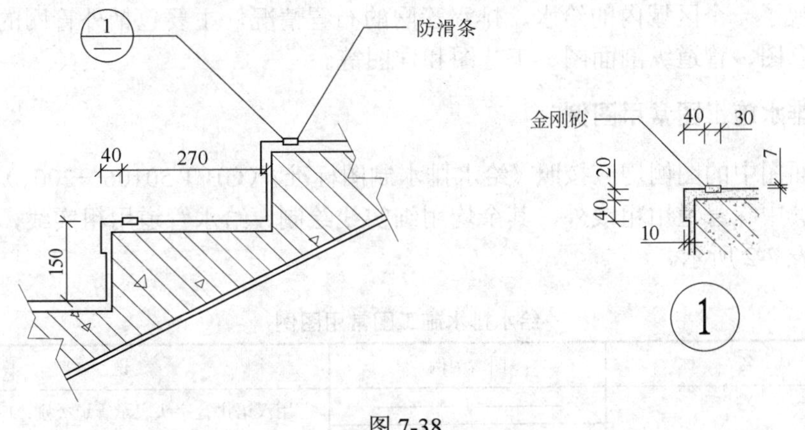

图 7-38

具体绘制可参照如下步骤：将“辅助线”图层置于当前图层，输入“直线”命令，在屏幕上拾取一点，然后应用相对坐标@300,0，@0,150，@300,0，@0,150，@300,0 绘出踏

步，从两端水平踏步的中点用“直线”命令绘制断裂线，将水平线向下偏移 2 次 10mm，垂直线向右偏移 2 次 10mm，并等分 3 等分，在等分点上画直线，在指定位置用“多线”命令绘制踏步下的斜线，用“修剪”命令将多余的线条修剪，最后将断面填充。

7.7　绘制建筑放大图

打开一张新图，从底层平面图中复制出卫生间，如图 7-39 所示。打开设计中心，找到蹲便器的图块，插入蹲便器图形，如图 7-40 所示。绘制门、小便槽及水池等，并添加尺寸标注，如图 7-41 所示。

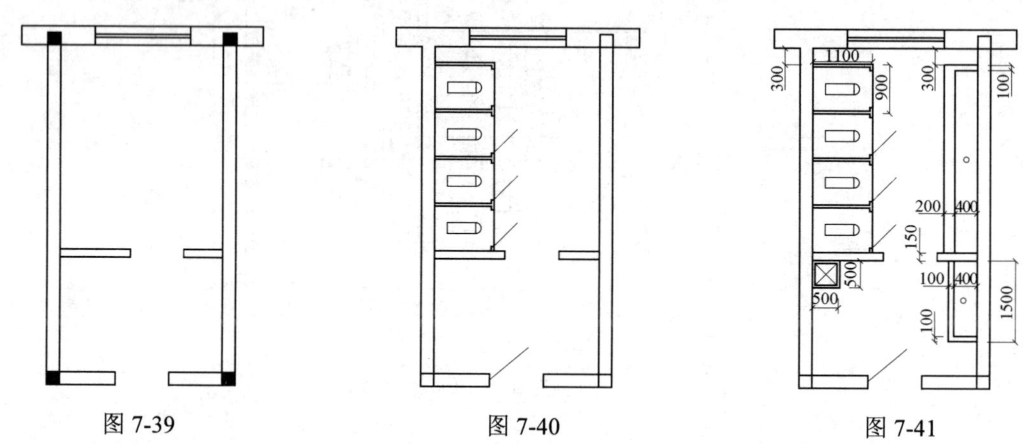

图 7-39　　图 7-40　　图 7-41

7.8　绘制给水排水施工图

给水排水施工图主要分为室内和室外两部分。室内给排水工程图主要表示一栋建筑物中用水房间的卫生器具，给水排水管道及其附件的类型、大小与房屋的相对位置和安装方式的施工图，包括管道平面图、系统轴测图、安装详图、图例和施工说明等；室外给水排水工程图反映了一个区域内的给水、排水管网的布置情况，主要包括外管网的总平面布置图、流程示意图、管道纵剖面图、工艺图和详图等。

7.8.1　给水排水施工图常用图例

管道平面图中的图例均应按照《给水排水制图标准》（GB/T 50106—2001）中所规定的图例绘制，其中除管道用粗线外，其余均用细实线绘制，给水管道用粗实线，排水管道用粗虚线，如表 7-2 所示。

表 7-2　　给水排水施工图常用图例

序　号	名　称	图　例	说　明
1	管道	—— J ——	用汉语拼音字头表示管道类别：J（G）给水管，P（W）排水管，Y 雨水管，X 消防管，R 热水管
		—— P ——	
		————	用图例表示管道类别
		— — —	

续表

序 号	名 称	图 例	说 明
2	交叉管	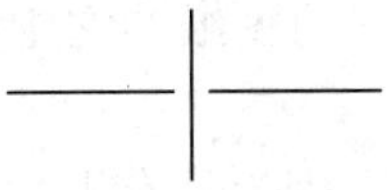	管道交叉不连接，在下方、后面的要断开
3	三通或四通连接	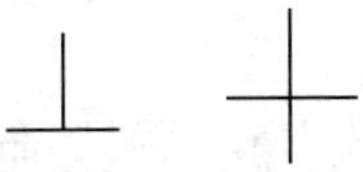	管道在空间相交连接
4	多孔管		开孔淋水管
5	管道立管	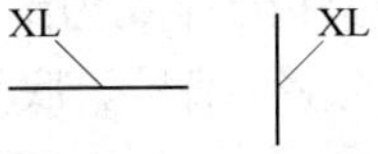 XL XL	X 为管道类别 L 为立管代号
6	水龙头	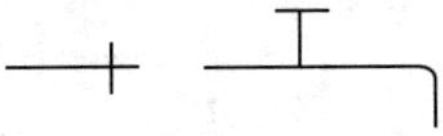	左图：平面 右图：立面
7	截止阀	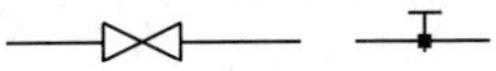	
8	存水弯		排水管道处用，左图为 S 形存水弯；右图为 P 形存水弯
9	地漏	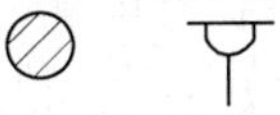	左图：平面 右图：立面
10	清扫口	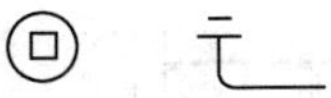	左图：平面 右图：立面
11	检查口	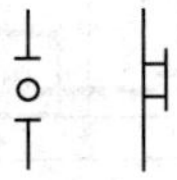	
12	洗脸盆		
13	浴盆	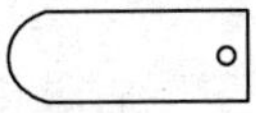	
14	盥洗台	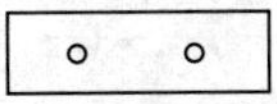	
15	污水池	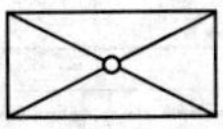	
16	小便槽	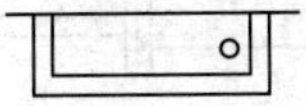	
17	蹲式大便器		
18	坐式大便器	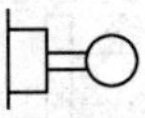	
19	淋浴喷头		左图：平面 右图：立面
20	水管坡度		
21	通气帽		左图：通气罩 右图：通气帽

7.8.2 绘制底层给水排水平面图

管道平面图是给水排水施工图中最基本的图纸，它主要用于图示卫生器具、给水排水管道及其附件相对于房屋的平面位置。

打开图 7-13 的建筑平面图，本实例中，因为只有卫生间需要设上下水，所以在此将卫生间局部放大后，绘制给水排水平面图。

将“给水”图层置为当前层，用“直线”和“圆”命令，绘制底层给水管道和立管，其中管道距离墙体 30mm，管道的长度按照实际布线的长度绘制，立管用圆表示，圆的大小没有按照比例绘制，是示意性的。尺寸标注的样式为给水管道的类别代号用大写汉语拼音字母 J 表示，同类管道的不同系统用数字进行编号。底层给水平面图如图 7-42 所示，底层排水平面图如图 7-43 所示。

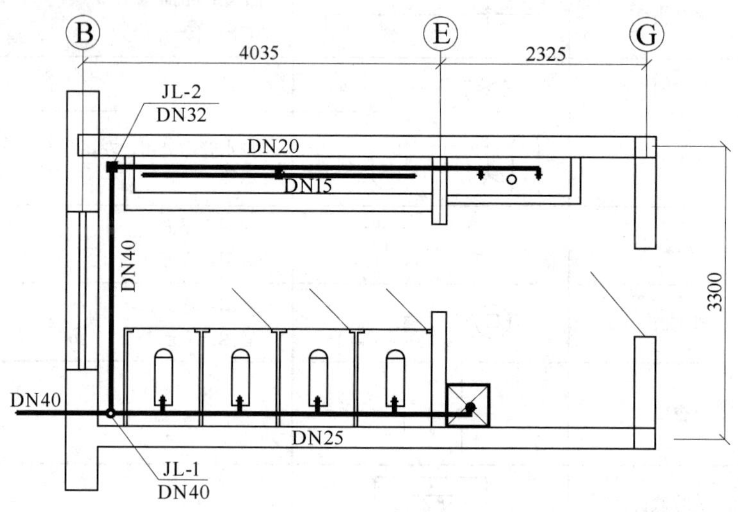

图 7-42

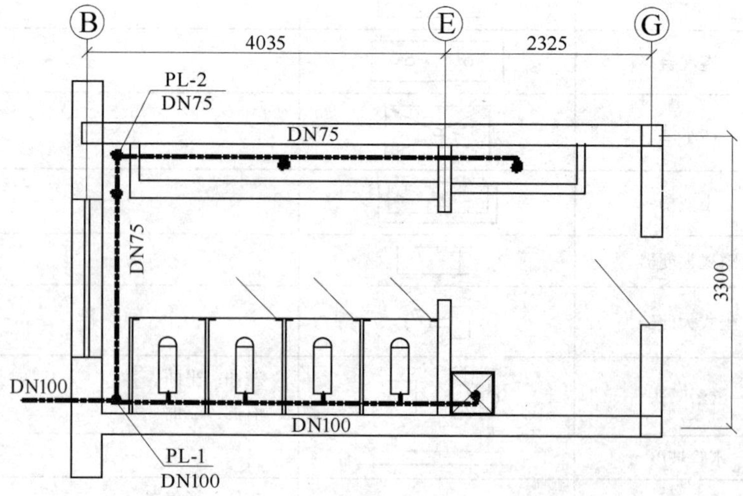

图 7-43

7.8.3　绘制其他层给水排水平面图

多层建筑的给水排水平面图原则上应分层绘制，管道系统布置相同的楼层，管道平面图可以只绘制一个给水排水平面图。本例中 2～3 层和 4 层的给水排水管道平面图与底层给水排水管道平面图类似，绘制方法相同。此处从略。

7.8.4　绘制室内给水排水管道系统图

室内给水排水管道系统图表示给水排水管道系统的空间走向、各管段的管径、标高、排水管道的坡度，以及各种附件在管道上的位置。绘制室内给水排水系统轴测图所采用的比例一般与管道平面图的比例相同，当管道系统比较复杂时也可采用放大的比例绘制，必要时也可不按比例绘制。

管道系统图的数量是按给水引入管和排水检查井的数量而定。每一个管道系统图的符号都应与管道平面图中的系统索引符号相符，注写在直径为 14mm 的粗实线圆圈内，如图 7-44 所示，各管道系统图一般按系统分别绘制。

管道系统图均采用斜等测，即正面斜轴测图绘制，“OX”轴处于水平方向，“OZ”轴处于铅垂方向，“OY”轴与水平方向成 45°，3 各轴向的伸缩系数均为 1。各管段的公称直径（DN），标注在管段的旁边，如图 7-45 所示。

系统图的绘制过程。执行“绘图”→“直线”命令，引入（出）管、水平干管及立管，立管之间的距离从平面图中量取，在立管上根据楼地面标高，绘制楼层、地面、墙体及各支管，修订各个管段，补画管道上的配件（如水箱、喷头、阀等），标注各管道的管径和标高，完成系统图中汉字的注写。底层给水系统图，如图 7-46 所示，底层排水系统图，如图 7-47 所示。

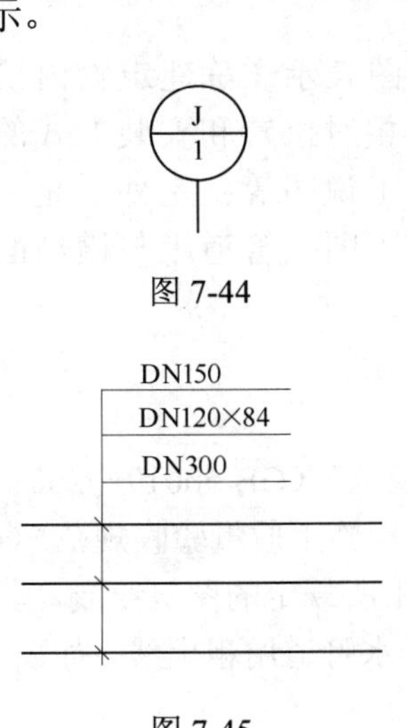

图 7-44

图 7-45

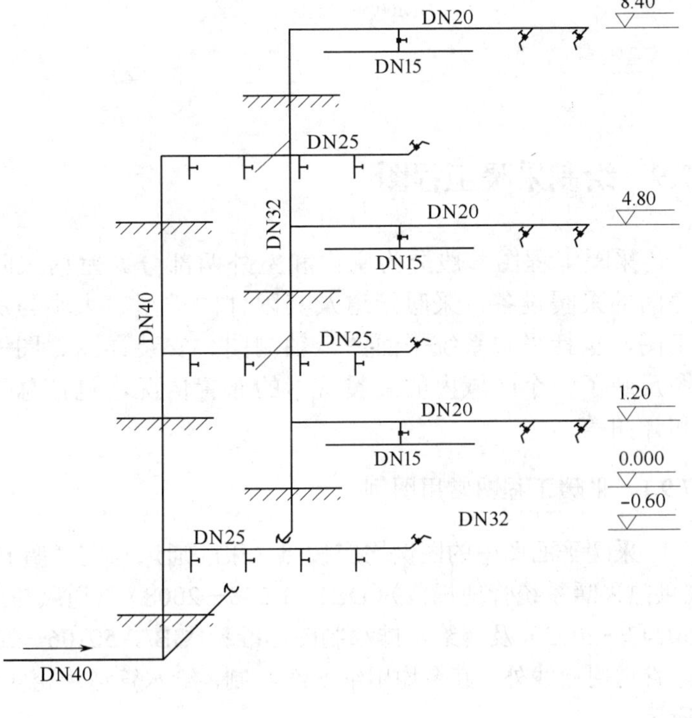

图 7-46

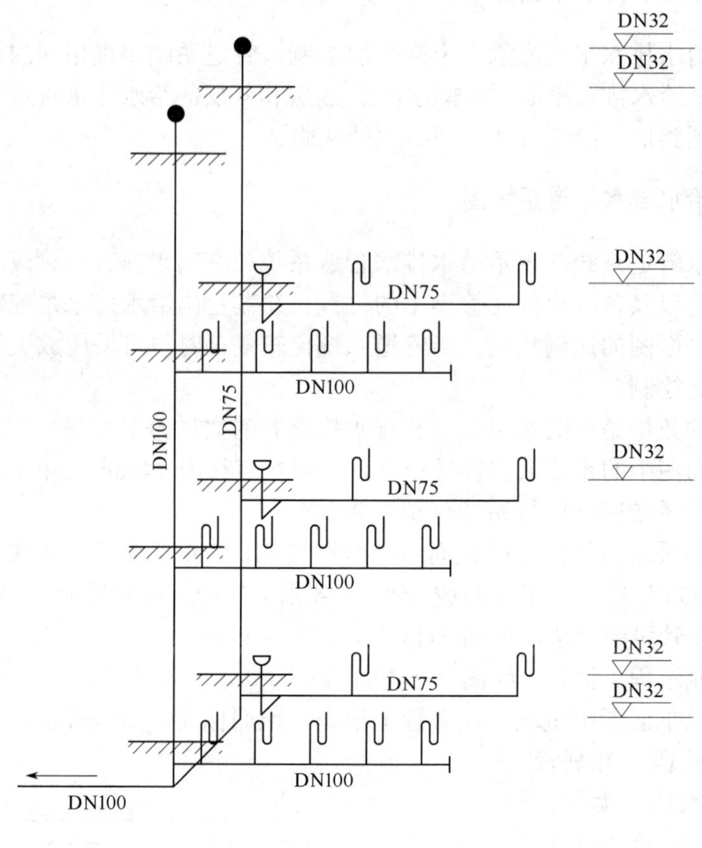

图 7-47

7.9 绘制采暖工程图

采暖工程图一般分为室内和室外两部分。室内采暖工程图表示一栋建筑物内采暖房间的采暖设备，采暖管道及其附件的类型、大小与房屋的相对位置和安装方式的施工图，包括采暖系统平面图、轴测图、安装详图、图例和施工说明等；室外采暖工程图反映了一个区域内的采暖管网的布置情况，包括总平面布置图、管道纵与横剖面图和详图等。

7.9.1 采暖工程图常用图例

采暖平面图中的图例均应按照《采暖通风与空气调节设计规范》（GB 50019—2003）、《供热采暖系统管理规范》（DB11/T 598—2008）、《通风与空调工程施工质量验收规范》（GB 50243—2002）及《给水排水制图标准》（GB/T 50106—2001）中所规定的图例绘制，其中除管道用粗线外，其余均用细实线绘制，给水管道用粗实线，排水管道用粗虚线，如表 7-3 所示。

表 7-3　　采暖施工图常用图例

序号	名称	图例	说明
1	管道	——G——	用汉语拼音字头表示管道类别
		——H——	
		— — — — —	用图例表示管道类别
		—·—·—	
2	供水（汽）管	————	
	回（凝结）水管	— — — —	
3	保温管		可用说明代
4	方形伸缩器		
5	圆形伸缩器		
6	套管伸缩器		
7	流向		
8	丝堵		
9	固定支架		左图：单管 右图：多管
10	截止阀		
11	闸阀		
12	止回阀		
13	散热器		左图：平面 右图：立面
14	散热放风门		
15	手动排气阀		
16	自动排气阀		
17	疏水器		
18	集气罐		
19	管道泵		
20	过滤器		

续表

序 号	名 称	图 例	说 明
21	除污器		左图：平面 右图：立面
22	暖风机		

7.9.2 绘制底层采暖平面图

采暖平面图用于表示一建筑物内所有采暖管道及设备的平面布置情况。主要内容有供热总管和回水总管的进出口，并注明管径、标高及回水干管的位置，管径坡度、立管的位置及编号，散热器的位置及每组散热器的片数，散热器的安装与立管、支管的连接方式等。

打开图 7-13 的建筑平面图，将“采暖”图层置为当前层，用“直线”和“圆”命令，用粗实线绘制供热总管，用粗虚线绘制回水总管，因为回水管道在供水管道的正下方，所以在平面图中只能看到实线的供水管道。其中管道距离墙体 150mm，管道的长度按照实际布线的长度绘制，立管用圆表示，圆的大小可以不按照比例绘制，是示意性的。尺寸标注的样式为供热管道的类别代号用大写汉语拼音字母 G 表示，回水管道的类别代号用大写汉语拼音字母 H 表示，同类管道的不同系统用数字进行编号。将散热器、支管、立管画完之后，执行“复制”命令复制到合适位置，结果如图 7-48 所示。

7.9.3 绘制其他层采暖平面图

多层建筑的采暖平面图原则上应分层绘制，管道系统布置相同的楼层，管道平面图可以只绘制一个采暖平面图。楼层平面图（即中间层平面图）的主要内容有立管的位置及编号，供热干管的位置、管径、坡度，管道最高处集气罐、膨胀水箱等。楼层平面图的绘制，通过复制底层采暖平面图，或者将底层采暖平面图另存为楼层平面图来完成。绘制结果如图 7-49 所示。

7.9.4 绘制室内采暖管道系统图

室内采暖系统图表示整个建筑物内采暖管道系统的空间关系，管道的走向、各管段的管径、标高、坡度，立管及散热器等各种附件在管道上的位置。系统图中的比例、标注必须与平面图一一对应。

对照采暖平面图，确定各层标高的位置，带有坡度的干管，执行“绘图”→“直线”命令，绘制成与 X 轴或 Y 轴平行的线段，从供热入口开始，先画总立管，后画顶层供热干管，干管的位置、走向与采暖平面图一致。

根据采暖平面图绘制出立管的位置，以及各层的散热器、支管，绘制出水立管、回水立管及其管道设备（如集气罐）的位置。

标注尺寸，对各楼层、地面的标高，管道的直径、坡度、标高，立管的编号，散热器的片数等均须标注。结果如图 7-50 所示。

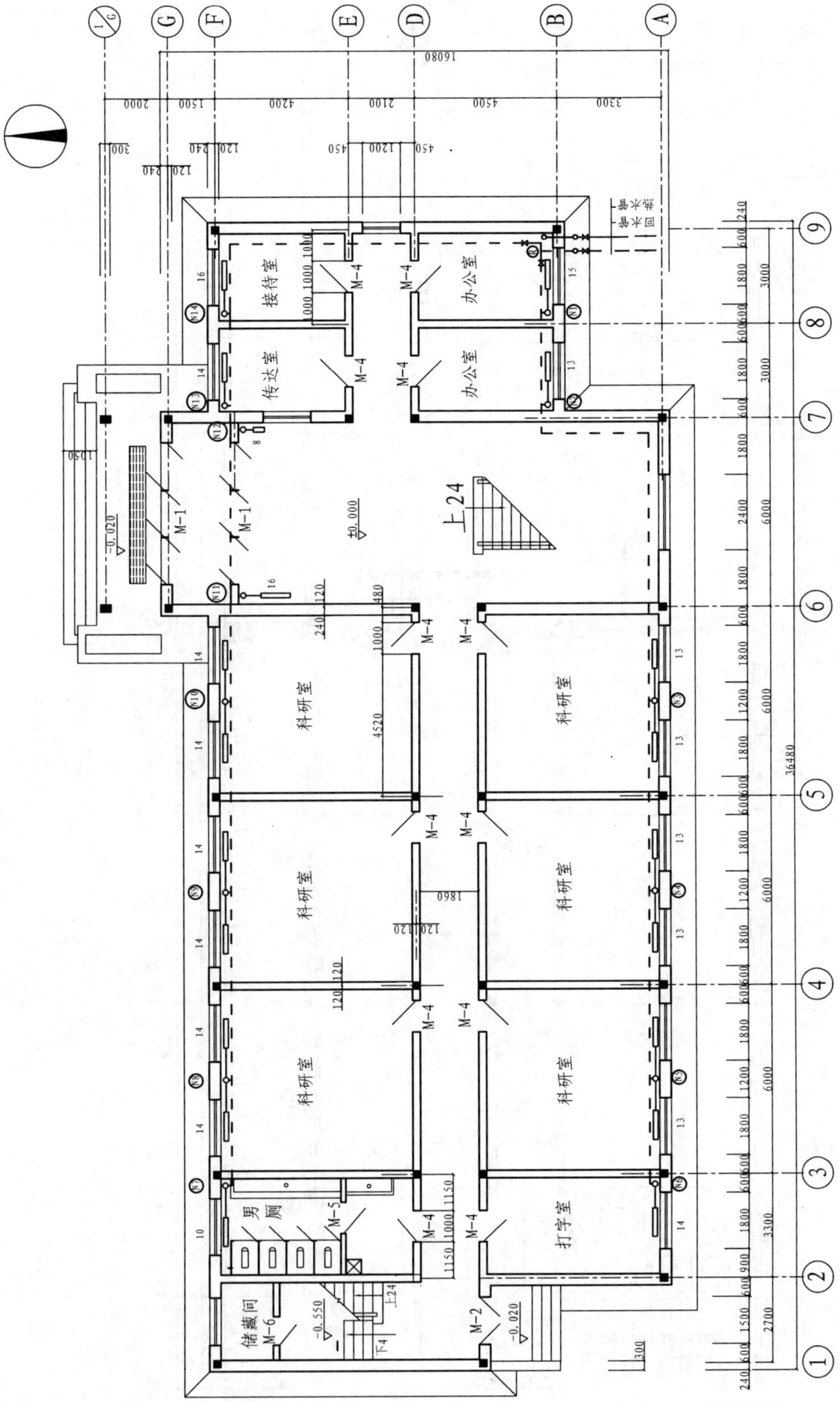

底层供暖平面图 1：100

图 7-48

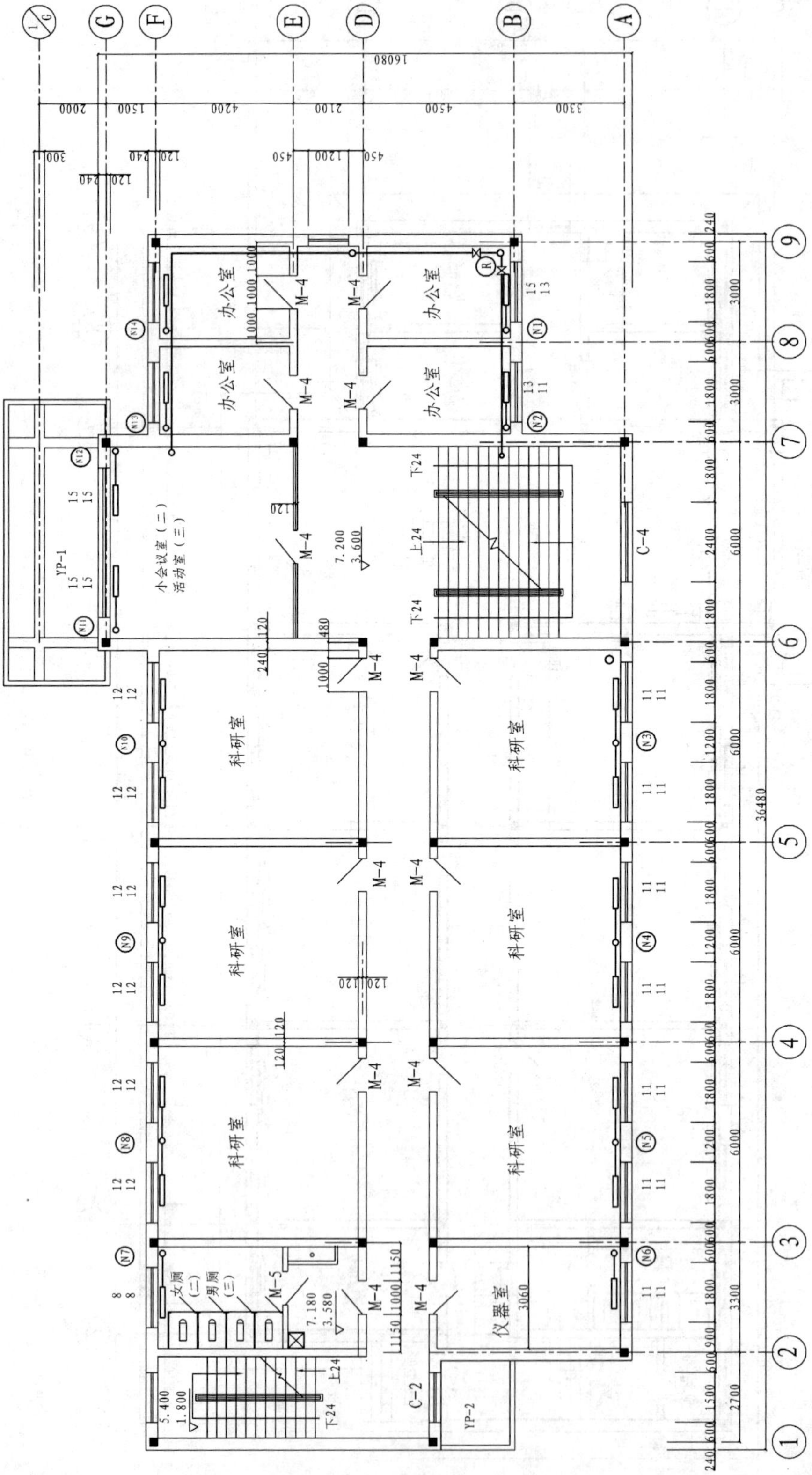

二、三层供暖平面图 1：100

图7-49（一）

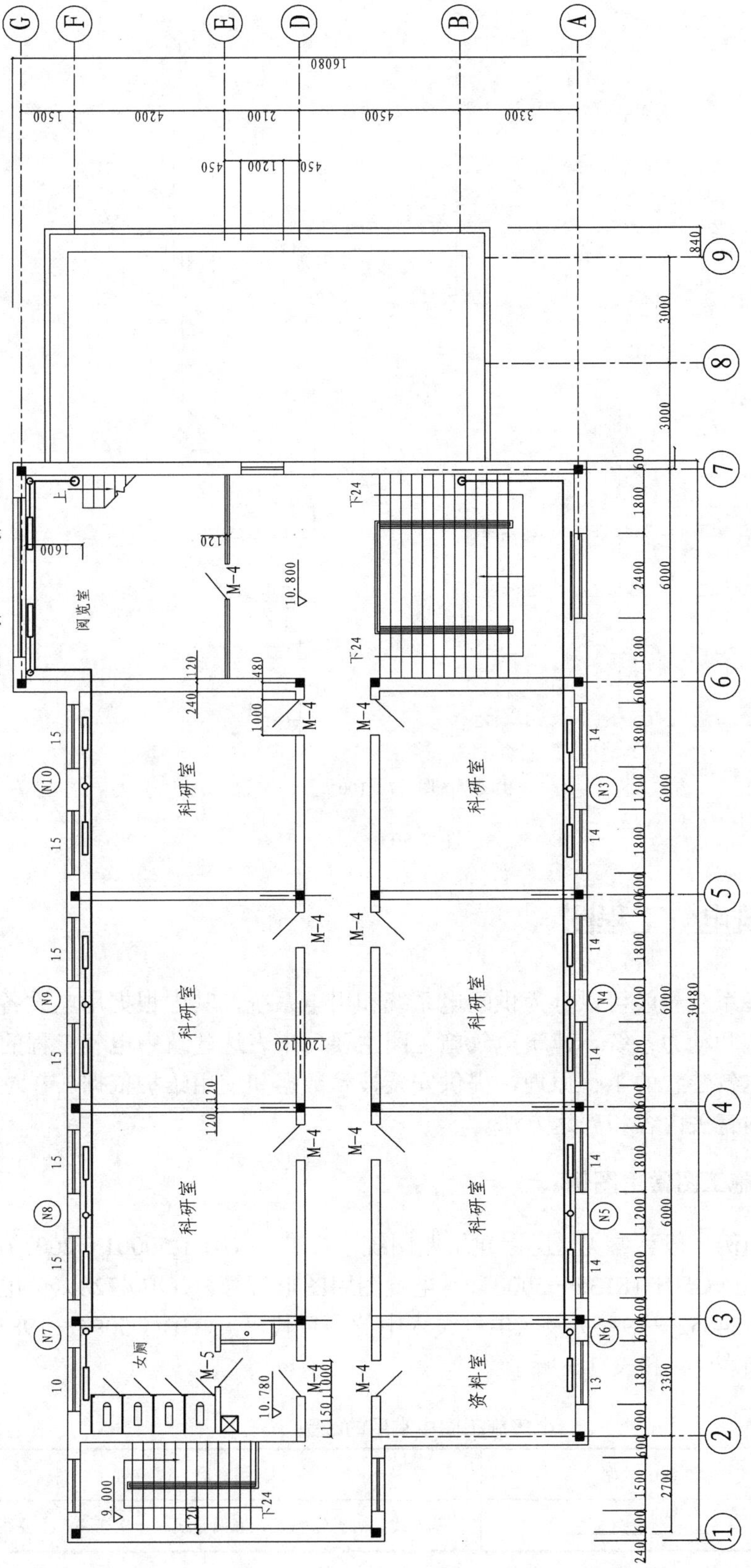

四层供暖平面图 1:100

图7-49（二）

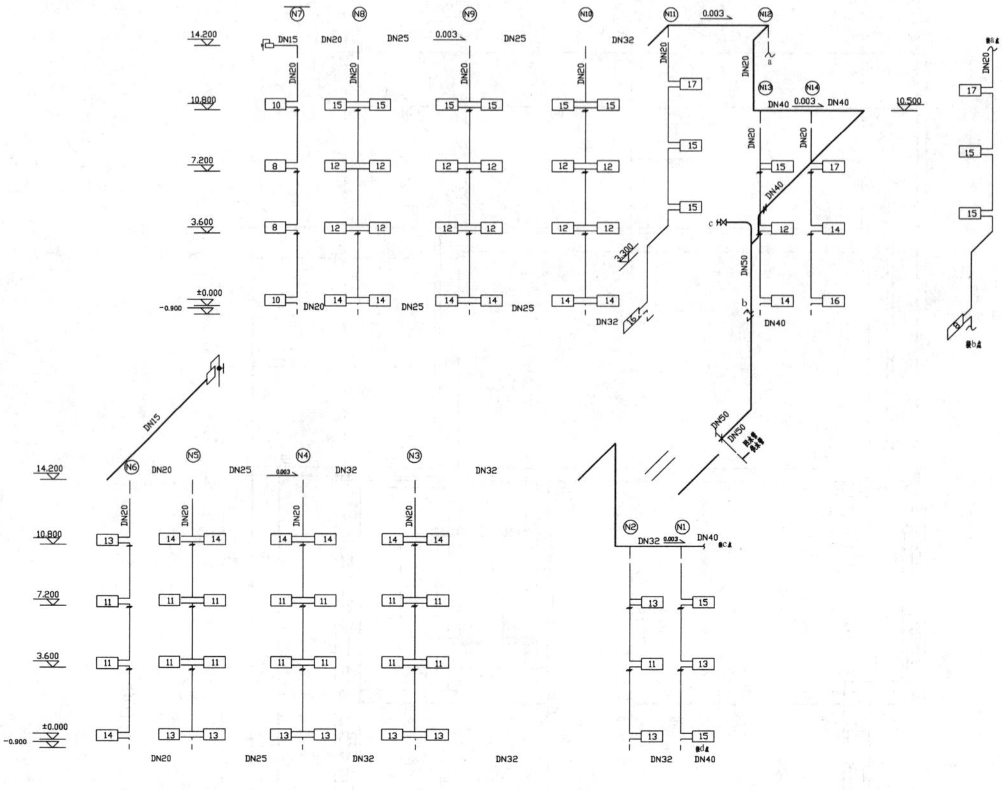

供暖系统图　1∶100

图 7-50

7.10　绘制建筑电气工程图

建筑电气设备系统一般可以分为供配电系统和用电系统，其中根据用电设备的不同又分为电气照明系统和动力系统。建筑电气施工图主要用来表达建筑中电气工程的构成、布置和功能，描述电气装置的工作原理，提供安装技术数据和使用维护依据。在这里仅介绍室内照明施工图的有关内容和表达方法。

7.10.1　建筑电气施工图常用图例

建筑电气的图例一般可参见《房屋建筑制图统一标准》（GB/T 50001—2001）、《电气工程 CAD 制图规则》（GB/T 18135—2000）、《电气图用图形符号》（GB 4728）、《电气设备用图形符号》（GB/T 54652—1996）及《电气技术中的项目代号》（GB/T 5094—1985）等所规定的图例绘制，如表 7-4 和表 7-5 所示。

表 7-4　　电气施工图中常用的线型

名　称	线　型	用　途　说　明
粗实线	————————	基本线、可见轮廓线、可见导线、一次线路、主要线路

续表

名　称	线　型	用 途 说 明
细实线	————————	二次线路、一般线路
虚线	‐ ‐ ‐ ‐ ‐ ‐ ‐ ‐ ‐ ‐ ‐ ‐ ‐	辅助线、不可见轮廓线、不可见导线、屏蔽线等
单点长划线	——— · ——— · ———	控制线、分界线、功能图框线、分组围框线等
双点长划线	——— ·· ——— ·· ———	辅助图框线、36V 以下线路等

表 7-5　　室内电气照明施工图中常用的图形符号

序号	名　称	图　例	序号	名　称	图　例
1	单根导线	—/1—	13	一般灯	⊗
2	2 根导线	—/2—	14	壁灯	⊖
3	3 根导线	—/3—	15	防水防尘灯	◎
4	4 根导线	—/4—	16	单相插座	⊥
5	*n* 根导线	—/*n*—			
6	导线引上、引下	↗ ↙	17	单联单控跷板开关（圆圈涂黑表示暗装，有几横表示几联）	∘╱
7	导线引上并引下	↙•↗	18	配电箱	▬
8	导线由上引来并引下	↙•↙	19	电表	Ⓐ kW·h
9	导线由下引来并引上	↗•↗	20	熔断器	—▭—
10	球形吸顶灯	●	21	闸开关	—∘╱∘—
11	荧光灯	├──┤	22	接线盒	▭
12	半圆球形吸顶灯	◡	23	接地线	⏚

7.10.2　绘制底层建筑电气平面图

电气平面图是电气安装的重要依据，它是将同一层内不同高度的电器设备及管线都投影到同一平面上来表示。照明平面图实际上是在建筑施工平面图上绘制出电气照明分布图，图上标有电源实际进线的位置、规格、穿线管径，配电箱的位置，配电线路的走向，干、支线的编号、敷设方法，开关、插座、照明器具的种类、型号、规格、安装方式和位置等。一般照明线路走向是电源从建筑物某处进户后，经总配电箱，由干、支线连接起来，通向各用电设备。其中干线是由外线引入总配电箱，由总配电箱到分配电箱的连线，支线是自分配电箱引至各用电设备的导线。

打开图 7-13 底层平面图，将“电气”图层置为当前层，用“直线”和“圆”命令，绘制干、支线路，电器设备等。结果如图 7-51 所示。

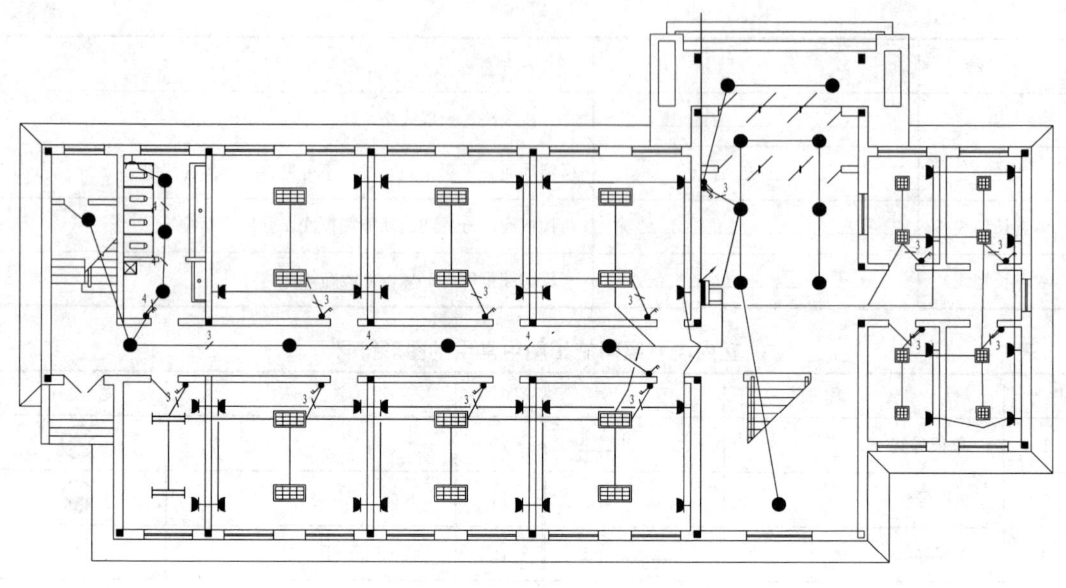

图 7-51

7.10.3　绘制其他层建筑电气平面图

多层建筑的照明平面图原则上应分层绘制，对于电器设备布置相同的楼层，照明平面图可以只绘制一个。本例中2～3层和4层的照明平面图与底层照明平面图类似，绘制方法相同，如图7-52所示。

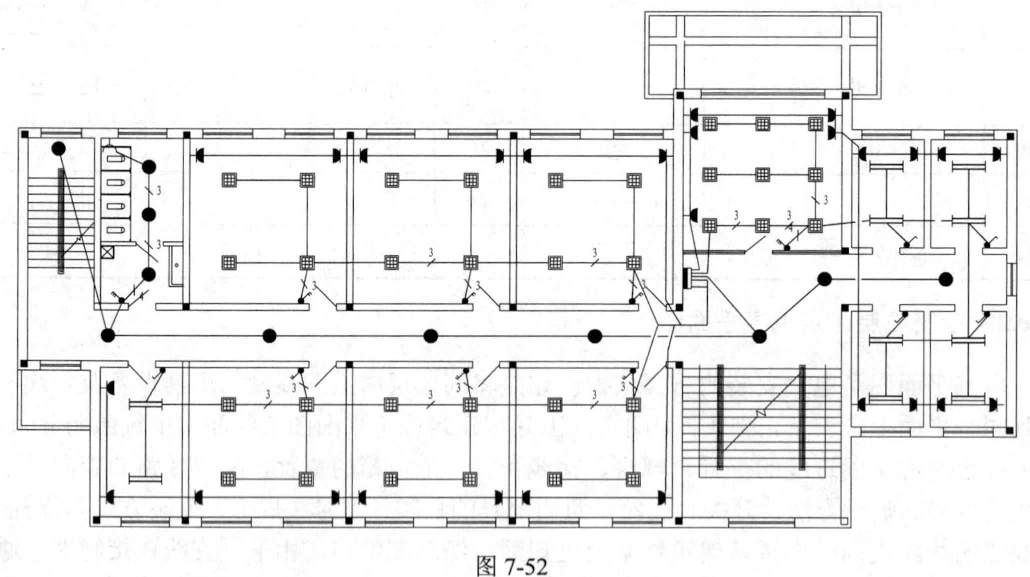

图 7-52

7.10.4　绘制建筑电气系统图

照明系统图上标有整个建筑物内的配电系统和容量分配情况、配电装置、导线型号、截面、敷设方式及管径，绘制结果如图7-53所示。

S261-C16 N1 BV-3×4-SC20-WC、FC会议室插座
S261-C16 N2 BV-2×2.5-SC15-WC、CC会议室照明
S261-C16 N3 BV-2×2.5-SC15-WC、CC公共照明
S261-C16 N4 BV-3×4-SC20-WC、FC公议室插座
S26NA-C63
S261-C16 N5 BV-2×2.5-SC15-WC、CC科研室照明
S261-C16 N6 BV-3×4-SC20-WC、FC公议室插座
S261-C16 N7 BV-2×2.5-SC15-WC、CC科研室照明
S261-C16 备用
S261-C16 备用

S261-C16 N1 BV-2×2.5-SC15-WC、CC公共照明
S261-C16 N2 BV-3×4-SC20-WC、FC科研室插座
S261-C16 N3 BV-3×4-SC20-WC、FC科研室插座
S261-C16 N4 BV-2×2.5-SC15-WC、CC科研室照明
OS63D12 S26NA-C63
S261-C16 N5 BV-2×2.5-SC15-WC、CC科研室照明
S261-C16 N6 BV-2×2.5-SC15-WC、CC公共照明
S261-C16 N7 BV-2×2.5-SC15-WC、CC接待室照明
S261-C16 N8 BV-3×4-SC20-WC、FC接待室插座
S261-C16 备用

图 7-53

7.11 绘制桥梁工程图

桥梁工程指桥梁勘测、设计、施工、养护和检定等的工作过程，以及研究这一过程的科学和工程技术，它是土木工程的一个分支。桥梁工程学的发展主要取决于交通运输对它的需要。古代桥梁以通行人、畜为主，载重不大，桥面纵坡可以较陡，甚至可以铺设台阶。自从有了铁路以后，桥梁所承受的载重逐渐增加，线路的坡度和曲线标准要求又高，且需要建成铁路网以增大经济效益，因此，为了跨越更大更深的江河、峡谷，桥梁正向大跨度方向发展。

通常桥梁由上部结构、下部结构、支座和附属设施几个基本部分组成。梁式桥的基本

组成部分有主梁、桥面、桥墩、桥台和锥形护坡等；拱桥的基本组成部分有拱圈、拱上建筑、桥墩、桥台、锥形护坡、拱轴线、拱顶和拱脚等。

7.11.1　桥梁施工图常用图例

桥梁平面图中的图例均应按照《公路桥涵设计通用规范》（JTGD 60—2004）以及《公路桥涵施工技术规范》（JTJ 041—2000）中所规定的图例绘制，如表 7-6 所示。

表 7-6　　道路工程和地物图例

名称	图　例	名称	图　例	名称	图　例
机场		港口		井	
学校	文	交电室		房屋	
土渠		水渠		烟囱	
河流		冲沟		人工开挖	
铁路		公路		人车道	
小路		低压电力线 高压电力线		电讯线	
果园		旱地		草地	
林地		水田		菜地	
导线点		三角点		图根点	
水准点		切线交点		指北针	

7.11.2　桥梁立面图的绘制

1. 桥梁墩和台的定位

将“轴线”图层设置为当前层，执行“绘图”→“直线”命令，在绘图区绘制一条竖直直线及一条水平线。竖线是桥梁最左边桥台的中心线，水平线为桥梁平面布置图中的桥梁中心线，执行“修改”→“偏移”命令，将桥台的中心线向右偏移 3000，绘制定位轴线网格，如图 7-54 所示。

2. 主梁的绘制

将“梁”图层设置为当前层，在最外两轴线之间画直线，执行“修改”→“偏移”命令，将该直线向下偏移 200 和 3850。

3. 桥台的绘制

在立面图中，梁端与桥台接头处需要绘制的内容很多，包括台支座、桥台和耳墙。执行“绘图”→“矩形”命令，在支座中心线离梁端 40 处，绘制 10×30×50 的支座，桥台尺寸为 170×160。命令执行过程如下：

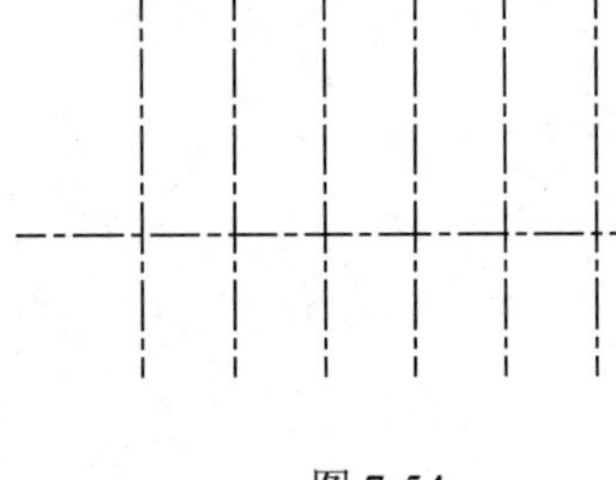

图 7-54

命令：_rectang

指定第一个角点或[倒角(C)/标高(E)/圆角(F)/厚度(T)/宽度(W)]：from 基点：<偏移>：@-1100,0

指定另一个角点或[面积(A)/尺寸(D)/旋转(R)]：@600,-200

命令：_rectang

指定第一个角点或[倒角(C)/标高(E)/圆角(F)/厚度(T)/宽度(W)]：from 基点：<偏移>：@-1700,0

指定另一个角点或[面积(A)/尺寸(D)/旋转(R)]：@3400,-3200

4. 耳墙的绘制

耳墙顺桥向长为 250，高位 192.5，耳墙尾部高 70，耳墙尾部与桥台的右上角相连，耳墙的前背墙与主梁梁端设置 8 的桥梁伸缩缝。命令执行过程如下：

命令：line

指定第一点：from 基点：<偏移>：@160,0

指定下一点或[放弃(U)]：@5000,0

指定下一点或[放弃(U)]：@0,-1400

指定下一点或[闭合(C)/放弃(U)]：

完成结果如图 7-55 所示。

5. 桥墩的绘制

与轴线重合画一条长 10000 的直线，向外偏移 2800 后倒角，倒角的距离为 600，然后镜像，再画矩形桥墩，完成结果如图 7-56 所示。

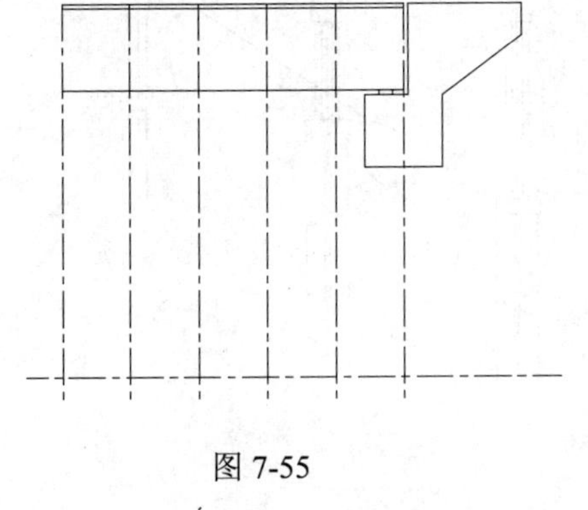

图 7-55

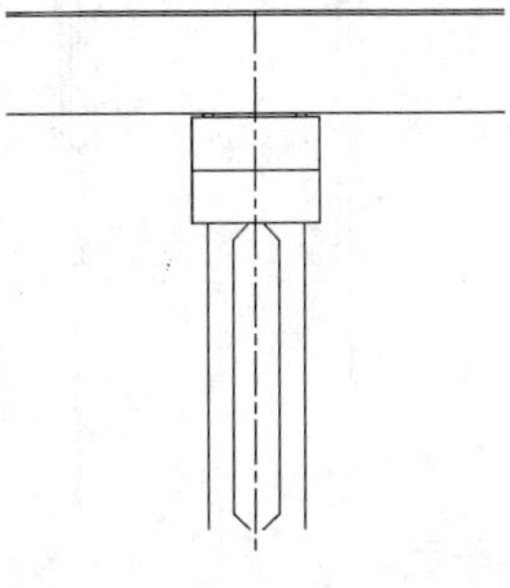

图 7-56

6. 桥梁桩基础的绘制

桥梁为带有承台的 2 排 3 桩式基础，排间间距为 2800，桩直径为 1200，承台尺寸为 8200×5000×2000。承台用“矩形”命令绘制，然后用“移动”命令移动至合适位置。基桩的绘制采用先绘制单根基桩，再采用镜像完成整个基桩绘制的方法。

接着进行基桩截断线的绘制，执行“修改”→“缩放”命令，将这部分图形放大以方便绘图。执行“绘图”→“圆弧”命令，在基桩中间绘制两段圆弧，完成截断口，如图7-57所示。

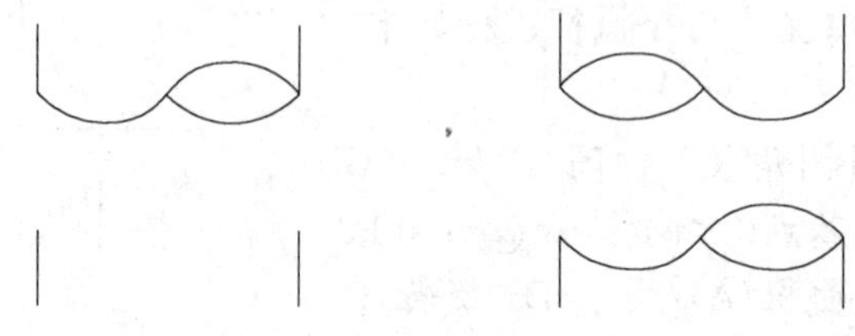

图7-57

7. 全桥桥台及桥墩的绘制

在已完成的桥墩台盖梁、支座、墩身的基础上，执行“复制”命令，完成其他桥墩及桥台处桩基的绘制。完成结果如图7-58所示。

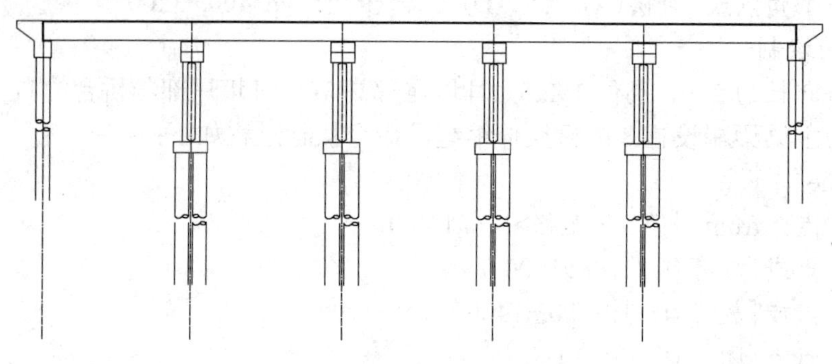

图7-58

为了体现桥墩墩身的实际高度，执行“拉伸”命令，完成对桥墩墩身的实际高度的拉伸。完成结果如图7-59所示。

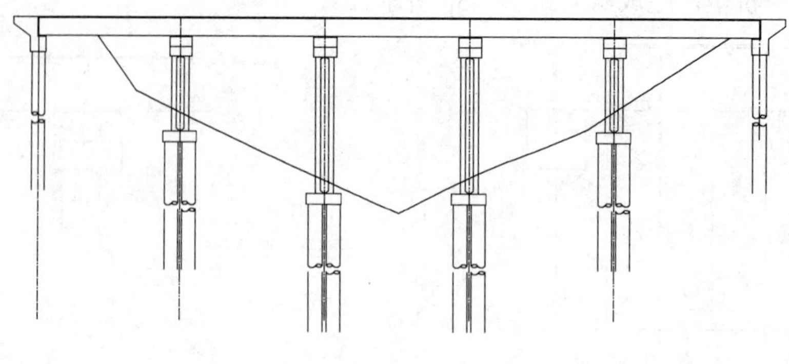

图7-59

7.11.3 桥梁平面图的绘制

桥梁以道路中心线为对称轴呈对称布置，故可绘制半幅桥型。在半幅桥的图形中用左

半部分表示桥梁上部的布置，而右半部分表示桥梁的下部构造。图形主要是由直线、矩形及圆构成。

在前面已绘制了一条水平的轴线，这条轴线也就是平面上的道路中心线，平面布置图以它为参考轴来绘制。

1. 桥墩、台平面的绘制

首先绘制半幅桥中心线处的桩基，由于被桥面所遮挡，所以用虚线表达，将“虚线”图层设置为当前层，执行“绘图”→“圆”命令，圆的半径为 1200（桩基的尺寸）。接着执行“列阵”→“镜像”命令绘制桥墩所有基桩，完成结果如图 7-60 所示。

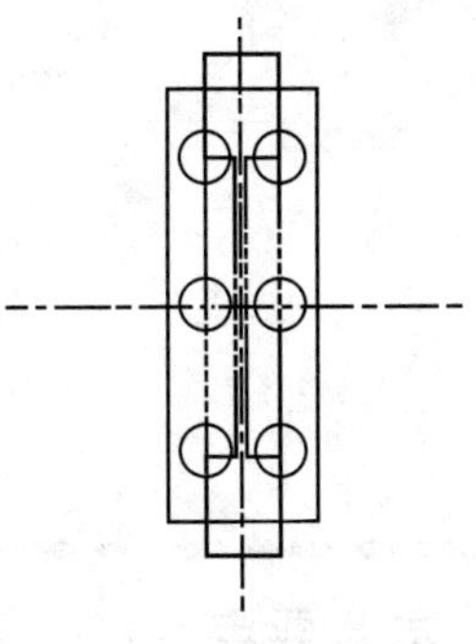

图 7-60

2. 桥面的绘制

在半幅桥的左半平面主要绘制桥梁内外防撞墙及桥梁与路线的衔接布置，由于篇幅所限，不再赘述。绘制完的平面布置图如图 7-61 所示。

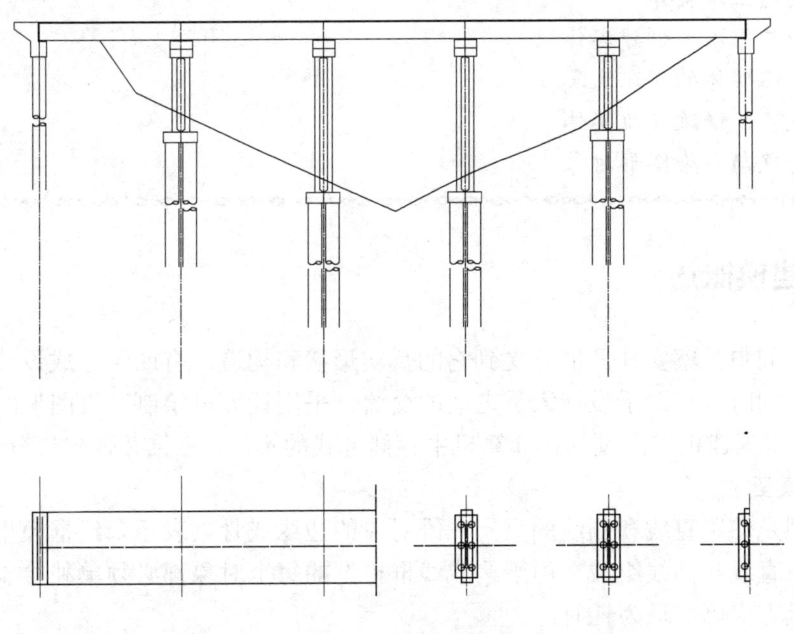

图 7-61

完成以上的绘制工作后，所绘制的桥梁图的立面图部分及平面图部分的布置整体已完成。此时还应对全图进行尺寸标注，由于尺寸标注的内容在以前的章节已详细讲述了，在此从略。

另外，因为篇幅的限制，本节未绘制布置图下方的“纵向坡度示意表”。同时希望读者能从以上的内容举一反三，从而能够绘制出其他各种合格的工程图。

第 8 章　三维建模基础

本章要点

- 设置视点与三维视图的观察
- 三维线条的绘制
- 三维曲面的绘制
- 创建三维实体
- 由二维图形创建实体
- 三维实体的布尔运算
- 改变、修改三维实体
- 着色与渲染图形对象

8.1　三维建模概述

在三维空间中观察实体，能感受到它的真实形状和构造，有助于形成设计概念，有利于设计决策，同时也有助于设计人员之间的交流。采用计算机绘制三维图形的技术称为三维几何建模。根据建模方法及其在计算机中存储方式的不同，三维几何建模分为 4 种类型。

1. 线框模型

线框模型是使用直线和曲线的真实三维对象的边缘或骨架表示。线框模型仅由描述对象边界的点、直线和曲线组成。由于构成线框模型的每个对象都必须单独绘制和定位，因此，这种建模方式可能最为耗时。

2. 曲面模型

曲面模型表示与三维对象的形状相对应的无限薄壳体。可以使用某些用于实体模型的相同工具来创建曲面模型。例如，可以使用扫掠、放样和旋转来创建曲面模型。其与实体模型的区别在于，曲面模型是开放模型，实体模型是闭合模型。

3. 网格模型

网格模型由多边形（包括三角形和四边形）来定义三维形状的顶点、边和面组成。与实体模型不同，网格没有质量特性。但是，与三维实体一样，从 AutoCAD 2010 开始，用户可以创建诸如长方体、圆锥体和棱锥体等图元网格形式。然后，可以通过不适用于三维实体或曲面的方法来修改网格模型。例如，可以应用锐化、拆分以及增加平滑度。可以拖动网格子对象（面、边和顶点）使对象变形。要获得更细致的效果，可以在修改网格之前优化特定区域的网格。

4. 实体模型

实体模型是具有质量、体积、重心和惯性矩等特性的三维表示。实体模型是包含信息最多，也是最不明确的三维建模类型。将实体模型用作模型的构造块，可以从图元实体（例如圆锥体、长方体、圆柱体和棱锥体）开始创建，绘制自定义的多段体拉伸或使用各种扫掠操作来创建形状与指定的路径相符的实体，然后修改或重新组合对象以创建新的实体形状。

8.2 视窗管理

利用 AutoCAD 2010 三维命令从不同角度观察三维图形。

8.2.1 用户坐标系

通常使用的坐标系是世界坐标系，它是固定的，主要用于二维绘图，除了世界坐标系之外，AutoCAD 2010 还提供了用户坐标系。用户可以在二维或三维空间中定义需要的坐标系。熟练使用用户坐标系，有助于高效、准确地绘制三维图形。调用该命令有以下 4 种方式：

（1）功能区：视图标签→坐标面板→UCS。

（2）菜单：工具（T）→新建 UCS。

（3）工具栏：。

（4）命令条目：UCS。

指定 UCS 的原点或[面(F)/命名(NA)/对象(OB)/上一个(P)/视图(V)/世界(W)/X/Y/Z/Z 轴(ZA)]<世界>:

- 指定 UCS 的原点：使用一点、两点或三点定义一个新的 UCS。如果指定单个点，当前 UCS 的原点将会移动而不会更改 X、Y 和 Z 轴的方向。如果指定第二点，UCS 将绕先前指定的原点旋转，以使 UCS 的 X 轴正半轴通过该点。如果指定第三点，UCS 将绕 X 轴旋转，以使 UCS 的 XY 平面的 Y 轴正半轴包含该点。
- 面(F)：将 UCS 与三维实体上的面对齐。在要选择的面边界内或面的边上单击，选中的面将亮显，UCS 的 X 轴将与找到的第一个面上的最近的边对齐。
- 命名(NA)：按名称保存并恢复通常使用的 UCS 方向。
- 对象(OB)：将 UCS 与选定的对象对齐。
- 上一个(P)：恢复上一个 UCS。将保留最后 10 个在模型空间中创建的用户坐标系以及最后 10 个在图纸空间布局中创建的用户坐标系。重复该选项将逐步返回一个集或其他集，这取决于哪一空间是当前空间。
- 视图(V)：将 UCS 的 XY 平面与垂直于观察方向的平面对齐。原点保持不变，但 X 轴和 Y 轴分别变为水平和垂直。
- 世界(W)：将当前 UCS 设置为世界坐标系(WCS)。
- X/Y/Z：绕指定轴旋转当前 UCS。
- Z 轴(ZA)：将 UCS 与指定的正 Z 轴对齐。

8.2.2　视点

在三维空间观察图形的方向叫做视点。如果视点为（1,1,1），则观察图形的方向就是此点与原点构成的直线。在模型空间中，可以任意点作为视点来构成图形。利用 AutoCAD 2010 的视点功能可以很方便地从各个角度观察三维模型。

1. 利用 VPOINT 命令设置视点

调用该命令有以下 2 种方式：

（1）菜单：视图(V)→三维视图(D)→视点(V)。

（2）命令条目：vpoint。

当前视图方向：VIEWDIR=0,0,1

指定视点或[旋转(R)]<显示指南针和三轴架>:

- 指定视点：使用输入的 X、Y 和 Z 坐标，创建定义观察视图的方向的矢量。定义的视图好像是观察者在该点向原点(0,0,0)方向观察。
- 旋转(R)：使用两个角度指定新的观察方向，第一个角度指定为在 XY 平面中与 X 轴的夹角，第二个角度指定为与 XY 平面的夹角，位于 XY 平面的上方或下方。
- 显示指南针和三轴架：显示坐标球和三轴架，用来定义视口中的观察方向。指南针是球体的二维表现方式。圆心是北极(0,0,n)，内环是赤道(n,n,0)，整个外环是南极(0,0,-n)。可以使用定点设备将指南针上的小十字光标移动到球体的任意位置上。移动十字光标时，三轴架根据坐标球指示的观察方向旋转。要选择观察方向，请将定点设备移动到球体上的某个位置并单击，如图 8-1 所示。

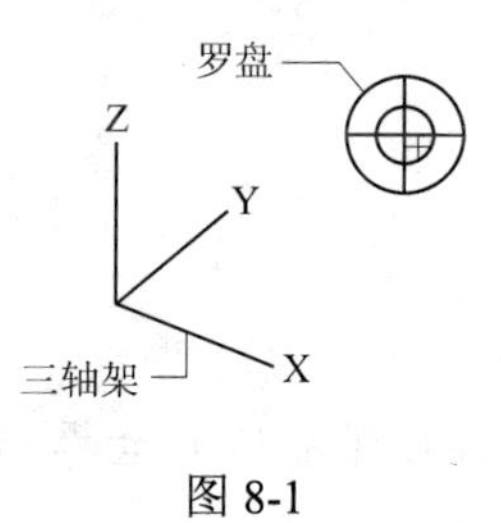

图 8-1

2. 利用对话框设置视点

调用该命令有以下 2 种方式：

（1）菜单：视图(V)→三维视图(D)→视点预设(I)。

（2）命令条目：ddvpoint。

在命令行输入 ddvpoint 命令，打开视点预设对话框，如图 8-2 所示。

- 绝对于 WCS：相对于 WCS 设置观察方向。
- 相对于 UCS：相对于当前 UCS 设置观察方向。
- 设置为平面视图：设置查看角度以相对于选定坐标系显示平面视图（XY 平面）。

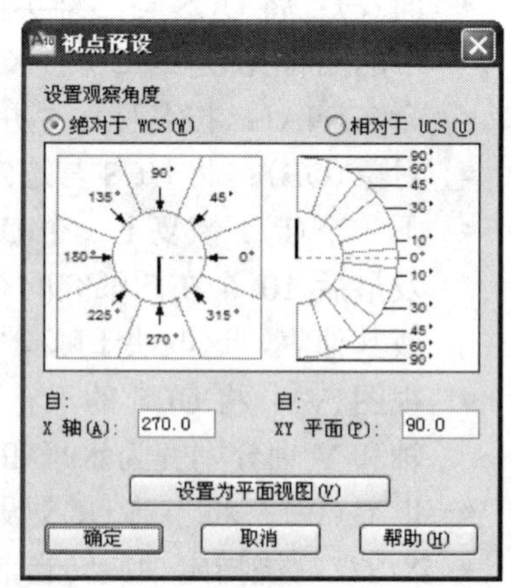

图 8-2

8.2.3　动态观察

AutoCAD 2010 提供了三种动态观察方式，受约束的动态观察、自由动态观察和连续动态观察。调用该命令有以下 4 种方式：

（1）功能区：视图标签→导航面板→动态观察。

（2）菜单：视图（V）→动态观察（B）。

（3）工具栏：。

（4）命令条目：3dorbit。

“动态观察”工具用于基于固定的枢轴点绕模型旋转当前视图。使用“动态观察”工具可以更改模型的方向，光标将变为动态观察光标，如图 8-3 所示。

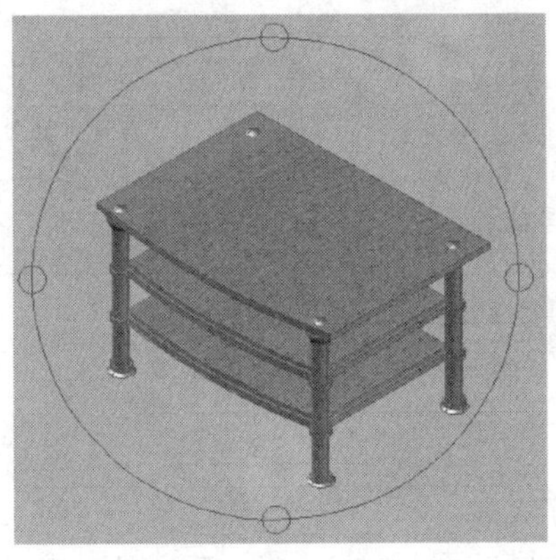

图 8-3

8.3 三维图形观察

AutoCAD 2010 在三维制图方面整合了 3ds max 的很多功能，使得 AutoCAD 2010 在三维制图方面的功能大幅度提高。在三维绘图过程中，可以对三维图形从不同的视点、角度、位置进行观察，也可以通过消隐等各种视觉样式来观察三维图形。

8.3.1 控制盘

SteeringWheels（控制盘）是 AutoCAD 2010 版本的新功能，它将多个常用导航工具结合到一个单一界面中，控制盘上的每个按钮代表一种导航工具，各个按钮的功能如图 8-4 所示。

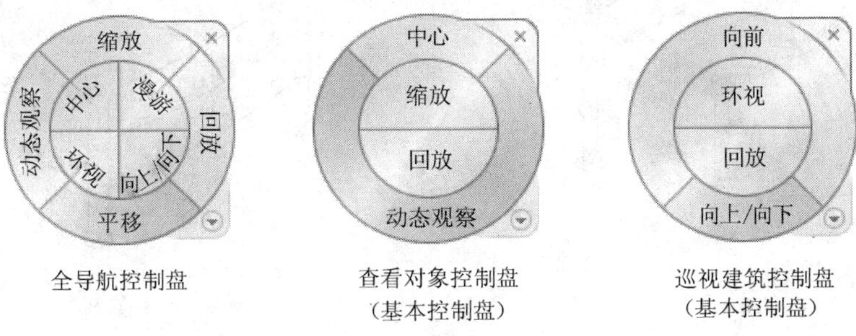

图 8-4

如果是第一次显示 SteeringWheels，并且当前视图为三维视图，则会显示控制盘的“首次使用”提示气泡。“首次使用”提示气泡介绍了控制盘的用途并显示了使用方法，如图 8-5 所示。

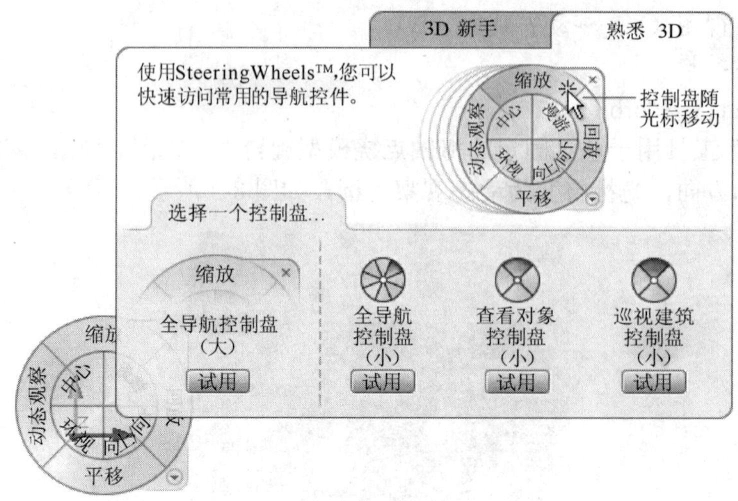

图 8-5

调用该命令有以下 4 种方式：

（1）功能区：视图标签→导航面板→SteeringWheels。

（2）菜单：视图（V）→SteeringWheels(S)。

（3）工具栏：。

（4）命令条目：navswheel。

8.3.2　消隐

通常三维图形完成之后，当前视口中将显示线框，如图 8-6 所示。此时可以看见所有的直线，包括被其他对象遮盖的直线。执行消隐命令之后，将从屏幕上消除隐藏线，如图 8-7 所示。

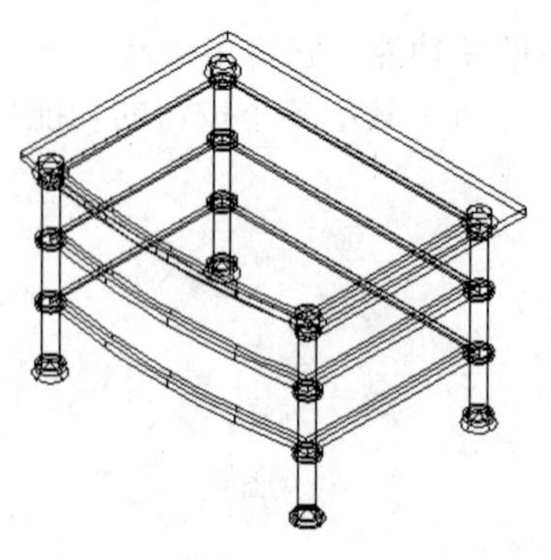

图 8-6

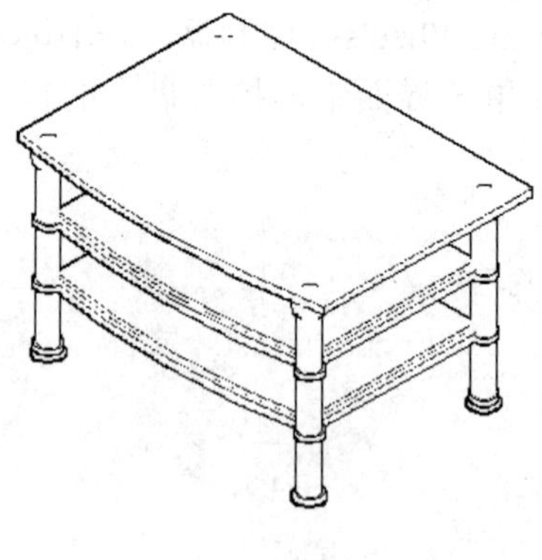

图 8-7

调用该命令有以下 3 种方式：

（1）菜单：视图（V）→消隐(H)。

（2）工具栏：。

（3）命令条目：hide。

8.3.3 视觉样式

视觉样式是一组设置，用来控制视口中边和着色的显示。更改视觉样式的特性，而不是使用命令和设置系统变量。一旦应用了视觉样式或更改了其设置，就可以在视口中查看效果。调用该命令有以下 4 种方式：

（1）功能区：视图标签→三维选项面板→视觉样式。

（2）菜单：工具(T)→选项板→视觉样式(V)。

（3）工具栏：。

（4）命令条目：visualstyles。

单击按钮，打开视觉样式管理器对话框，如图 8-8 所示。

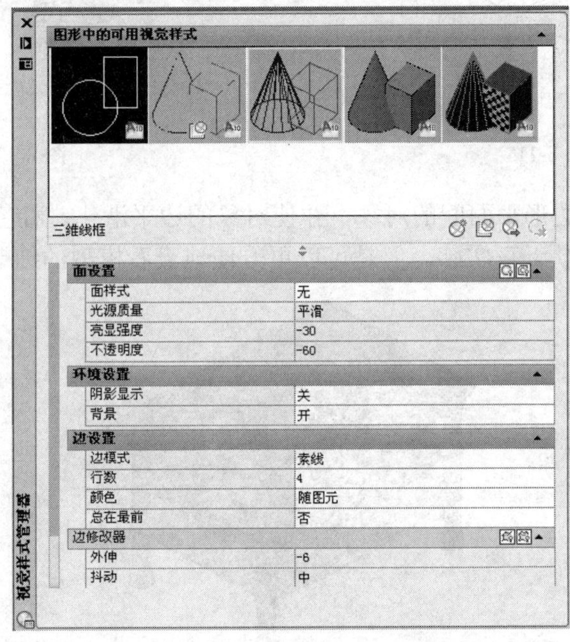

图 8-8

- 二维线框：显示用直线和曲线表示边界的对象。光栅和 OLE 对象、线型和线宽都是可见的，如图 8-9 所示。

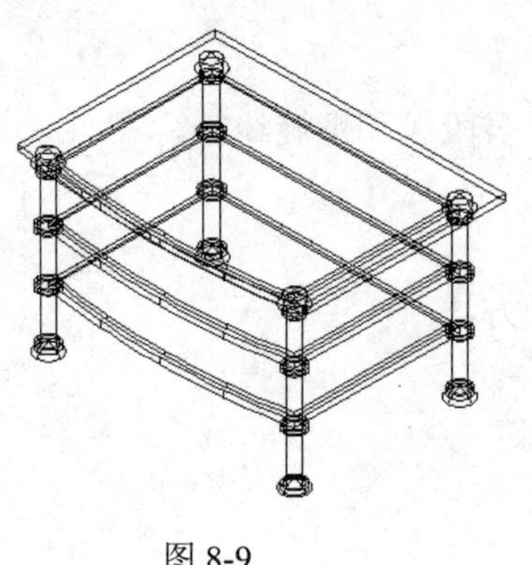

图 8-9

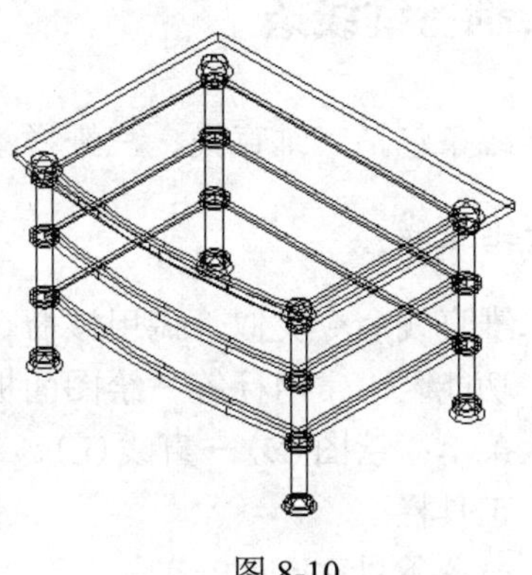

图 8-10

- 三维线框：显示用直线和曲线表示边界的对象，如图 8-10 所示。
- 三维隐藏：显示用三维线框表示的对象并隐藏表示后向面的直线，如图 8-11 所示。
- 真实：着色多边形平面间的对象，并使对象的边平滑化。将显示已附着到对象的材质，如图 8-12 所示。

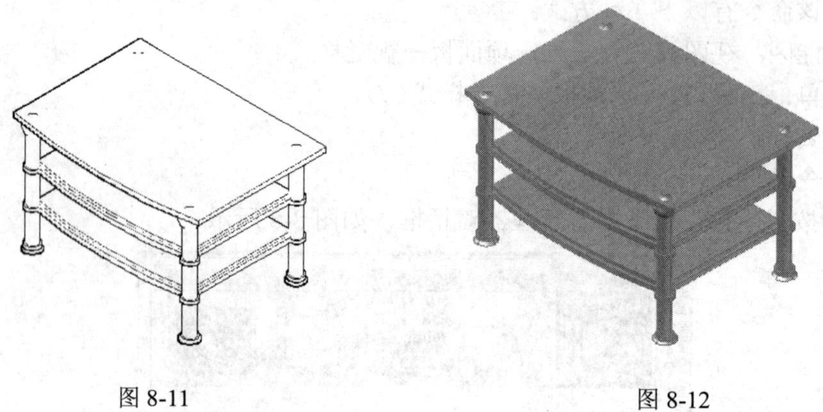

图 8-11　　　　图 8-12

- 概念：着色多边形平面间的对象，并使对象的边平滑化。着色使用冷色和暖色之间的过渡。效果缺乏真实感，但是可以更方便地查看模型的细节，如图 8-13 所示。

图 8-13

8.4　绘制三维线条

三维线条包括三维直线、三维样条曲线、三维多段线和螺旋线等。

8.4.1　三维直线

同二维直线命令类似，调用该命令有以下 4 种方法：

（1）功能区：常用标签→绘图面板→直线。

（2）菜单：绘图(D)→直线(L)。

（3）工具栏：。

（4）命令条目：line。

指定第一点：在绘图任意位置单击一点，1,1,1

指定下一点或[关闭(C)/放弃(U)]：40,50,30

指定下一点或[关闭(C)/放弃(U)]：

8.4.2 三维样条曲线

调用该命令有以下 4 种方法：

（1）功能区：常用标签→绘图面板→样条曲线。

（2）菜单：绘图(D)→样条曲线(SP)。

（3）工具栏：。

（4）命令条目：spline。

指定第一个点或[对象(O)]：0,0,0

指定下一点：40,30,50

指定下一点或[闭合(C)/拟合公差(F)]<起点切向>：60,70,90

指定下一点或[闭合(C)/拟合公差(F)]<起点切向>：

指定起点切向：30

指定端点切向：30

8.4.3 三维多段线

三维多段线的绘制和二维多段线基本相同，只是命令不同，前者的命令是 3DPOLY，后者的命令是 PLINE。此外，在三维多段线中只有直线段没有圆弧段，而且线型采用实线，没有自定义的线宽。调用该命令有以下 4 种方法：

（1）功能区：常用标签→绘图面板→三维多段线。

（2）菜单：绘图(D)→三维多段线(3)。

（3）工具栏：。

（4）命令条目：3dpoly。

指定多段线的起点：0,0,0

指定直线的端点或[放弃(U)]：20,20,30

指定直线的端点或[放弃(U)]：30,40,50

指定直线的端点或[闭合(C)/放弃(U)]：

8.4.4 螺旋线

利用螺旋线可以创建三维弹簧。调用该命令有以下 4 种方法：

（1）功能区：常用标签→绘图面板→螺旋。

（2）菜单：绘图(D)→螺旋(I)。

（3）工具栏：。

（4）命令条目：helix。

圈数=3　　　扭曲=CCW

指定底面的中心点：0,0,0

指定底面半径或[直径(D)]<1>：20
指定顶面半径或[直径(D)]<20>：12
指定螺旋高度或[轴端点(A)/圈数(T)/圈高(H)/扭曲(W)]<1>：t
输入圈数<3>：8
指定螺旋高度或[轴端点(A)/圈数(T)/圈高(H)/扭曲(W)]<1>：64
完成结果如图 8-14 所示。

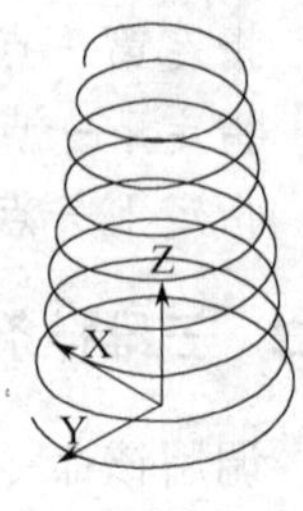

图 8-14

8.5　绘制三维曲面/网格

从 AutoCAD 2010 开始，可以平滑化、锐化、拆分和优化默认的网格对象类型。尽管可以继续创建传统多面网格和多边形网格类型，但是可以通过转换为较新的网格对象类型从而获得更理想的效果。

8.5.1　旋转网格

选择直线、圆弧、圆或二维/三维多段线，沿围绕选定轴的环形路径进行扫掠。调用该命令有以下 4 种方法：

（1）功能区：网格建模标签→图元面板→旋转网格。
（2）菜单：网格建模(M)→旋转网格(M)。
（3）工具栏：。
（4）命令条目：revsurf。

【实例】 创建旋转曲面的方法。

（1）绘制一条直线作为旋转轴，并绘制一条二维多段线作为旋转对象（也称旋转母线），如图 8-15 所示。

（2）创建旋转曲面。

命令：revsurf
当前线框密度：SURFTAB1=6　SURFTAB2=6
选择要旋转的对象：选择二维多段线
选择定义旋转轴的对象：选择直线
指定起点角度<0>：
指定包含角(+=逆时针，-=顺时针)<360>：
完成结果如图 8-16 所示。

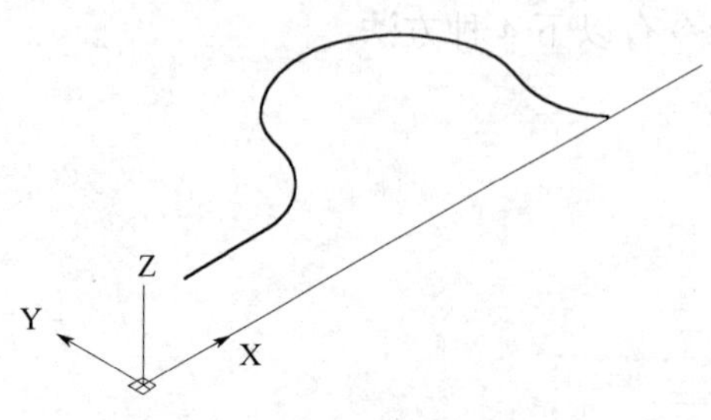

图 8-15

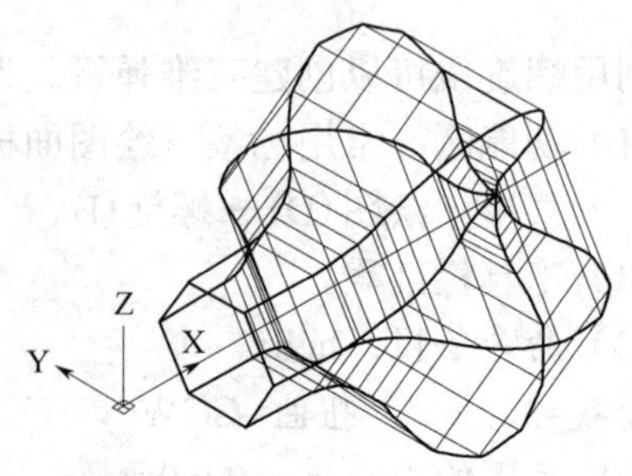

图 8-16

8.5.2 平移网格

创建表示常规展平曲面的网格。曲面是由直线或曲线的延长线（称为路径曲线）按照指定的方向和距离（称为方向矢量或路径）定义的。调用该命令有以下 4 种方法：

（1）功能区：网格建模标签→图元面板→平移网格。

（2）菜单：网格建模(M)→平移网格(T)。

（3）工具栏：。

（4）命令条目：tabsurf。

【实例】 创建平移网格的方法。

（1）绘制一条直线作为方向矢量，并绘制一条二维样条曲线作为平移对象，如图 8-17 所示。

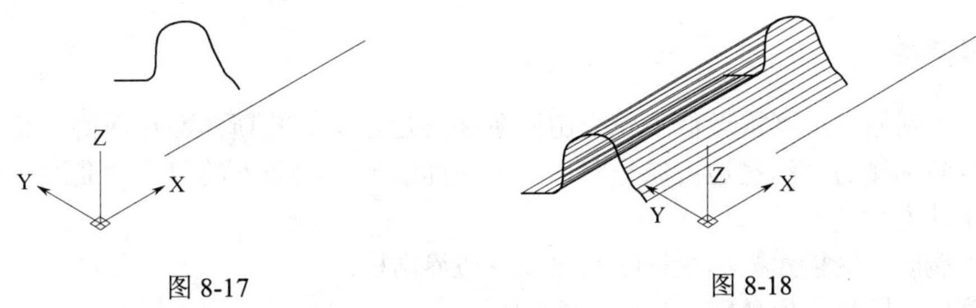

图 8-17 图 8-18

（2）创建旋转曲面。

命令：tabsurf

当前线框密度：SURFTAB1=24

选择用作轮廓曲线的对象：选择样条曲线

选择用作方向矢量的对象：选择直线

完成结果如图 8-18 所示。

8.5.3 直纹网格

创建表示两条直线或曲线之间的直纹曲面的网格。边可以是直线、圆弧、样条曲线、圆或多段线，如果有一条边是闭合的，那么另一条边也必须是闭合的。也可以将点用作开放曲线或闭合曲线的一条边。调用该命令有以下 4 种方法：

（1）功能区：网格建模标签→图元面板→直纹网格。

（2）菜单：网格建模(M)→直纹网格(R)。

（3）工具栏：。

（4）命令条目：rulesurf。

【实例】 创建直纹曲面的方法。

（1）绘制两个圆，一个圆心（0,0,0），半径 25，另一个圆心（5,5,100），半径 38。如图 8-19 所示。

（2）创建直纹曲面。

命令：rulesurf

当前线框密度：SURFTAB1=24
选择第一条定义曲线：
选择第二条定义曲线：
完成结果如图 8-20 所示。

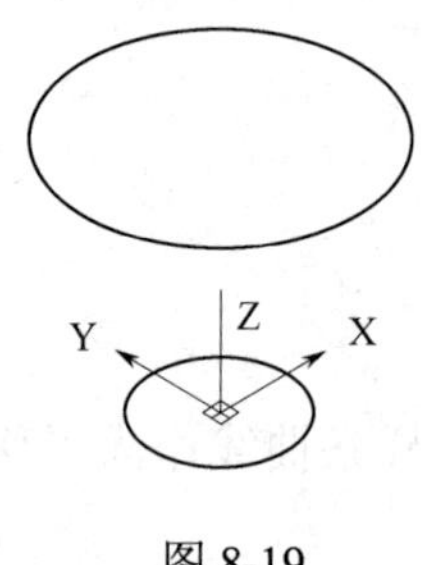

图 8-19

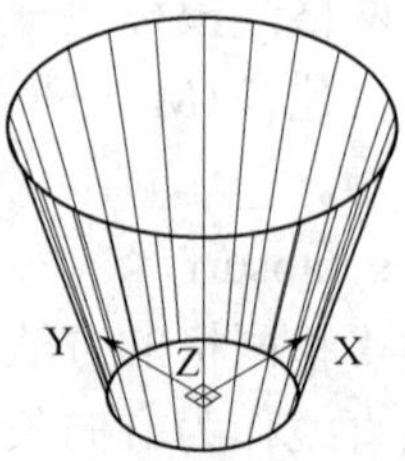

图 8-20

8.5.4　边界网格

创建一个网格，此网格近似于一个由四条邻接边定义的孔斯曲面片网格。孔斯曲面片网格是在四条邻接边（这些边可以是普通的空间曲线）之间插入的双三次曲面。调用该命令有以下 4 种方法：

（1）功能区：网格建模标签→图元面板→边界网格。
（2）菜单：网格建模(M)→边界网格(D)。
（3）工具栏：。
（4）命令条目：edgesurf。

【实例】 创建边界曲面的方法。

（1）绘制由直线、多段线和样条曲线所构成的一个封闭区域，如图 8-21 所示。
（2）创建边界曲面。

命令：edgesurf
当前线框密度：SURFTAB1=24　SURFTAB2=24
选择用作曲面边界的对象 1：选择多段线
选择用作曲面边界的对象 2：选择直线
选择用作曲面边界的对象 3：选择多段线
选择用作曲面边界的对象 4：选择样条曲线
完成结果如图 8-22 所示。

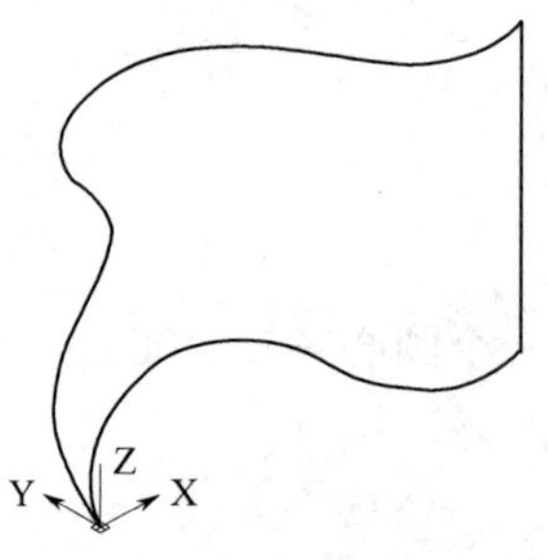

图 8-21

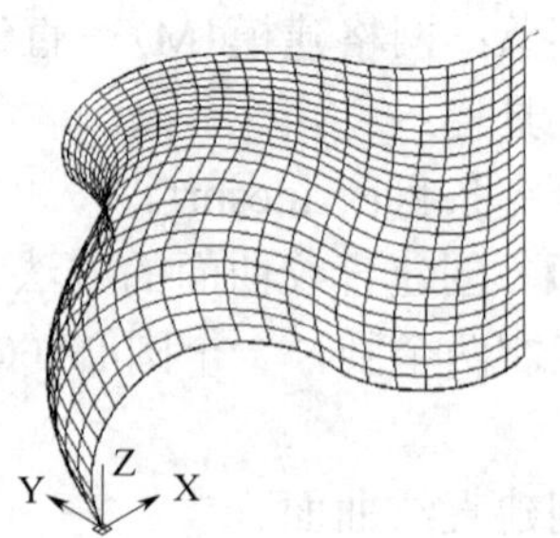

图 8-22

8.5.5 三维面

调用该命令有以下 3 种方法：

（1）菜单：绘图(D)→建模(M)→网格(M)→三维面(F)。

（2）工具栏：。

（3）命令条目：3dface。

【实例】 创建三维面。

命令：3dface

指定第一个点或[不可见(I)]：指定 1 点或输入 i

指定第二点或[不可见(I)]：指定 2 点或输入 i

指定第三点或[不可见(I)]<退出>：指定 3 点或输入 i

指定第四点或[不可见(I)]<创建三侧面>：指定 6 点

完成结果如图 8-23 所示。

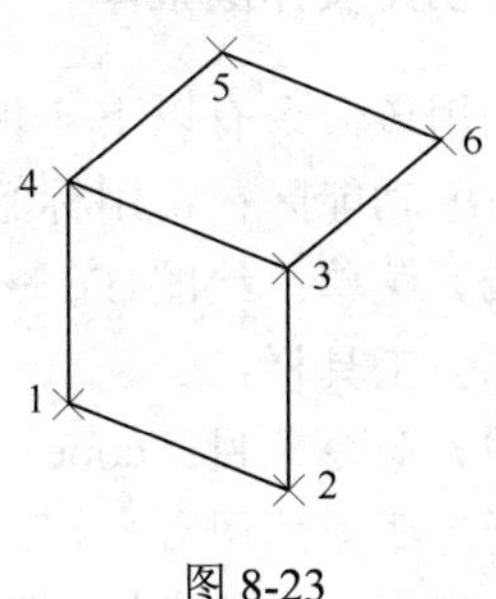

图 8-23

8.6 创建基本三维实体

三维实体对象通常以某种基本形状或图元作为起点，之后用户可以对其修改和重新组合。也可以通过在三维空间中沿指定路径拉伸二维形状来获取三维实体。

8.6.1 创建实体长方体

调用该命令有以下 4 种方法：

（1）功能区：常用标签→建模面板→实体图元→长方体。

（2）菜单：绘图(D)→建模(M)→长方体(B)。

（3）工具栏：。

（4）命令条目：box。

指定第一个角点或[中心(C)]：

指定其他角点或[立方体(C)/长度(L)]：

【实例】 创建长方体和正方体。

（1）创建长方体。

命令：box

指定第一个角点或[中心(C)]：0,0,0

指定其他角点或[立方体(C)/长度(L)]：1

指定长度：20

指定宽度：30

指定高度或[两点(2P)]：15

完成结果如图 8-24 所示。

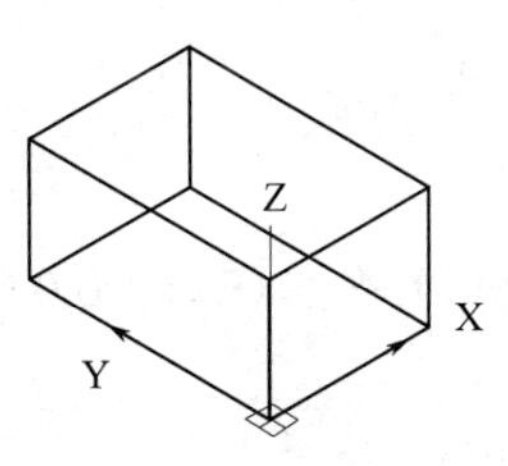

图 8-24

（2）创建正方体。

命令：box

指定第一个角点或[中心(C)]：0,0,0
指定其他角点或[立方体(C)/长度(L)]：c
指定长度<20.0000>：30
完成结果如图 8-25 所示。

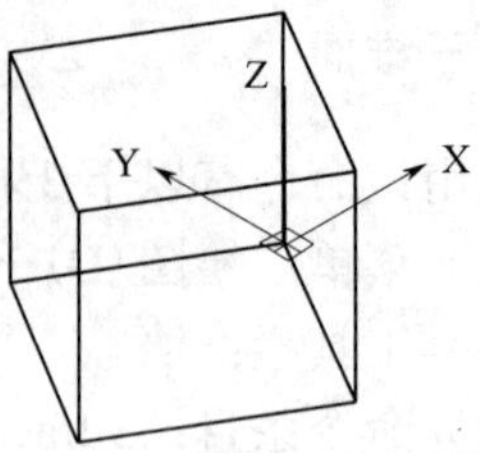

图 8-25

8.6.2 创建实体圆锥体

调用该命令有以下 4 种方法：
（1）功能区：常用标签→建模面板→实体图元→圆锥体。
（2）菜单：绘图(D)→建模(M)→圆锥体(O)。
（3）工具栏：。
（4）命令条目：cone。
指定底面的圆心或[三点(3P)/两点(2P)/相切、相切、半径(T)/椭圆(E)]：
指定底面半径或[直径(D)]<默认值>：
指定高度或[两点(2P)/轴端点(A)/顶面半径(T)]<默认值>：

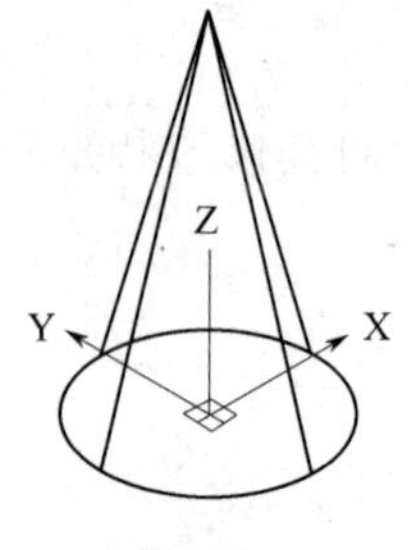

图 8-26

【实例】 创建一个实体圆锥体。
命令：cone
指定底面的中心点或[三点(3P)/两点(2P)/切点、切点、半径(T)/椭圆(E)]：0,0,0
指定底面半径或[直径(D)]<15.0000>：d
指定直径<30.0000>：30
指定高度或[两点(2P)/轴端点(A)/顶面半径(T)]<20.0000>：50
完成结果如图 8-26 所示。

8.6.3 创建实体圆柱体

调用该命令有以下 4 种方法：
（1）功能区：常用标签→建模面板→实体图元→圆柱体。
（2）菜单：绘图(D)→建模(M)→圆柱体(C)。
（3）工具栏：。
（4）命令条目：cylinder。
指定底面的圆心或[三点(3P)/两点(2P)/相切、相切、半径(T)/椭圆(E)]：
指定底面半径或[直径(D)]<默认值>：
指定高度或[两点(2P)/轴端点(A)]<默认值>：
【实例】 创建实体圆柱体。
命令：cylinder
指定底面的中心点或[三点(3P)/两点(2P)/切点、切点、半径(T)/椭圆(E)]：0,0,0
指定底面半径或[直径(D)]<15.0000>：d
指定直径<30.0000>：40
指定高度或[两点(2P)/轴端点(A)]<50.0000>：59

完成结果如图 8-27 所示。

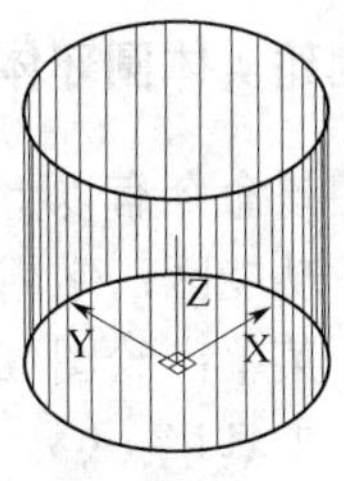

图 8-27

8.6.4 创建实体球体

调用该命令有以下 4 种方法：

（1）功能区：常用标签→建模面板→实体图元→球体。

（2）菜单：绘图(D)→建模(M)→球体(S)。

（3）工具栏：○。

（4）命令条目：sphere。

指定圆心或[三点(3P)/两点(2P)/相切、相切、半径(TTR)]:

指定半径或[直径(D)]<默认值>:

【实例】 创建实体球体。

命令：sphere

指定中心点或[三点(3P)/两点(2P)/切点、切点、半径(T)]: 0,0,0

指定半径或[直径(D)]<20.0000>: 30

完成结果如图 8-28 所示。

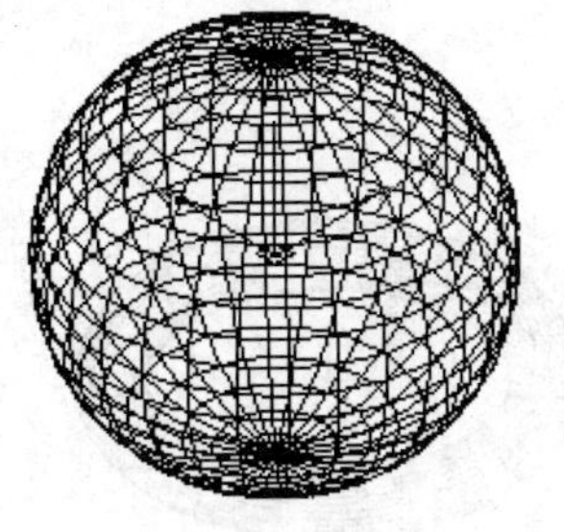
图 8-28

8.6.5 创建实体棱锥体

调用该命令有以下 4 种方法：

（1）功能区：常用标签→建模面板→实体图元→棱锥体。

（2）菜单：绘图(D)→建模(M)→棱锥体(Y)。

（3）工具栏：◇。

（4）命令条目：pyramid。

指定底面的中心点或[边(E)/侧面(S)]:

指定底面半径或[内接(I)]:

指定底面半径或[外切(C)]:

指定高度或[两点(2P)/轴端点(A)/顶面半径(T)]:

【实例】 创建实体五棱锥体。

命令：pyramid

4 个侧面　外切

指定底面的中心点或[边(E)/侧面(S)]: s

输入侧面数<4>: 5

指定底面的中心点或[边(E)/侧面(S)]: 0,0,0

指定底面半径或[内接(I)]<30.0000>: i

指定底面半径或[外切(C)]<30.0000>: 40

指定高度或[两点(2P)/轴端点(A)/顶面半径(T)]<40.0000>: 60

完成结果如图 8-29 所示。

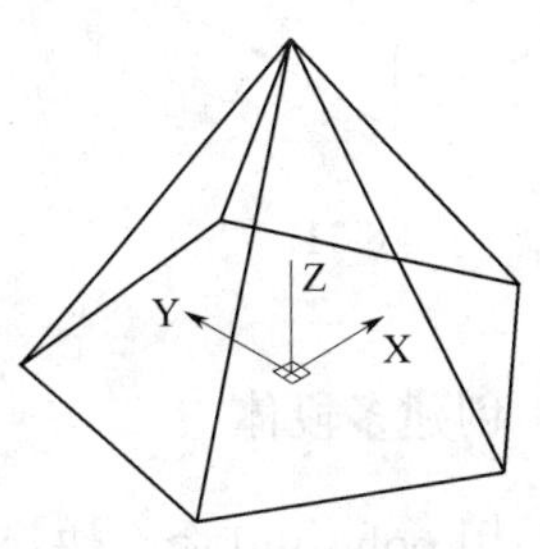

图 8-29

8.6.6 创建实体圆环体

调用该命令有以下 4 种方法：

（1）功能区：常用标签→建模面板→实体图元→圆环体。

（2）菜单：绘图(D)→建模(M)→圆环体(T)。

（3）工具栏：◎。

（4）命令条目：torus。

指定圆心或[三点(3P)/两点(2P)/相切、相切、半径(TTR)]:

指定半径或[直径(D)]<默认值>:

指定圆管半径或[两点(2P)/直径(D)]:

【实例】 创建实体圆环体。

命令：torus

指定中心点或[三点(3P)/两点(2P)/切点、切点、半径(T)]:
0,0,0

指定半径或[直径(D)]<40.0000>: 60

指定圆管半径或[两点(2P)/直径(D)]: 10

完成结果如图 8-30 所示。

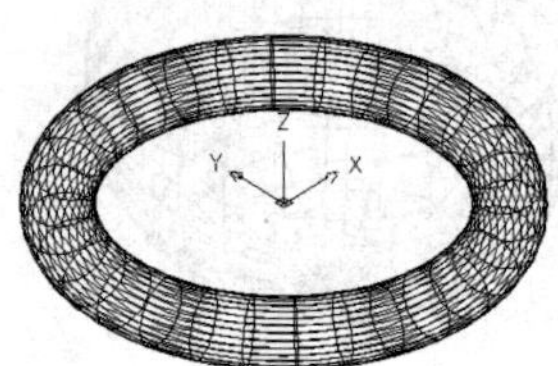

图 8-30

8.6.7 创建实体楔体

调用该命令有以下 4 种方法：

（1）功能区：常用标签→建模面板→实体图元→楔体。

（2）菜单：绘图(D)→建模(M)→楔体(W)。

（3）工具栏：。

（4）命令条目：wedge。

指定第一个角点或[中心(C)]:

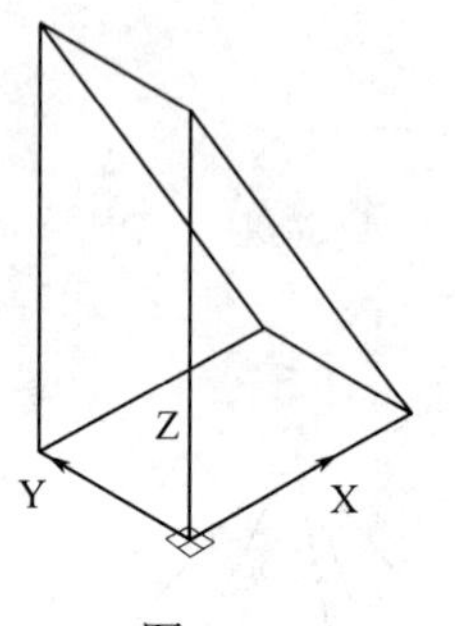

图 8-31

指定其他角点或[立方体(C)/长度(L)]:

【实例】 创建实体楔体。

命令：wedge

指定第一个角点或[中心(C)]: 0,0,0

指定其他角点或[立方体(C)/长度(L)]: l

指定长度<20.0000>: 30

指定宽度<30.0000>: 20

指定高度或[两点(2P)]<60.0000>: 50

完成结果如图 8-31 所示。

8.6.8 创建多段体

使用 polysolid 命令快速绘制三维墙体。多段体与拉伸的宽多段线类似。事实上，使用直线段和曲线段能够以绘制多段线的相同方式绘制多段体。多段体与拉伸多段线的不同之

处在于，拉伸多段线在拉伸时会丢失所有宽度特性，而多段体会保留其直线段的宽度，如图 8-32 所示。调用该命令有以下 4 种方式：

（1）功能区：常用标签→建模面板→多段体。

（2）菜单：绘图(D)→建模(M)→多段体(P)。

（3）工具栏：。

（4）命令条目：polysolid。

指定起点或[对象(O)/高度(H)/宽度(W)/对正(J)]<对象>:

指定下一点或[圆弧(A)/放弃(U)]:

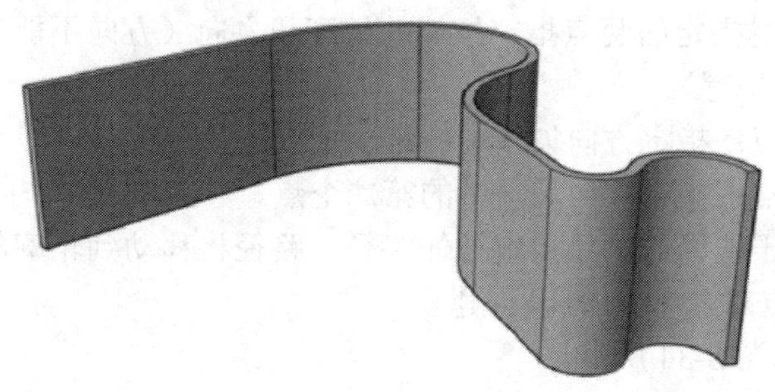

图 8-32

【实例】 用多段体创建墙体。

先用多段线绘出墙线，然后执行多段体命令，完成墙体。

命令：pline

指定起点：0,0,0

当前线宽为 0.0000

指定下一个点或[圆弧(A)/半宽(H)/长度(L)/放弃(U)/宽度(W)]：30,0,0

指定下一点或[圆弧(A)/闭合(C)/半宽(H)/长度(L)/放弃(U)/宽度(W)]：30,50,0

指定下一点或[圆弧(A)/闭合(C)/半宽(H)/长度(L)/放弃(U)/宽度(W)]:

命令：polysolid

高度=50.0000，宽度=5.0000,对正=居中

指定起点或[对象(O)/高度(H)/宽度(W)/对正(J)]
<对象>：o

选择对象：选择多段线

完成结果如图 8-33 所示。

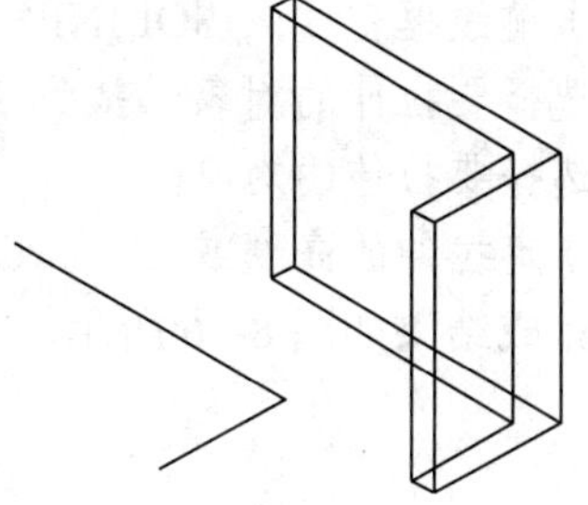

图 8-33

8.7 由二维图形创建实体

对于一些复杂的三维实体，可以先绘制出二维图形，然后再将这些二维图形进行拉伸、放样、旋转、扫掠等操作，创建出三维实体。

8.7.1 拉伸

创建延伸对象的形状的实体或曲面。可以将闭合对象（例如圆）转换为三维实体。可

以将开放对象（例如直线）转换为三维曲面。调用该命令有以下 4 种方式：

（1）功能区：常用标签→建模面板→实体创建→拉伸。

（2）菜单：绘图(D)→建模(M)→拉伸(X)。

（3）工具栏：。

（4）命令条目：extrude。

当前线框密度：ISOLINES=4

选择要拉伸的对象：

指定拉伸的高度或[方向(D)/路径(P)/倾斜角(T)]:

- 方向(D)：通过指定的两点指定拉伸的长度和方向（方向不能与拉伸创建的扫掠曲线所在的平面平行）。

指定方向的起点：指定方向矢量中的第一个点。

指定方向的端点：指定方向矢量中的第二个点。

- 路径(P)：基于选择的对象指定拉伸路径，路径将移动到轮廓的质心，然后沿选定路径拉伸选定对象的轮廓以创建实体或曲面，如图 8-34 所示。

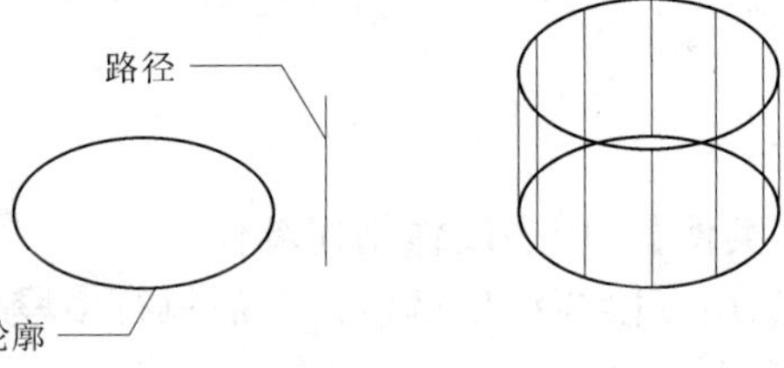

图 8-34

- 倾斜角(T)：设置拉伸的倾斜角度。正角度表示从基准对象逐渐变细地拉伸，而负角度则表示从基准对象逐渐变粗地拉伸。默认角度 0 表示在与二维对象所在平面垂直的方向上进行拉伸。所有选定的对象和环都将倾斜到相同的角度。指定一个较大的倾斜角或较长的拉伸高度，将导致对象或对象的一部分在到达拉伸高度之前就已经汇聚到一点，如图 8-35 所示。

【实例】 用拉伸创建台阶实体。

命令：extrude

当前线框密度：ISOLINES=30

选择要拉伸的对象：找到 1 个（选择封闭二维曲线）

选择要拉伸的对象：

指定拉伸的高度或[方向(D)/路径(P)/倾斜角(T)]<50.0000>：200

完成结果如图 8-36 所示。

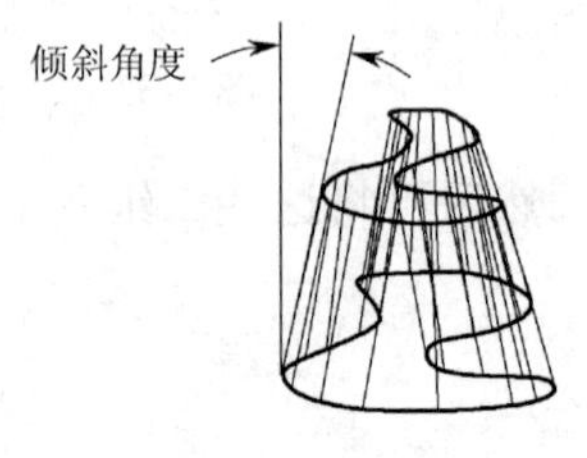

图 8-35

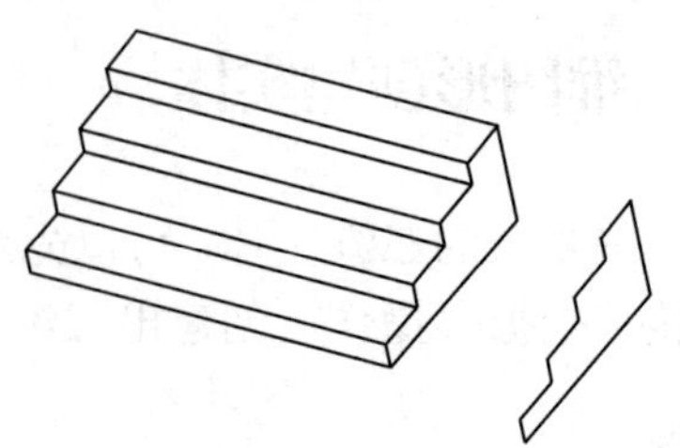
图 8-36

8.7.2　扫掠

可以通过沿开放或闭合的二维或三维路径扫掠开放或闭合的平面曲线（轮廓）创建新实体或曲面。SWEEP 沿指定的路径以指定轮廓的形状绘制实体或曲面。可以扫掠多个对象，但是这些对象必须位于同一平面中。调用该命令有以下 4 种方式：

（1）功能区：常用标签→建模面板→实体创建→扫掠。

（2）菜单：绘图(D)→建模(M)→扫掠(P)。

（3）工具栏：。

（4）命令条目：sweep。

当前线框密度：ISOLINES=4

选择要扫掠的对象：

选择扫掠路径或[对齐(A)/基点(B)/比例(S)/扭曲(T)]：

- 对齐(A)：指定是否对齐轮廓以使其作为扫掠路径切向的法向。默认情况下，轮廓是对齐的。
- 基点(B)：指定要扫掠对象的基点。如果指定的点不在选定对象所在的平面上，则该点将被投影到该平面上。
- 比例(S)：通过拾取点或输入值来根据比例缩放选定的对象。
- 扭曲(T)：设置正被扫掠的对象的扭曲角度。扭曲角度指定沿扫掠路径全部长度的旋转量。

【实例】 将圆对象沿直线扫掠。

命令：circle

指定圆的圆心或[三点(3P)/两点(2P)/切点、切点、半径(T)]：0,0,0

指定圆的半径或[直径(D)]<20.0000>：20

命令：LINE 指定第一点：80,50,0

指定下一点或[放弃(U)]：80,50,80

指定下一点或[放弃(U)]：

命令：sweep

当前线框密度：ISOLINES=30

选择要扫掠的对象：找到 1 个（选择圆）

选择要扫掠的对象：

选择扫掠路径或[对齐(A)/基点(B)/比例(S)/扭曲(T)]：选择直线

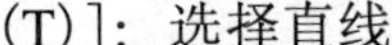

完成结果如图 8-37 所示。

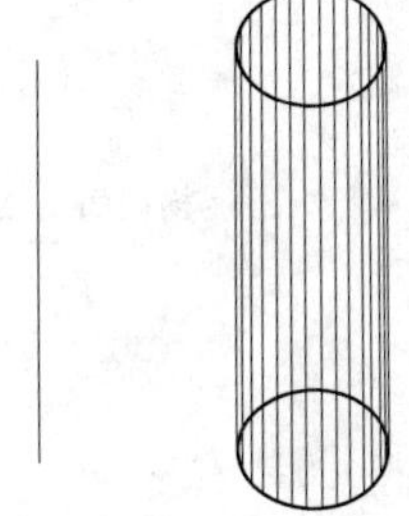

图 8-37

8.7.3　放样

通过在包含两个或更多横截面轮廓的一组轮廓中对轮廓进行放样来创建三维实体或曲面。必须至少指定两个横截面轮廓。横截面轮廓可以为开放轮廓（例如圆弧），也可以为闭合轮廓（例如圆）。调用该命令有以下 4 种方式：

（1）功能区：常用标签→建模面板→实体创建→放样。

（2）菜单：绘图(D)→建模(M)→放样(L)。

（3）工具栏：。

（4）命令条目：loft。

按放样次序选择横截面：

输入选项[引导(G)/路径(P)/仅横截面(C)]<仅横截面>:

- 引导(G)：指定控制放样实体或曲面形状的导向曲线。导向曲线是直线或曲线，也可通过将其他线框信息添加至对象来进一步定义实体或曲面的形状。使用导向曲线来控制点匹配相应的横截面以防止出现不希望看到的效果（例如结果实体或曲面中的皱褶），如图 8-38 所示。

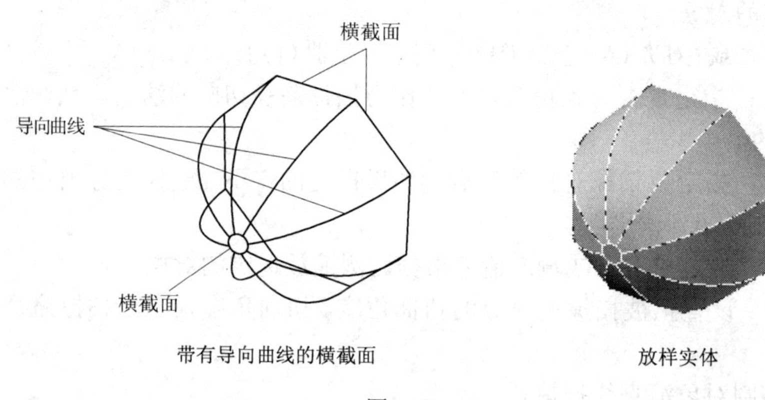

图 8-38

注意每条导向曲线必须满足与每个横截面相交，开始于第一个横截面，终止于最后一个横截面才能正常导向。

- 路径(P)：指定放样实体或曲面的单一路径，路径曲线必须与横截面的所有平面相交。如图 8-39 所示。

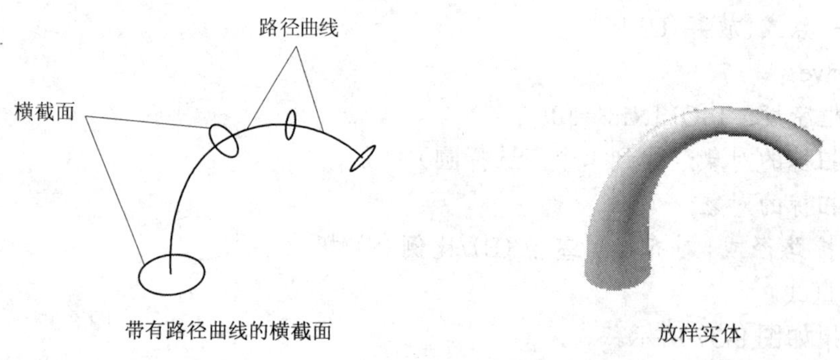

图 8-39

- 仅横截面(C)：显示“放样设置”对话框，如图 8-40 所示。
- 直纹：指定实体或曲面在横截面之间是直纹（直的），并且在横截面处具有鲜明边界。

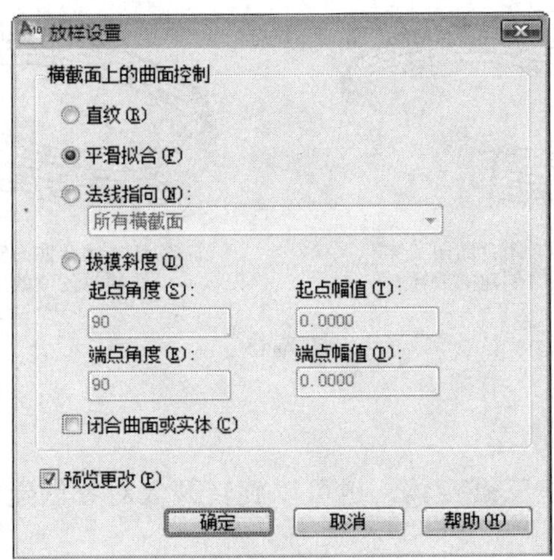

图 8-40

- 平滑拟合：指定在横截面之间绘制平滑实体或曲面，并且在起点和终点横截面处具有鲜明边界。
- 法线指向：控制实体或曲面在其通过横截面处的曲面法线。
- 拔模斜度：控制放样实体或曲面的第一个和最后一个横截面的拔模斜度和幅值。拔模斜度为曲面的开始方向。0 定义为从曲线所在平面向外，如图 8-41 所示。图 8-42 显示了对放样实体的第一个和最后一个横截面使用不同拔模斜度的影响。为第一个横截面指定的拔模斜度为 45°，而为最后一个横截面指定的拔模斜度为 135°，如图 8-42 所示。

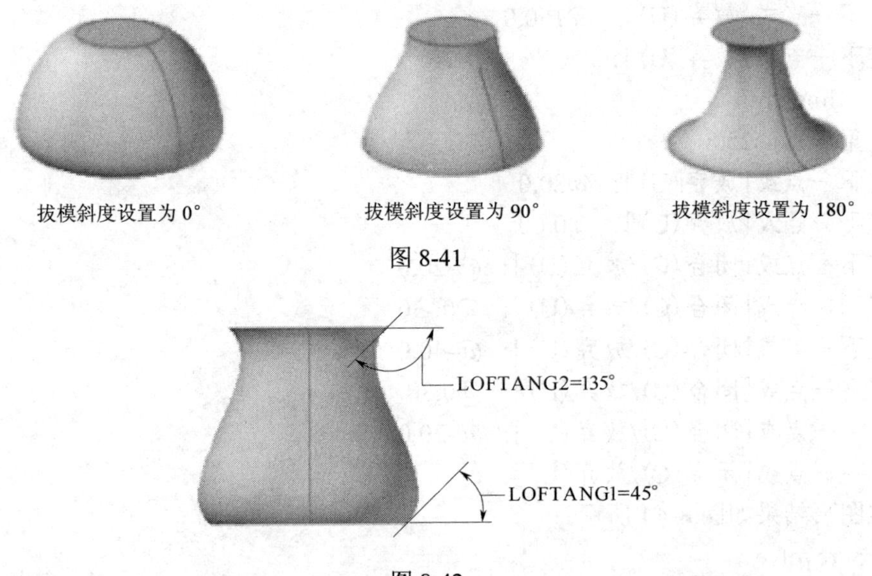

图 8-41

图 8-42

- 闭合曲面或实体：闭合和开放曲面或实体。使用该选项时，横截面应该形成圆环形图案，以便放样曲面或实体可以形成闭合的圆管，如图 8-43 所示。

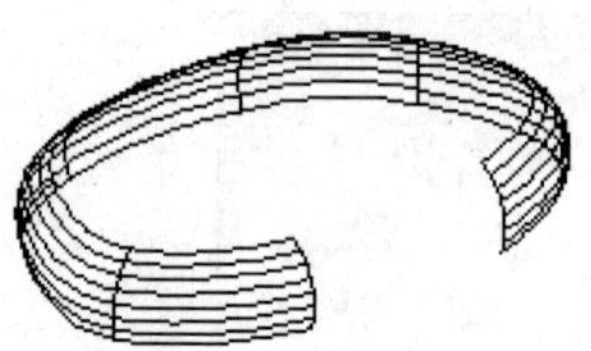
取消选中“闭合曲面实体”
选项时创建的放样

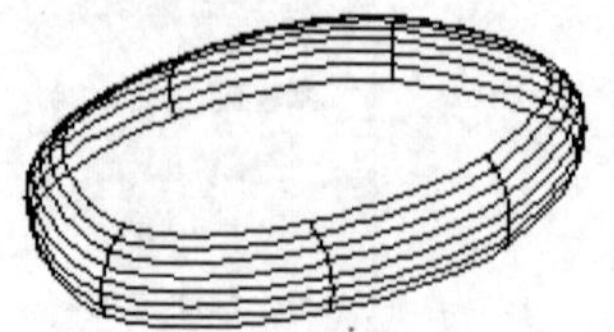
勾选“闭合曲面实体”
选项时创建的放样

图 8-43

8.7.4 旋转

可以旋转闭合对象创建三维实体，也可以旋转开放对象创建曲面。调用该命令有以下4种方式：

（1）功能区：常用标签→建模面板→实体创建→旋转。

（2）菜单：绘图(D)→建模(M)→旋转(R)。

（3）工具栏：。

（4）命令条目：revolve。

当前线框密度：ISOLINES=4

选择要旋转的对象：

指定轴起点或根据以下选项之一定义轴[对象(O)/X/Y/Z]<对象>:

【实例】 通过旋转二维图形的方式来创建一个旋转实体。

命令：line

指定第一点：0,0

指定下一点或[放弃(U)]：@150,0

指定下一点或[放弃(U)]：

命令：line

指定第一点：25,8

指定下一点或[放弃(U)]：@80,0

指定下一点或[放弃(U)]：@0,60

指定下一点或[闭合(C)/放弃(U)]：@-20,0

指定下一点或[闭合(C)/放弃(U)]：@0,-30

指定下一点或[闭合(C)/放弃(U)]：@-40,0

指定下一点或[闭合(C)/放弃(U)]：@0,30

指定下一点或[闭合(C)/放弃(U)]：@-20,0

指定下一点或[闭合(C)/放弃(U)]：c

二维图形结果如图 8-44 所示。

命令：revolve

当前线框密度：ISOLINES=30

选择要旋转的对象：指定对角点：找到 8 个（选择二维图形）

选择要旋转的对象：

指定轴起点或根据以下选项之一定义轴[对象(O)/X/Y/Z]<对象>：x

指定旋转角度或[起点角度(ST)]<360>：

命令：view

输入选项[?/删除(D)/正交(O)/恢复(R)/保存(S)/设置(E)/窗口(W)]：swiso 正在重生成模型

命令：hide 正在重生成模型

实体效果如图 8-45 所示。

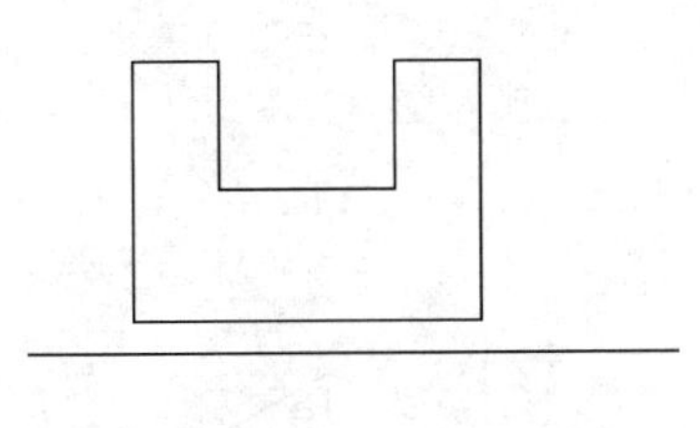

图 8-44

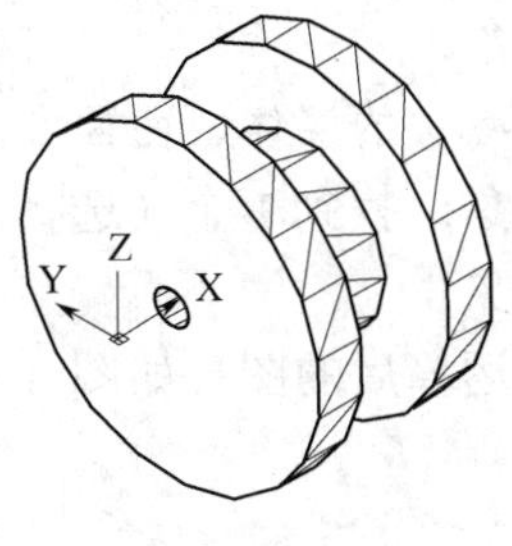

图 8-45

8.8　三维实体的布尔运算

8.8.1　并集运算

并集运算用于将两个或多个相重叠的实体组合成一个新的实体。在进行并集运算之后，多个实体相重叠的部分合并为一个，因此复合体的体积只会等于或小于原对象的体积。调用该命令有以下 4 种方式。

（1）功能区：常用标签→建模面板→实体编辑→并集。

（2）菜单：修改(M)→实体编辑(N)→并集(U)。

（3）工具栏：。

（4）命令条目：union。

选择对象：找到 1 个（选择长方体）

选择对象：找到 1 个，总计 2 个（选择圆柱）

选择对象：

执行并运算后的图形如图 8-46 所示。

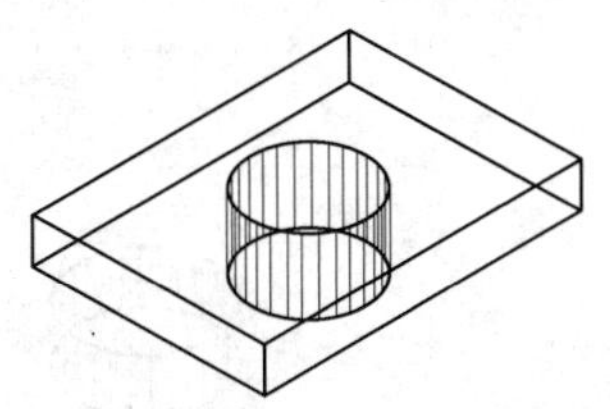

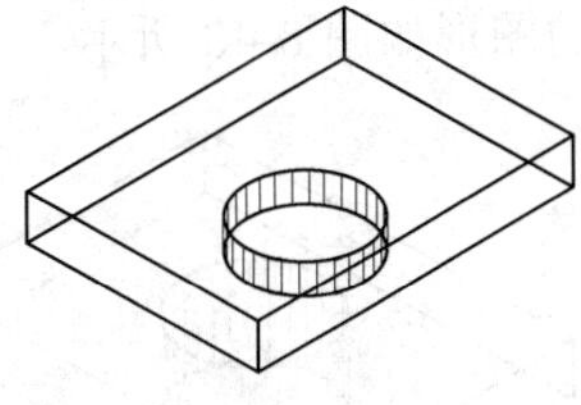

图 8-46

8.8.2　差集运算

差集运算用于从选定的实体中删除与另一个实体的公共部分。调用该命令有以下 4 种方式：

（1）功能区：常用标签→建模面板→实体编辑→差集。

（2）菜单：修改(M)→实体编辑(N)→差集(S)。

（3）工具栏：Ⓞ。

（4）命令条目：subtract。

选择要从中减去的实体、曲面和面域...

选择对象：找到 1 个（选择长方体）

选择对象：

选择要减去的实体、曲面和面域...

选择对象：找到 1 个（选择圆柱）

选择对象：

执行并运算后的图形如图 8-47 所示。

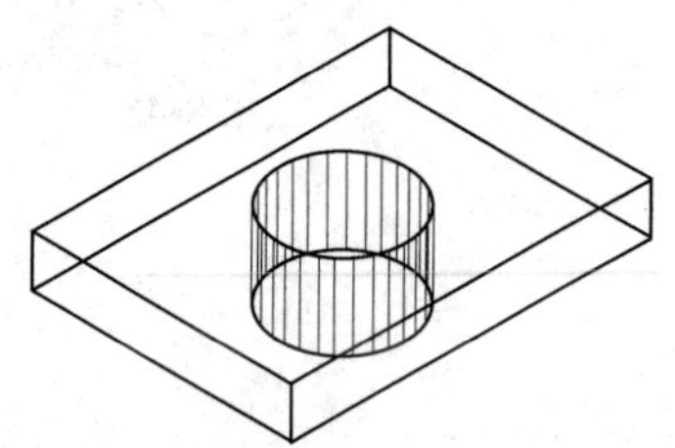
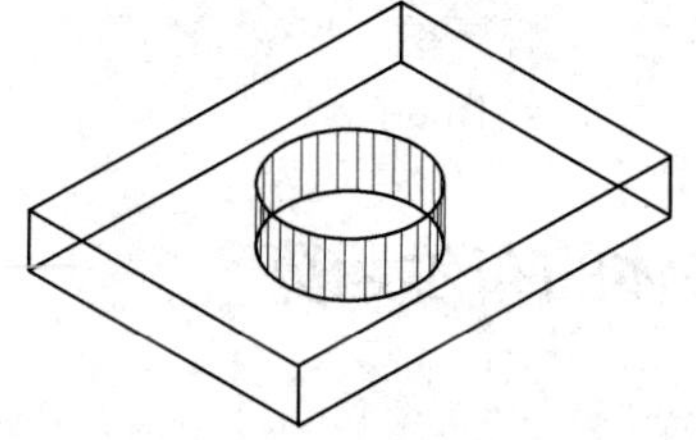

图 8-47

8.8.3　交集运算

交集运算用于绘制两个实体的公共部分。调用该命令有以下 4 种方式：

（1）功能区：常用标签→建模面板→实体编辑→交集。

（2）菜单：修改(M)→实体编辑(N)→交集(I)。

（3）工具栏：Ⓞ。

（4）命令条目：intersect。

选择对象：找到 1 个（选择长方体）

选择对象：找到 1 个，总计 2 个（选择圆柱）

选择对象：

执行并运算后的图形如图 8-48 所示。

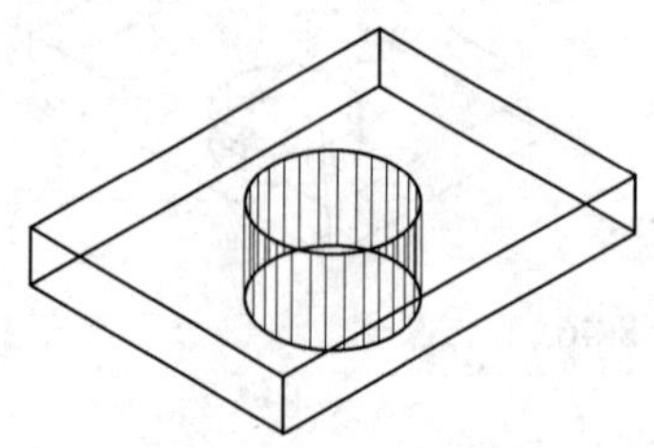

图 8-48

8.9 三维操作

8.9.1 三维移动

在三维视图中，显示三维移动小控件以帮助在指定方向上按指定距离移动三维对象。调用该命令有以下 4 种方式：

（1）功能区：常用标签→修改面板→三维移动。

（2）菜单：修改(M)→三维操作(3)→三维移动(M)。

（3）工具栏：。

（4）命令条目：3dmove。

选择对象：找到 1 个

选择对象：

指定基点或[位移(D)]<位移>:

指定第二个点或<使用第一个点作为位移>:

执行三维移动后的图形如图 8-49 所示。

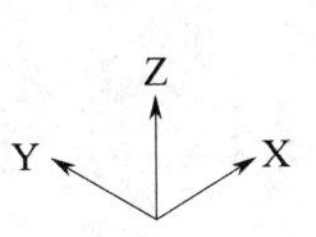

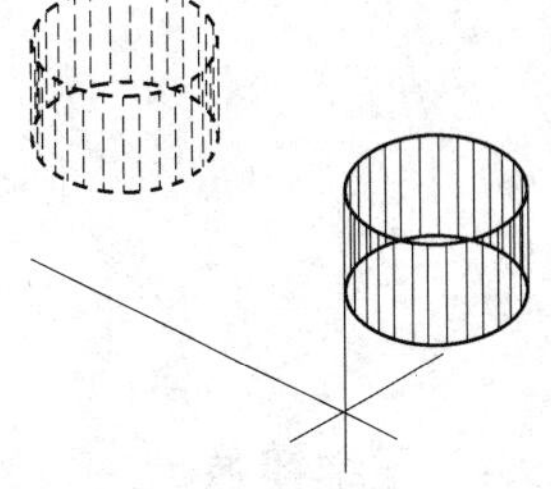

图 8-49

8.9.2 三维旋转

在三维视图中，显示三维旋转小控件以协助绕基点旋转三维对象。调用该命令有以下 4 种方式：

（1）功能区：常用标签→修改面板→三维旋转。

（2）菜单：修改(M)→三维操作(3)→三维旋转(R)。

（3）工具栏：。

（4）命令条目：3drotate。

选择对象：找到 1 个

选择对象：

指定基点或[位移(D)]<位移>:

指定第二个点或<使用第一个点作为位移>:

执行三维旋转后的图形如图 8-50 所示。

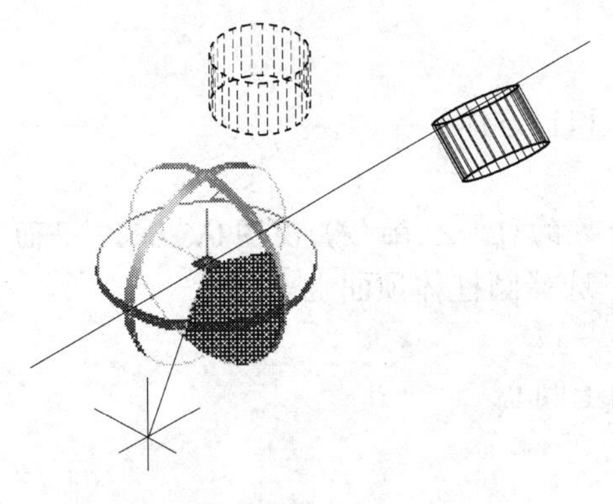

图 8-50

8.9.3 三维阵列

以矩形或环形方式创建对象的三维矩阵。调用该命令有以下 4 种方式：

（1）功能区：常用标签→修改面板→三维阵列。

（2）菜单：修改(M)→三维操作(3)→三维阵列(3)。

（3）工具栏：。

（4）命令条目：3darray。

选择对象：选择圆柱

选择对象：

输入阵列类型[矩形(R)/极轴(P)]<R>：r

输入行数(—)<1>：1

输入列数(|||)<1>：4

输入层数(...)<1>:

指定列间距(|||)：50

执行三维列阵后的图形如图 8-51 所示。

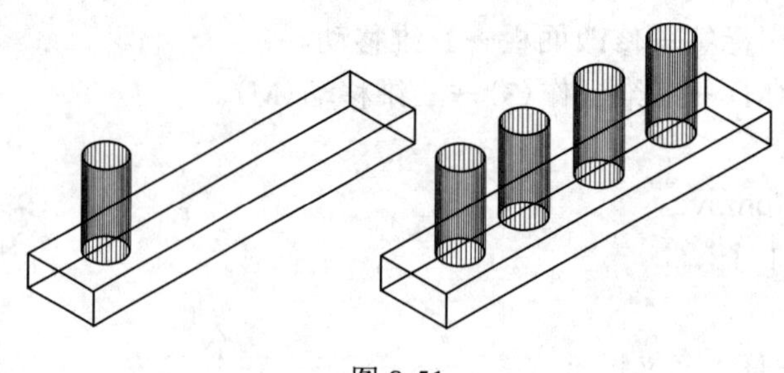

图 8-51

8.9.4　三维镜像

创建镜像平面上选定对象的镜像副本。调用该命令有以下 4 种方式：

（1）功能区：常用标签→修改面板→三维镜像。

（2）菜单：修改(M)→三维操作(3)→三维镜像(D)。

（3）工具栏：。

（4）命令条目：mirror3d。

选择对象：指定对角点：找到 5 个（选择圆柱体和长方体）

选择对象：

指定镜像平面(三点)的第一个点或[对象(O)/最近的(L)/Z 轴(Z)/视图(V)/XY 平面(XY)/YZ 平面(YZ)/ZX 平面(ZX)/三点(3)]<三点>：选择圆柱体顶面上一点

在镜像平面上指定第二点：选择圆柱体顶面上另一点

在镜像平面上指定第三点：选择另一圆柱体顶面上圆心

是否删除源对象？[是(Y)/否(N)]<否>:

执行三维镜像后的图形如图 8-52 所示。

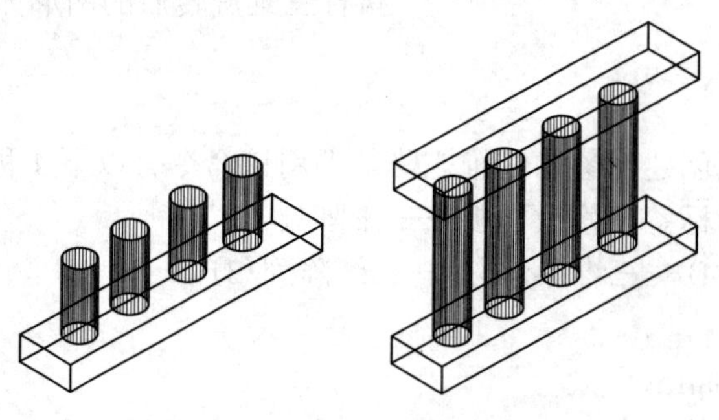

图 8-52

8.9.5 三维圆角

给对象加圆角。调用该命令有以下 4 种方式：

（1）功能区：常用标签→修改面板→圆角。

（2）菜单：修改(M)→圆角(F)。

（3）工具栏：。

（4）命令条目：fillet。

当前设置：模式=修剪，半径=0.0000

选择第一个对象或[放弃(U)/多段线(P)/半径(R)/修剪(T)/多个(M)]：选择圆柱

输入圆角半径：10

选择边或[链(C)/半径(R)]：选择圆柱的边

选择边或[链(C)/半径(R)]：

已选定 1 个边用于圆角

执行三维圆角后的图形如图 8-53 所示。

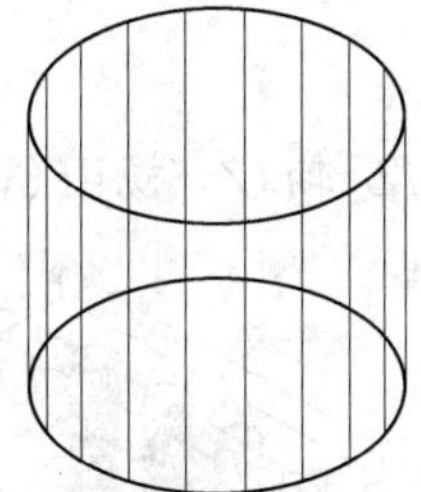 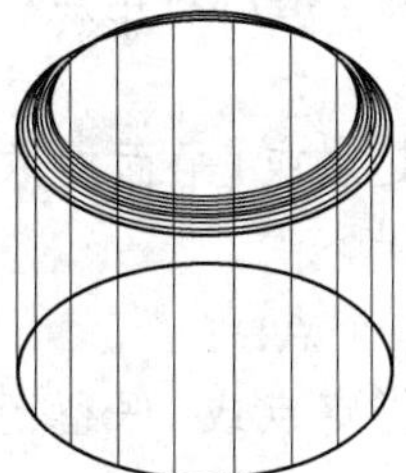

图 8-53

8.9.6 三维倒角

给对象加倒角。调用该命令有以下 4 种方式：

（1）功能区：常用标签→修改面板→倒角。

（2）菜单：修改(M)→倒角(C)。

（3）工具栏：。

（4）命令条目：chamfer。

（“修剪”模式）当前倒角距离 1=10.0000，距离 2=10.0000

选择第一条直线或[放弃(U)/多段线(P)/距离(D)/角度(A)/修剪(T)/方式(E)/多个(M)]：

基面选择...

指定基面的倒角距离<10.0000>:

指定其他曲面的倒角距离<10.0000>:

选择边或[环(L)]：选择边或[环(L)]：

执行三维倒角后的图形如图 8-54 所示。

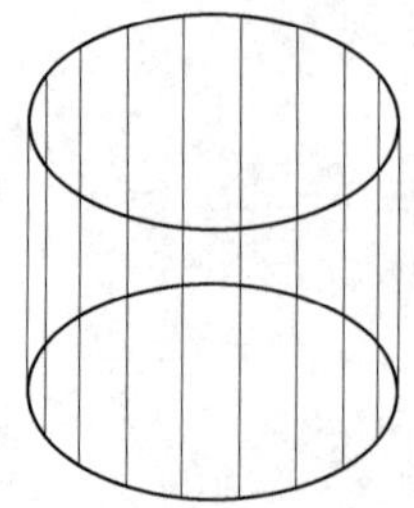
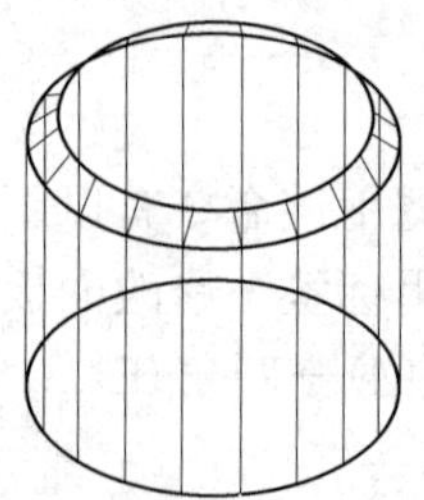

图 8-54

8.9.7 剖切

通过剖切或分割现有对象，创建新的三维实体和曲面。调用该命令有以下 4 种方式：

（1）功能区：常用标签→实体编辑面板→剖切。

（2）菜单：修改(M)→三维操作(3)→剖切(S)。

（3）工具栏：。

（4）命令条目：slice。

选择要剖切的对象：指定对角点：找到 10 个

选择要剖切的对象：

指定剖切平面的起点或[平面对象(O)/曲面(S)/Z 轴(Z)/视图(V)/XY(XY)/YZ(YZ)/ZX(ZX)/三点(3)]<三点>:

指定平面上的第二个点：

在所需的侧面上指定点或[保留两个侧面(B)]<保留两个侧面>:

执行剖切后的图形如图 8-55 所示。

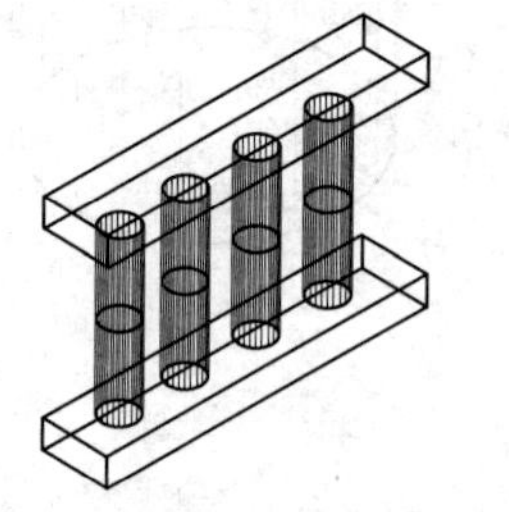
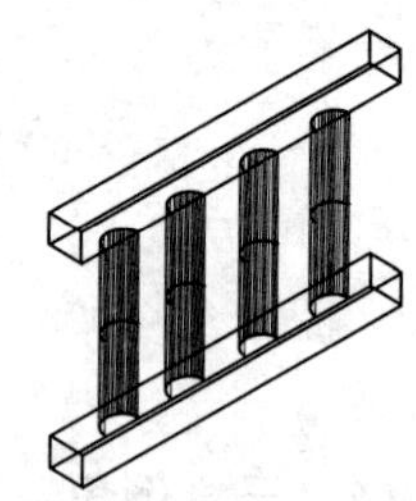

图 8-55

- 指定剖切平面的起点：设置用于定义剖切平面的角度的两个点中的第一点。剖切平面与当前 UCS 的 XY 平面垂直。
- 平面对象(O)：将剪切平面与包含选定的圆、椭圆、圆弧、椭圆弧、二维样条曲线或二维多段线线段的平面对齐。
- 曲面(S)：将剪切平面与曲面对齐。
- Z 轴(Z)：通过平面上指定一点和在平面的 Z 轴（法向）上指定另一点来定义剪切平面。
- 视图(V)：将剪切平面与当前视口的视图平面对齐。指定一点定义剪切平面的位置。
- XY(XY)：将剪切平面与当前用户坐标系(UCS)的 XY 平面对齐。指定一点定义剪切平面的位置。
- YZ(YZ)：将剪切平面与当前 UCS 的 YZ 平面对齐。指定一点定义剪切平面的位置。
- ZX(ZX)：将剪切平面与当前 UCS 的 ZX 平面对齐。指定一点定义剪切平面的位置。
- 三点(3)：使用三点定义剪切平面。
- 所需侧面上的点：定义一点从而确定图形将保留剖切实体的哪一侧。该点不能位于剪切平面上。

- 保留两个侧面(B)：剖切实体的两侧均保留。把单个实体剖切为两块，从而在平面的两边各创建一个实体。对于每个选定的实体，SLICE 决不会创建超过两个的新复合实体。

8.10 三维编辑

三维编辑命令提供了多种修改三维实体对象的边和面子对象的方法。可以拉伸、移动、旋转、偏移、倾斜、复制、删除面、为面指定颜色以及添加材质，可以复制边以及为其指定颜色，还可以对输入三维实体对象（体）进行压印、分割、抽壳，以及清除和勾选其有效性。

8.10.1 面拉伸

可以沿一条路径拉伸平面，或通过指定一个高度值和倾斜角来对平面进行拉伸。调用该命令有以下 2 种方式：

（1）菜单：修改→实体编辑。

（2）命令条目：solidedit。

实体编辑自动检查：SOLIDCHECK=1

输入实体编辑选项[面(F)/边(E)/体(B)/放弃(U)/退出(X)]<退出>：f

输入面编辑选项[拉伸(E)/移动(M)/旋转(R)/偏移(O)/倾斜(T)/删除(D)/复制(C)/颜色(L)/材质(A)/放弃(U)/退出(X)]<退出>：e

选择面或[放弃(U)/删除(R)]：找到 2 个面

选择面或[放弃(U)/删除(R)/全部(ALL)]：

指定拉伸高度或[路径(P)]：20

指定拉伸的倾斜角度<20>：20

已开始实体校验。

已完成实体校验。

执行面拉伸后的图形如图 8-56 所示。

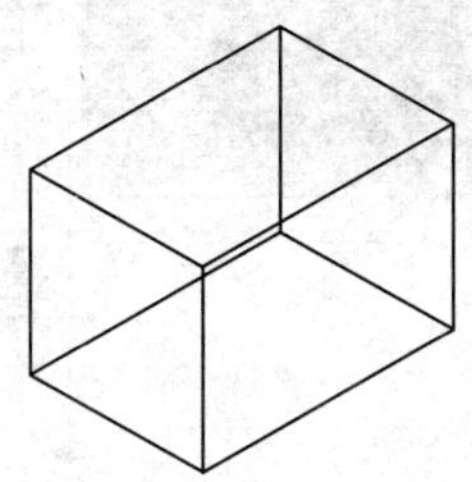

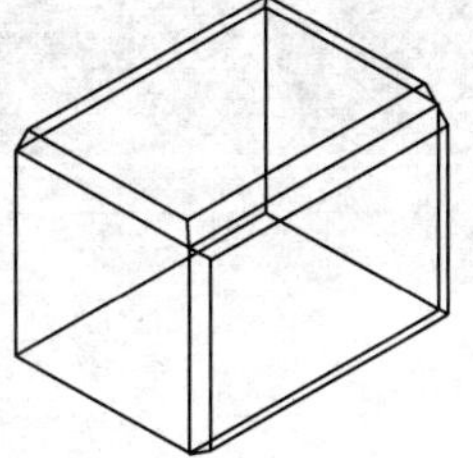

图 8-56

8.10.2 面移动

通过移动面来编辑三维实体。执行方法同 8.10.1 小节。

执行面移动后的图形如图 8-57 所示。

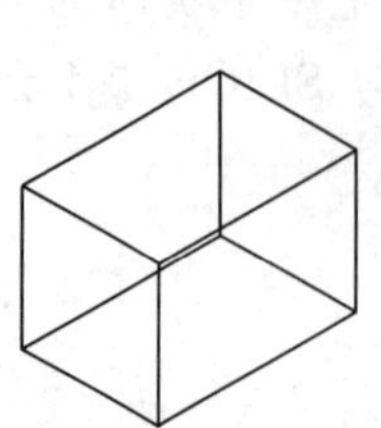

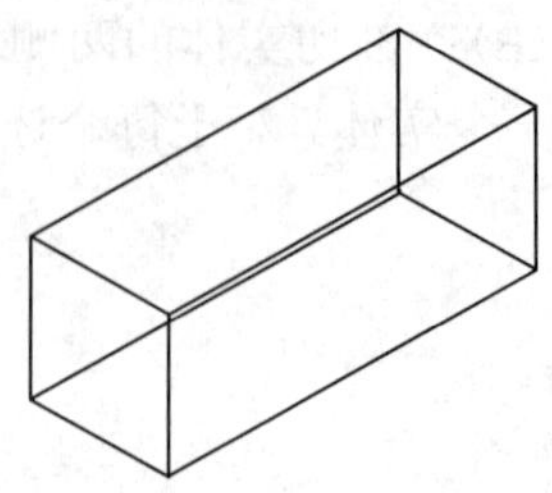

图 8-57

8.11　渲染

通过渲染可以创建三维实体或曲面模型的真实照片级图像或真实着色图像。调用该命令有以下 3 种方式：

（1）菜单：视图(V)→渲染(E)→渲染(R)。

（2）工具栏：🫖。

（3）命令条目：render。

执行渲染后的图形如图 8-58 所示。

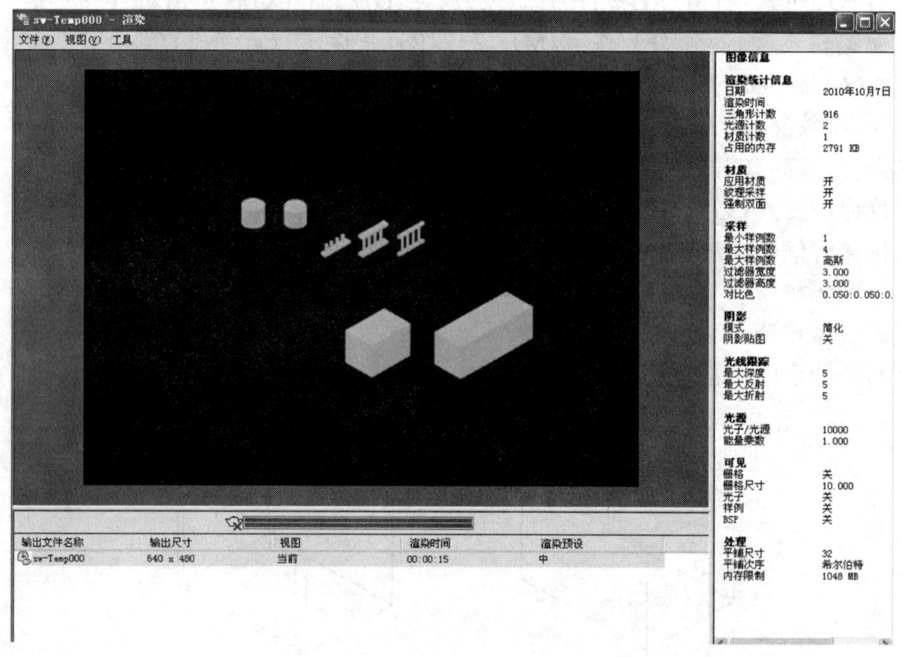

图 8-58

8.11.1　渲染预设

当指定的一组渲染设置能够实现想要的渲染效果时，可以将其保存为自定义预设，以便可以快速地重复使用这些设置。使用标准预设作为基础，可以尝试各种设置并查看渲染图像的外观。如果对结果感到满意，可以创建一个新的自定义预设。调用该命令有以下 3

种方式：

（1）菜单：视图(V)→渲染(E)→渲染预设(P)。

（2）工具栏：。

（3）命令条目：renderpresets。

单击按钮，将打开“渲染预设管理器”对话框，如图 8-59 所示。

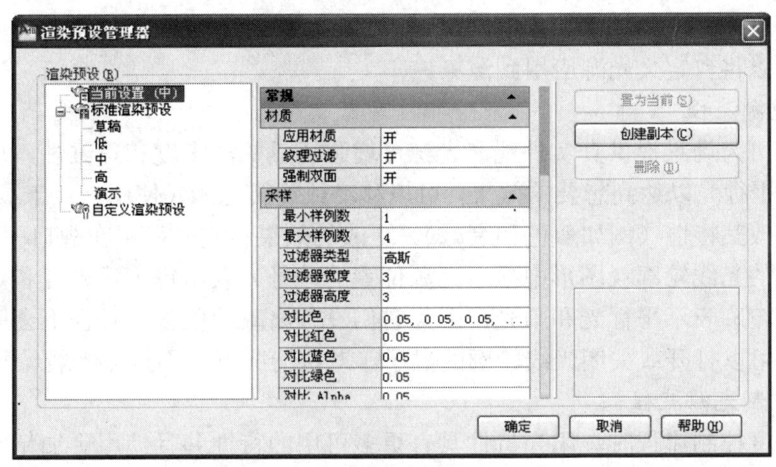

图 8-59

“渲染预设管理器”分为 4 部分：预设列表、特性面板、按钮控件和缩略图查看器。

8.11.2 高级渲染设置

从最低质量到最高质量进行渲染设置。调用该命令有以下 4 种方式：

（1）功能区：渲染标签→渲染面板→高级渲染设置。

（2）菜单：视图(V)→渲染(E)→高级渲染设置(D)。

（3）工具栏：。

（4）命令条目：rpref。

使用“高级渲染设置”选项板进行渲染设置，如图 8-60 所示。

选项板被分为从基本设置到高级设置的若干部分。“基本”部分包含了影响模型的渲染方式、材质和阴影的处理方式以及反走样执行方式的设置（反走样可以削弱曲线型线条或边在边界处的锯齿效果）。“光线跟踪”部分控制如何产生着色。“间接发光”部分用于控制光源特性、场景照明方式以及是否进行全局照明和最终采集。还可以使用诊断控件来帮助了解图像没有按照预期效果进行渲染的原因。

图 8-60

8.11.3 光源

光源完成了对场景的最后处理。AutoCAD 2010 提供了以下 5 种光源设置方法。

1. 默认光源

场景中没有光源时，将使用默认光源对场景进行着色。来回移动模型时，默认光源是来自视点后面的两个平行光源。模型中所有的面均被照亮，以使其可见。

插入自定义光源或添加太阳光源时，可以禁用默认光源。可以仅将默认光源应用到视口，同时还可以将自定义光源应用到渲染。

2. 标准光源流程

添加光源可为场景提供真实外观。光源可增强场景的清晰度和三维性。可以创建点光源、聚光灯和平行光以达到想要的效果。可以移动或旋转光源（使用夹点工具），将其打开或关闭以及更改其特性（例如颜色和衰减）。更改的效果将实时显示在视口中。

使用不同的光线轮廓（图形中显示光源位置的符号）表示每个聚光灯和点光源。在图形中，不会用轮廓表示平行光和阳光，因为它们没有离散的位置并且也不会影响到整个场景。绘图时，可以打开或关闭光线轮廓的显示。默认情况下，不打印光线轮廓。

3. 光度控制光源流程

流程为光度控制流程时，阳光特性具有更多可用的特性并且使用更加精确的阳光模型进行渲染。光度控制阳光的阳光颜色处于禁用状态；将根据图形中指定的时间、日期和位置自动计算颜色。根据天空中的位置确定颜色。流程是常规光源或标准光源时，其他阳光与天光特性不可用。

4. 阳光与天光

阳光与天光是 AutoCAD 中自然照明的主要来源。但是，阳光的光线是平行的且为淡黄色，而大气投射的光线来自所有方向且颜色为明显的蓝色。

阳光是一种类似于平行光的特殊光源。通过为模型指定的地理位置以及指定的日期和当日时间定义了阳光的角度，更改阳光的强度及其光源的颜色。

天光背景的选项仅在光源单位为光度控制单位时可用。如果选择了天光背景并且将光源更改为标准（常规）光源，则天光背景将被禁用。

5. 灯具

灯具可以通过在包含几何图形的块中嵌入光度控制光源来表示。

8.11.4 材质

可以将材质添加到图形中的对象，以提供真实的效果。

材质的设置创建其物理特性。“工具”选项卡中的“材质”面板提供了大量已为用户创建的材质。使用这些材质工具可以将材质应用到场景中的对象。还可以使用“材质”面板创建和修改材质。“材质”面板中提供了许多用于修改材质特性的设置。调用该命令有以下 4 种方式：

（1）功能区：渲染标签→材质面板→材质。

（2）菜单：视图(V)→渲染(E)→材质(M)。

（3）工具栏：。

（4）命令条目：materials。

打开“材质”面板，如图 8-61 所示。“材质”面板提供了控件和设置的不同面板，用于创建、修改和应用材质。

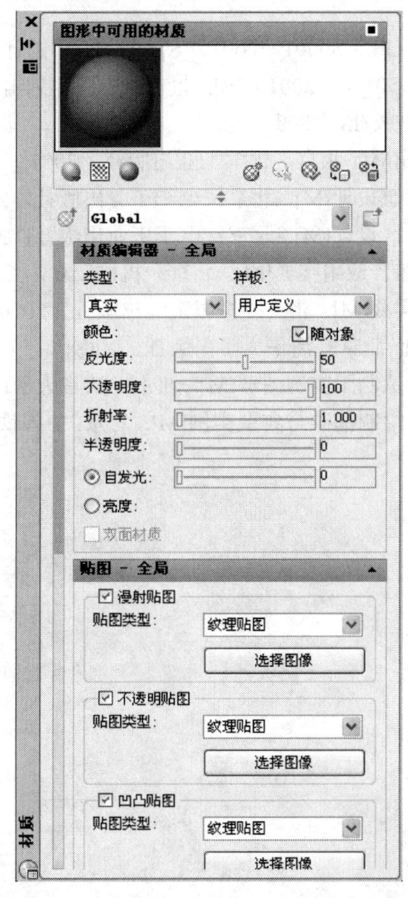

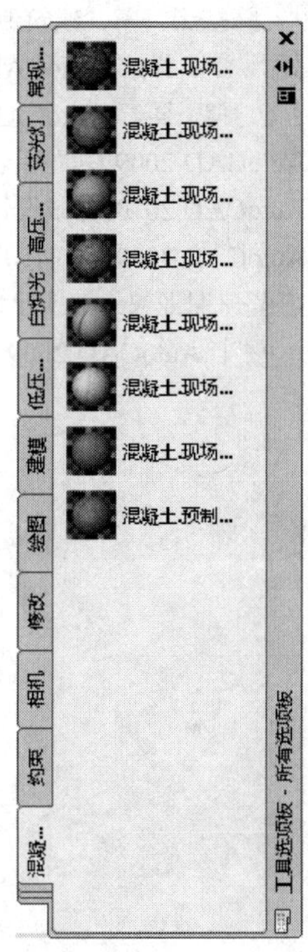

图 8-61

8.11.5 贴图

使用贴图可以增加材质的复杂性和纹理的真实性。例如，可以通过使用噪波贴图复制一条用沥青铺设的道路，然后将其应用到场景中表示道路的对象上。使用瓦贴图复制砖和砂浆的图案。

将贴图应用到材质并根据用户偏好进行修改后，可以使用功能区“材质”面板上的多种工具在对象上调整贴图。

参 考 文 献

[1] 中华人民共和国建设部. 房屋建筑制图标准（GB/T 50001—2001）[S]. 北京：中国计划出版社，2002.

[2] 中华人民共和国建设部.建筑制图标准（GB/T 50104—2001）[S]. 北京：中国计划出版社，2002.

[3] 郭大州.建筑 CAD[M]. 北京：中国水利水电出版社，2008.

[4] 寇方洲，罗琳，陈扶云，等. 建筑制图与识图[M]. 北京：化学工业出版社，2007.

[5] 胡仁喜，刘昌丽，等. 详解 AutoCAD 2009 建筑设计[M]. 北京：电子工业出版社，2009.

[6] 胡仁喜，赵月飞，等. 详解 AutoCAD 2009 电气设计[M]. 北京：电子工业出版社，2009.

[7] 谢世源，等. AutoCAD 2009 中文版建筑设计综合应用宝典[M]. 北京：机械工业出版社，2008.

[8] 钟日铭，等. AutoCAD 2010 机械设计基础与实战[M]. 北京：机械工业出版社，2010.

[9] 施勇，张计. AutoCAD 2009 建筑图形设计[M]. 北京：清华大学出版社，2009.

[10] 陈德业，黄惠莹，谢龙汉. AutoCAD 2009 建筑制图实例图解[M]. 北京：清华大学出版社，2009.

[11] 陈鑫，黄钟凌，尉丰.AutoCAD 2009 建筑图纸绘制基础与典型实例[M]. 北京：中国铁道出版社，2009.